JN161105

Corel

PRO/ULTIMATE

ビデオスタジオ

# VideoStudio X8

# オフィシャルガイドブック

山口正太郎◎著

# 本書の使い方

チャプターNo.

CHAPTER-1-1

**見出し**
簡略で直接的なタイトルで、やりたいことがすぐわかるようにしています。

## インストール

VideoStudio X8 をインストールします。ここではパッケージ版のインストールディスクを使った方法をご紹介します。

**小見出し**
いま、何をしているのかを把握できます。

### インストール

DVD RW ドライブ (E:) VS_PRO_X8
タップして、このディスク に対して行う操作を選んでください。

①パソコンの DVD ドライブにインストールディスクを挿入すると、デスクトップ画面の右上にアラートが表示されます。

画像も該当箇所を大きくして、細かい文字もできるだけ読めるようにしています。

DVD RW ドライブ (E:) VS_P…

このディスク に対して行う操作を選んでください。

メディアからのプログラムのインストール/実行

Autorun.exe の実行
Corel Corporation により発行

その他の選択肢

フォルダーを開いてファイルを表示
エクスプローラー

何もしない

②①をクリック（またはタップ）すると、次のアラートが出るので、「Autorun.exe の実行」をクリックします。

操作の手順を番号つきで解説。迷うことはありません。ツールの名前は●番号で記載。

**Point** アラートが消えてしまったら…

①のアラートはしばらくほうっておくと消えます。その場合はスタート画面から…ブを呼び出し、VideoStudio X8 のアイコンをダブルクリックしま…

VideoStudio X8 のアイコン

**Point**
操作に関する補足説明や豆知識、別の操作方法など、ワンポイントアドバイスでフォローしています。

■本書は Windows8.1 を使用して、Corel VideoStudio X8 の使い方をインストールから、具体的な活用法まで、操作の流れに沿っててていねいに解説しています。

すぐに目的の章が見つけられるように、章ごとに色を変えています。

CHAPTER-1

画面のキャプチャーをできるだけ増やして掲載。直感的な操作をめざしました

③お使いのパソコンに合ったWindowsのバージョン（32bitか64bitか）を選択、クリックしてインストールを開始します。

**Point 32bitか64bitか**

パソコンが32bitか64bitかが分からない場合はスタート画面から「PC設定」→「PCとデバイス」→「PC情報」を順次選択、クリックしていき「システムの種類」で確認します。

④インストール開始

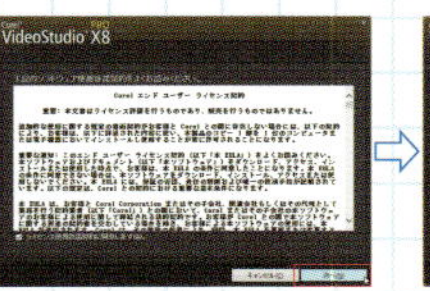


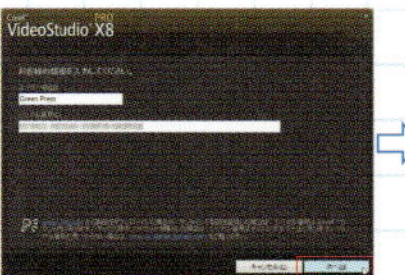


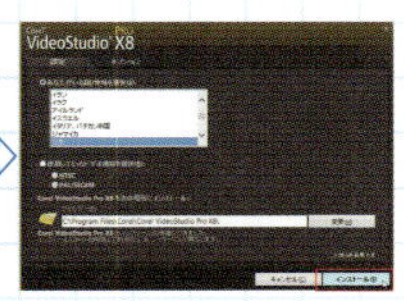


⑤あとは表示される指示に従いながら、インストールを続行します。

Hint シリアル番号は、パッケージ版はインストールディスクの包装に、ダウンロード版は購入時に登録した「Corelアカウント」内に記載されています。

**Hint**
知っているとちょっと助かるヘルプ情報。

■巻末にはフィルター／トランジションの一覧を掲載しています。ぜひご活用ください。

# 目　次

第3章

# 「編集」 ワークスペース



第4章

# 「完了」 ワークスペース

第5章

## 多彩な機能を使いこなす



第6章

## VideoStudio X8 の主な新機能

第7章
## 徹底活用するためのヒント



第8章
## 出力した作品を活用する



第9章
## ULTIMATE のボーナスディスク



CATALOG
## VideoStudio X8 の フィルター・トランジション一覧

本書の制作にあたっては、正確な記述に努めていますが、本書の内容や操作の結果、または運用の結果、いかなる損害が生じても、著者ならびに発行元は一切の責任を負いません。
本書の内容は執筆時点での情報であり、予告なく内容が変更されることがあります。また、システム環境やハードウェア環境によっては、本書どおりの操作ならびに動作ができない場合がありますので、ご了承ください。

# イントロダクション
# VideoStudio X8 で ビデオ編集

VideoStudio X8 でビデオ編集する全体像を説明します。
おおよそこれだけで編集作業の流れが理解できて、ムービーが作れるクイックリファレンスです。

Intro-1

# VideoStudio X8 の操作の流れその 1

いまやビデオカメラでなくても、スマホやデジカメで簡単に動画を撮ることができます。そのままでは単なる記録ですが、Corel VideoStudio Pro X8（以下 VideoStudio X8）を使ってみんなで楽しめる作品をつくってみてはいかがでしょうか。

VideoStudio X8 は大まかに言えば 3 ステップで、プロ並みの動画を作ることができます。

取り込み　編集　完了

VideoStudio X8 の 3 ステップ（各ステップの色は選択したときに変わります）

| 取り込み | 編集 | 完了 |
|---|---|---|
| ・AVCHD カメラなどから取り込む<br>・PC の画面を録画する<br>・写真を取り込む<br>・お気に入りの音楽を取り込む<br>.etc | ・動画をカットしたりつなげたりする<br>・トランジションで盛り上げる<br>・タイトルや字幕で映画のように<br>・ナレーションを入れる<br>・再生速度を変えてみる<br>・動画に合わせた BGM を設定<br>.etc | ・ファイルとして書き出す<br>・メニューつき DVD に焼く<br>・SNS にアップロードする<br>.etc |

とても上記の表には収まらない多彩な機能を備えています。

Hint　各ステップは自由に切り替えることができます。

Intro-2

# VideoStudio X8 の操作の流れ その 2

それではもう少しくわしく全体の流れを見ていくことにしましょう。

## ① 起動する

VideoStudio X8 を起動します。

## ② プロジェクトを保存する

作業を始める前にまず「プロジェクト」を保存します。

**Hint** プロジェクトは編集作業の過程を保存する VideoStudio X8 専用のファイル（.vsp）です。（→ P.247）

## ③ 素材を準備する

編集するための素材（動画、写真、音楽など）を用意して VideoStudio X8 に取り込みます。

Hint　VideoStudio X8 では素材の動画データやオーディオデータ、写真データのことを「クリップ」と呼びます。

## ④ 編集する

クリップをカットしたり、さまざまな「フィルター（効果）」や「トランジション（場面転換）」をほどこして編集していきます。

### ●クリップの長さを調整

不要なシーンをカットしたり、再生速度を変えたりしてクリップの長さを調整します。

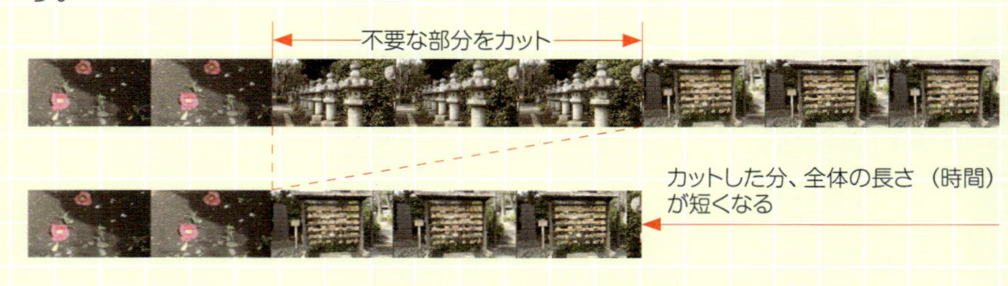

### ●トランジションを設定

シーンのつなぎ目にトランジション（場面転換）を挿入して、映像を盛り上げます。

### ●「オーバーレイオプション」でさらに演出します。 新機能

X8から搭載されたオーバーレイオプションで表現の幅が広がります。（→P.217）

オーバーレイオプションの「ビデオマスク」

Hint ほかにも「モーション トラッキング」や「ペインティング クリエーター」など多彩な演出が可能です。

## 5 タイトルの挿入

タイトルやテロップを、簡単に表示することができます。

## ⑥ オーディオ、効果音の挿入

お気に入りの音楽や効果音などを挿入します。

Hint

クリップに合わせて自動で音楽の長さを調節してくれる機能が、X8 から新しくなりました。

新機能

## ⑦ 完成

できあがった動画を用途に合わせて、いろんな形式で書き出すことができます。

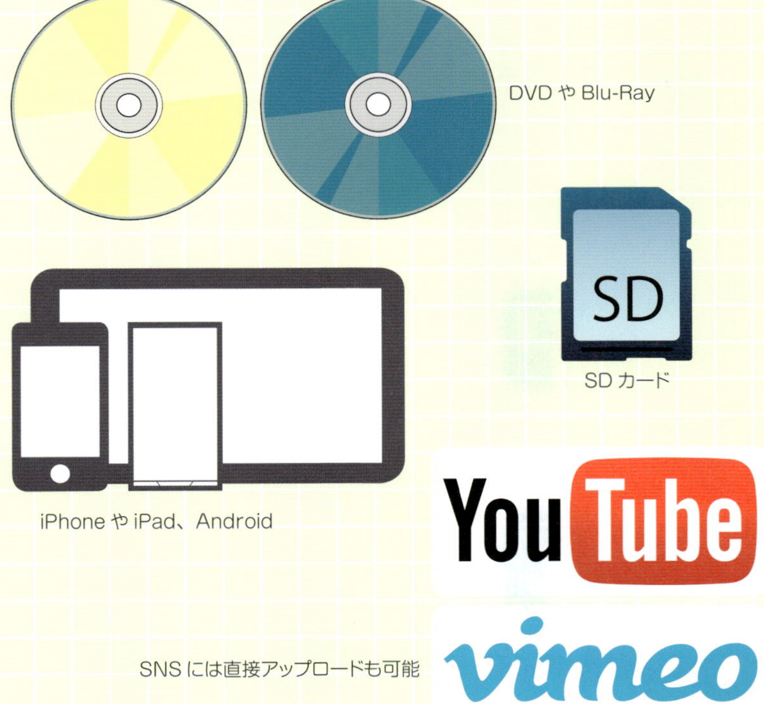


DVD や Blu-Ray

SD カード

iPhone や iPad、Android

SNS には直接アップロードも可能

# 第 1 章 VideoStudio X8 の インストール、起動と終了

CHAPTER-1-1

# インストール

VideoStudio X8 をインストールします。ここではパッケージ版のインストールディスクを使った方法をご紹介します。

## インストール

**DVD RW ドライブ (E:) VS_PRO_X8**
タップして、このディスク に対して行う操作を選んでください。

①パソコンの DVD ドライブにインストールディスクを挿入すると、デスクトップ画面の右上にアラートが表示されます。

DVD RW ドライブ (E:) VS_P…

このディスク に対して行う操作を選んでください。

**メディアからのプログラムのインストール/実行**

Autorun.exe の実行
Corel Corporation により発行

**その他の選択肢**

フォルダーを開いてファイルを表示
エクスプローラー

何もしない

②①をクリック（またはタップ）すると、次のアラートが出るので、「Autorun.exe の実行」をクリックします。

**Point** アラートが消えてしまったら…

①のアラートはしばらくほうっておくと消えます。その場合はスタート画面からディスクドライブを呼び出し、VideoStudio X8 のアイコンをダブルクリックします。

VideoStudio X8 のアイコン

③お使いのパソコンに合ったWindowsのバージョン（32bitか64bitか）を選択、クリックしてインストールを開始します。

**Point 32bitか64bitか**

パソコンが32bitか64bitかが分からない場合はスタート画面から「PC設定」→「PCとデバイス」→「PC情報」を順次選択、クリックしていき「システムの種類」で確認します。

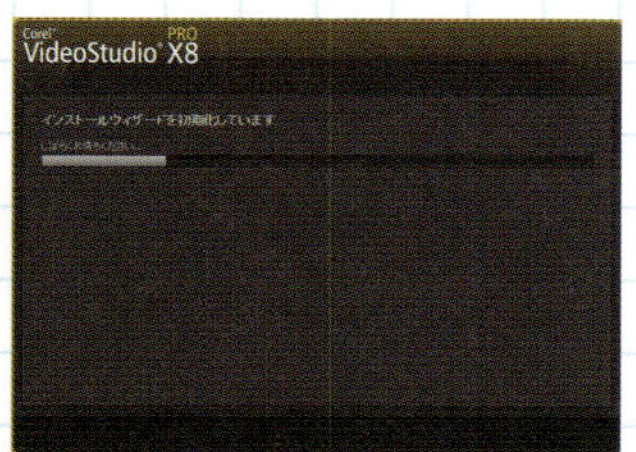


④インストール開始

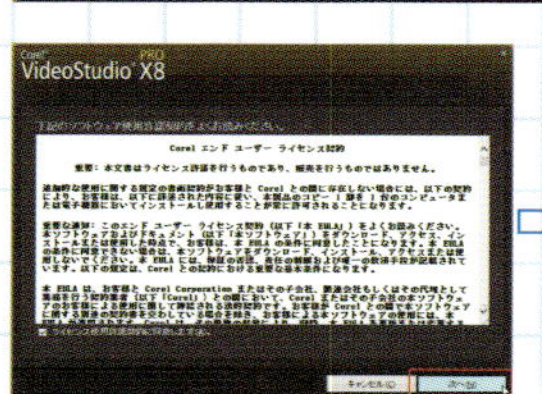


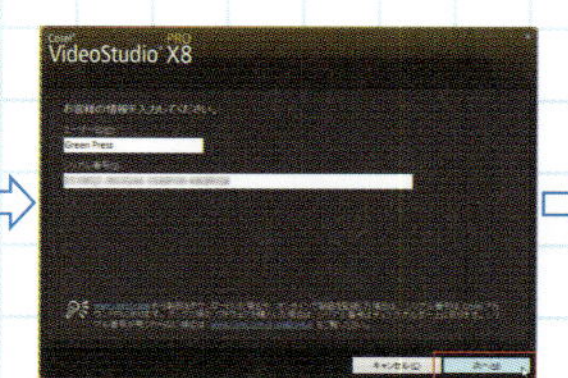


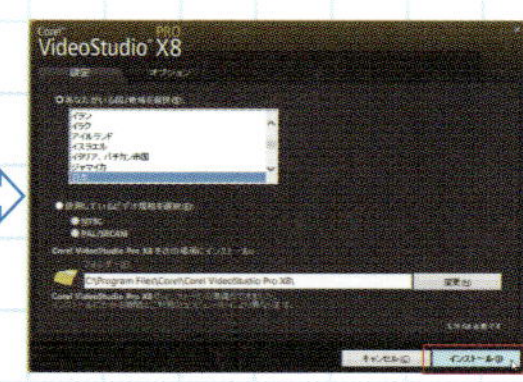


⑤あとは表示される指示に従いながら、インストールを続行します。

**Hint** シリアル番号は、パッケージ版はインストールディスクの包装に、ダウンロード版は購入時のメールなどに記載されています。

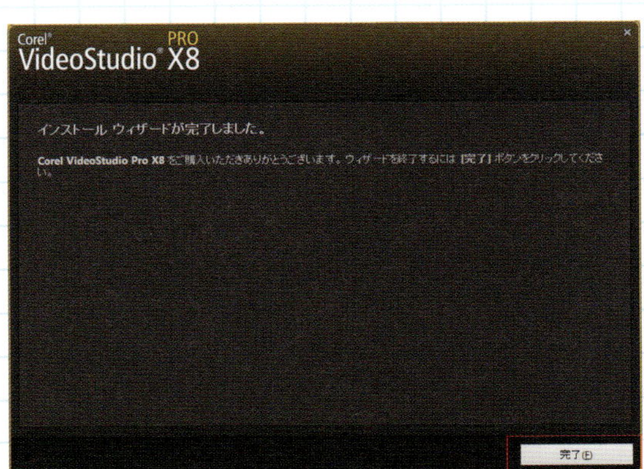


⑥インストール完了

「完了」をクリック

## Point QuickTime

VideoStudio X8 は Apple 社の「QuickTime」と Adobe 社の「FLASH PLAYER」いうソフトを使用します。パソコンにこれらのソフトが入っていない場合は自動で同時にインストールされます。またすでに QuickTime がインストールされている場合はそのバージョンを確認して、以下のようなアラートが表示されることがあります。特に問題はないので「OK」をクリックしてインストールを完了します。

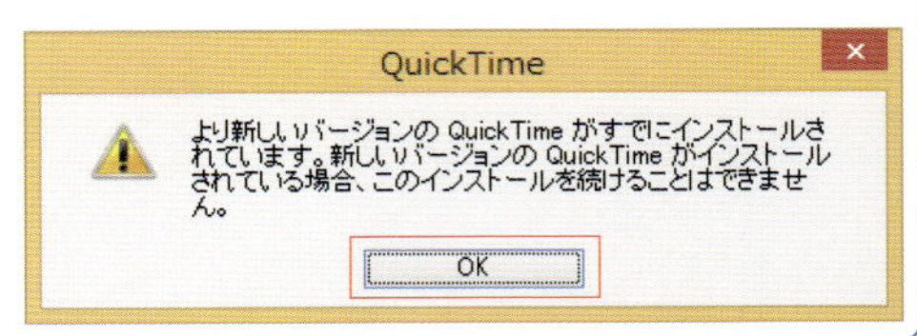

⑦「終了」をクリック。
インストールが完了したら、もう一度メニューを表示して「終了」をクリックします。

CHAPTER-1-2

# PRO と ULTIMATE の違い

VideoStudio X8 には PRO（プロ）と ULTIMATE（アルティメット）の2つのバージョンがあります。

## ULTIMATE のボーナスディスク

ULTIMATE のボーナスディスクメニュー画面

ULTIMATE のボーナスディスクからプラグインをインストールすると、さらに多彩なエフェクトや個性的なトランジションが数多く追加されます。（→ P.282）
VideoStudio X8 のソフト本体は PRO と ULTIMATE に違いはありません。

Hint プラグインとは、あとから追加するプログラムのことをいいます。

CHAPTER-1-3

# VideoStudio X8 の起動と終了

さあ、それでは VideoStudio X8 を起動してみましょう。

## 起動する

VideoStudio X8 を起動します。デスクトップ画面のアイコン、またはスタート画面のアプリの一覧から VideoStudio X8 を選択してダブルクリックします。

Corel VideoStudio Pro X8

デスクトップ画面のアイコン

アプリ一覧の VideoStudio X8

## 起動直後の画面

はじめて起動したときは「編集」ワークスペースの画面（→ P.56）が開き、プレビューウィンドウにはサンプルの「SP-V01」が表示されます。

## 終了する

「終了」をクリック

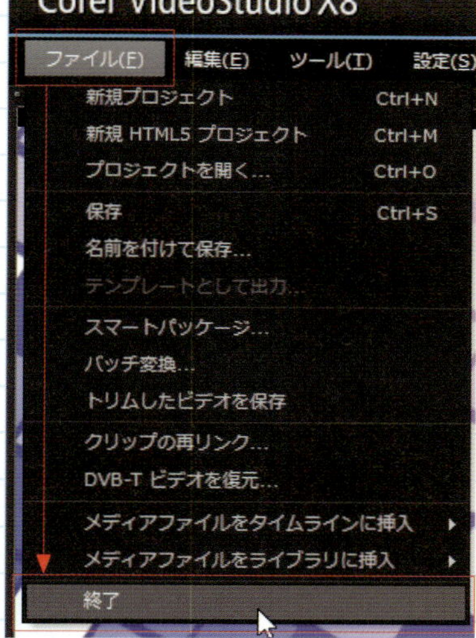


「×」をクリック

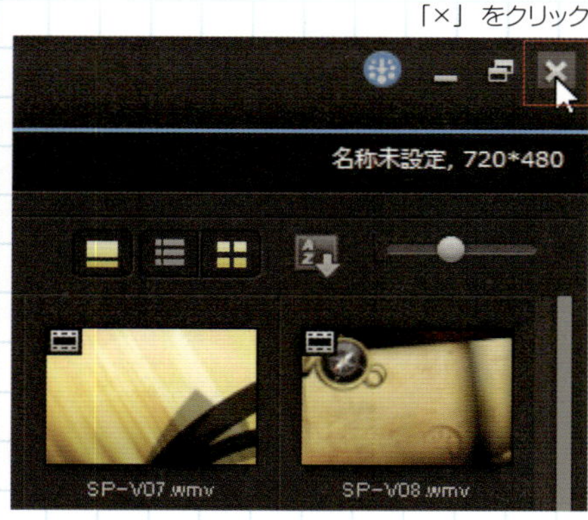


終了するときはメニューバーの「ファイル」から終了を選択してクリック、または右上にある「×」ボタンをクリックします。

### Point ユーザー登録をしよう

VideoStudio X8 をはじめて起動したときには、ユーザー登録をすすめるウィンドウが表示されます。登録するとテンプレートやタイトルのアニメーションなどを追加できるようになります。とてもお得なコンテンツが数多く揃っているので、ぜひ登録してみてください。

あとから登録する場合はオレンジ色のアイコンをクリックします。

**Hint** テンプレートとはひな形のデータのことです。

## 便利なショートカットキー一覧

VideoStudio X8 を操作するときに便利なショートカットキーの一覧です。

| ナビゲーションパネルのショーカットキー | |
|---|---|
| F3 | マークインを設定する。 |
| F4 | マークアウトを設定する。 |
| L | 再生／一時停止する。 |
| Space | 再生／一時停止する。 |
| Ctrl+P | 再生／一時停止する。 |
| K | クリップ、プロジェクトの先頭に戻る。 |
| Home | クリップ、プロジェクトの先頭に戻る。 |
| Ctrl＋H | クリップ、プロジェクトの先頭に戻る。 |
| Ctrl＋E | 最後のフレームへ移動する。 |
| F | 次のフレームに移動する。 |
| D | 前のフレームに移動する。 |
| Ctrl＋R | 「繰り返し再生」を切り替える。 |
| Ctrl＋L | ボリューム調整スライダーを表示する。 |
| Tab | トリムバーの左右のハンドルのアクティブ状態を切り替える。また、トリムバーとジョグ スライダーを切り換える。 |
| Enter | トリムバーの左ハンドルがアクティブの場合、[Tab] または [Enter] キーを押すと右ハ ンドルに切り換わる。また、トリムバーとジョグ スライダーを切り替える。 |
| → | [Tab] または [Enter] キーを押してトリムバーやジョグ スライダーを有効にした場合、左矢印キーを使って前のフレームへ移動できる。 |
| ← | [Tab] または [Enter] キーを押してトリムバーやジョグ スライダーを有効にした場合、右矢印キーを使って次のフレームへ移動できる。 |
| ESC | [Tab] または [Enter] キーを押してトリムバーとジョグ スライダーを有効にした場合、[Esc] キーを押すとトリムバーとジョグ スライダーが無効になる。 |

| VideoStudio 起動中のショートカットキー | |
|---|---|
| Ctrl＋N | 新規プロジェクトを開く。 |
| Ctrl＋O | プロジェクトを開く。 |
| Ctrl＋S | プロジェクトを保存する。 |
| Ctrl＋C | コピーする。 |
| Ctrl＋V | 貼り付け |
| F6 | 環境設定を開く。 |
| Alt＋Enter | プロジェクトのプロパティを表示する。 |
| U | 更新のチェック。 |

# 第2章
# 「取り込み」ワークスペース

CHAPTER-2-1

# 「取り込み」ワークスペースのデスクトップ画面

ビデオ編集に欠かせないもの。それは動画データなどの素材です。ここではVideoStudio X8の「取り込み」ワークスペースについて解説します。

## ＋ デスクトップ画面の構成

※プレビューウィンドウの画像はハメコミ合成です

## ① メニューバー

ファイル(F)　編集(E)　ツール(T)　設定(S)　ヘルプ(H)

プロジェクトファイルを開いたり、保存したり、さまざまな機能を呼び出して実行するためのコマンドがあります。

## ② プレビューウィンドウ

現在選択しているビデオを表示します。

## ③ ライブラリパネル

VideoStudio X8に取り込んだ各クリップが表示されます。

## ④ナビゲーションエリア

プレビューウィンドウのビデオを再生したり、前後にコマ送りをしたりする操作ボタンがあります。くわしくは次章の「編集」ワークスペースをご参照ください。

**Hint** 薄いグレーで表示されたボタンはここでは使用しません。

## ⑤情報パネル

作業に使用するファイルについての情報を表示します。

## ⑥取り込みオプション

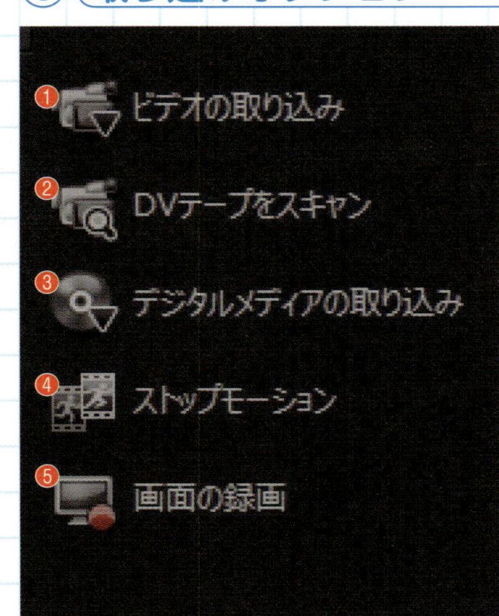


さまざまなメディアの取り込み方法を選択できます。

**❶ビデオの取り込み**
DV カメラなどから取り込むときに使用します。

**❷DVテープのスキャン**
DV テープをスキャンしてシーンを選択できます。

**❸デジタルメディアの取り込み**
DVD や Blu-Ray、AVCHD カメラなどから取り込むときに使用します。

**❹ストップモーション**
WEB カメラや対応したデジカメなどを使用して、ストップモーションアニメーションを作ることができます。

**❺画面の録画**
PC に表示された画面の映像をカーソルの動きなども合わせすべて録画できます。

**Point AVCHD カメラの取り込みは「デジタルメディアの取り込み」**

間違えやすいのが「ビデオの取り込み」を選択して、AVCHD カメラが認識されないというトラブルです。
そのようなときはあわてず騒がず、右端にある「×」ボタンをクリックして、「デジタルメディアの取り込み」を選びましょう

CHAPTER-2-2

# データファイルの取り込み

ビデオ編集するための素材を準備しましょう。

取り込むのは動画データや写真、お気に入りの音楽などです。ここではパソコンにそれらを取り込むための手順を紹介します。

## VideoStudio X8 で扱えるファイル形式

まず、VideoStudio X8 で扱うことができるファイル形式を確認しておきましょう。

### サポートされているビデオ形式

**入力**

AVI、MKV、MOV（H.264）、MPEG-1、MPEG-2、HDV、AVCHD、M2T、MPEG-4、M4V、H.264、QuickTime※、Windows Media Format, MOD（JVC MOD ファイル形式）、M2TS、TOD、BDMV、3GPP、3GPP2、DVR-MS、SWF、DivX® ※、UIS、UISX, WebM、XAVC S

**出力**

DVAVI、MOV（H.264）、MPEG-2、MPEG-4、H.264、QuickTime※、Windows Media Format、3GP、3GP2、AVCHD、BDMV、DivX※、UIS、UISX、WebM、XAVC S

### サポートされている画像形式:

**入力**

BMP、CLP、CUR、EPS、FAX、FPX、GIF87a、IFF、IMG、JP2、JPC、JPG、MAC、MPO、PCT、PIC、PNG、PSD、PXR、RAS、SCT、SHG、TGA、TIF/TIFF、UFO、UFP、WMF、PSPImage、Camera RAW (RAW/CRW/CR2/BAY/RAF/DCR/MRW/NEF/ORF/PEF/X3F/SRF/ERF/DNG/KDC/D25/HDR/SR2 /ARW/NRW/OUT/TIF/MOS/FFF)、001、DCS、DCX、ICO、MSP、PBM、PCX、PGM、PPM、SCI、WBM、WBMP

**出力**

BMP、JPG

### サポートされているオーディオ形式

**入力:**

Dolby Digital ステレオ、Dolby Digital 5.1、MP3、MPA、QuickTime、WAV、Windows Media オーディオ、MP4、M4A、Aiff、AU、CDA、AMR、AAC、OGG

**出力:**

Dolby Digital Stereo、Dolby Digital 5.1、M4A、OGG、WAV、WMA

※このオプションを有効にするには、ドライバ / コーデックをインストールする必要があります。

## Point XAVC S に対応

新機能

今回、VideoStudio X8 は 4K カメラで使われる XAVC S 形式をサポートしました。

**Hint** これらのファイル形式は混在していても、VideoStudio X8 に取り込んでしまえば簡単に編集できます。

## ビデオカメラとパソコンの接続

撮影したビデオをパソコンに取り込みます。ビデオカメラの種類やメーカーによって、接続するためのコードなどに多少の違いがありますが、おおむね次のとおりです。くわしくはビデオカメラのメーカーの取扱説明書をご覧ください。

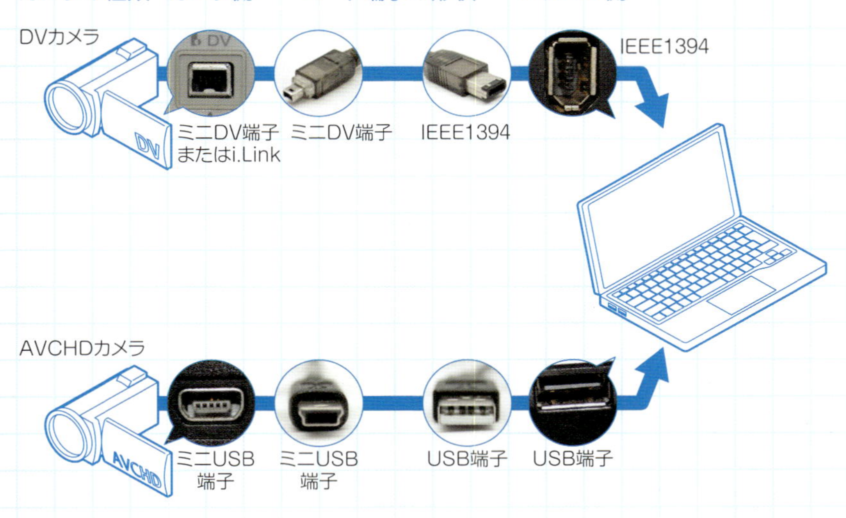


## Point IEEE1394 端子がない

最近のパソコンには IEEE1394 の端子が搭載されていません。その場合、増設用のカードなどを追加できるようであれば、DV カメラなどからの取り込みが可能になります。くわしくはパソコンメーカーのサポートなどにお問い合わせください。

**Hint** IEEE1394 はメーカーによっては「iLink」と呼称している場合がありますが、同じ規格です。

## ビデオカメラの動画データをパソコンに保存する

ここでは、現在主流の AVCHD カメラとパソコンをつないで、パソコンのフォルダーにコピーして保存する方法をご紹介します。VideoStudio X8 を経由して取り込むと細かい設定が可能ですが、それは 2-3 で後述します。

## AVCHD カメラとパソコンを接続する

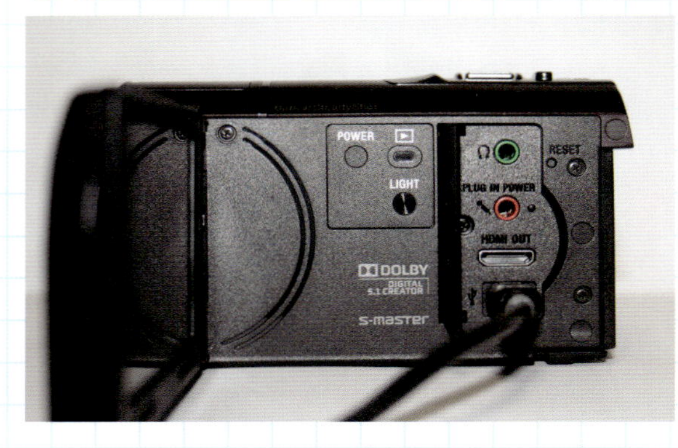


① AVCHD カメラとパソコンをミニ UBS ケーブルで接続します。

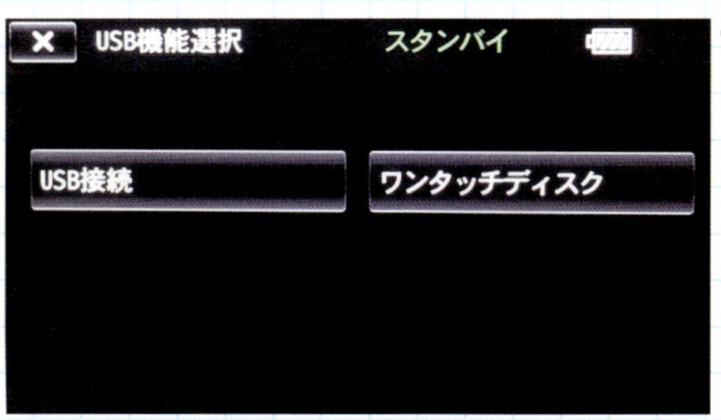


②ビデオカメラの電源を入れます。このカメラの場合は「USB 接続」を選択します。

ビデオカメラの液晶画面

### Point AVCHD カメラとパソコンの接続

ここではソニー製のカメラを使用して説明しています。パソコンとビデオカメラを接続してデータをやり取りする場合、MTB 接続で通信機能を有効にする必要があります。通信機能を有効にする方法はメーカーやカメラの機種によって異なりますので、必ずビデオカメラの取扱説明書を確認してください。

## Point MTB 接続とは

パソコンとビデオカメラの間でデータをやり取りする通信機能のことです。MTP とは「Media Transfer Protocol（メディア転送プロトコル）」の略で、マイクロソフト社が、ビデオカメラや音楽プレーヤーなどとパソコンを接続するために開発した技術です。パソコンと接続した AVCHD ビデオカメラは「メディアデバイス」と認識されます。

③パソコンに認識されました。カメラのアイコンをダブルクリックします。

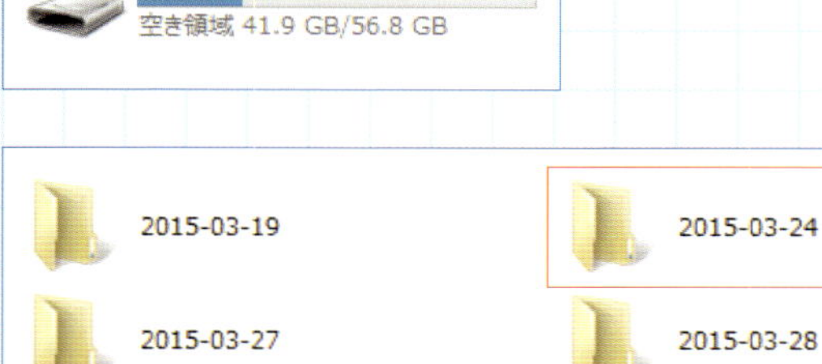


④「Strage Media」をダブルクリックします。

2015-03-19
2015-03-24
2015-03-27
2015-03-28
2015-04-04
INFO
PMHOME.EXE
16.4 MB

⑤撮影したデータが日付の名前のフォルダーで並んでいます。フォルダーをダブルクリックします。

20150324143210.MTS
00:00:14
21.5 MB

20150324143242.MTS
00:00:13
19.8 MB

20150324143457.MTS
00:00:26
39.0 MB

20150324143524.MTS
00:00:01
2.34 MB

20150324143529.MTS
00:00:08
12.0 MB

20150324143758.MTS
00:00:43
64.3 MB

20150324144101.MTS
00:00:29
43.5 MB

20150324144210.MTS
00:00:55
81.9 MB

20150324144328.MTS
00:00:30
42.4 MB

20150324144625.MTS
00:00:21
26.0 MB

⑥動画データが表示されました。

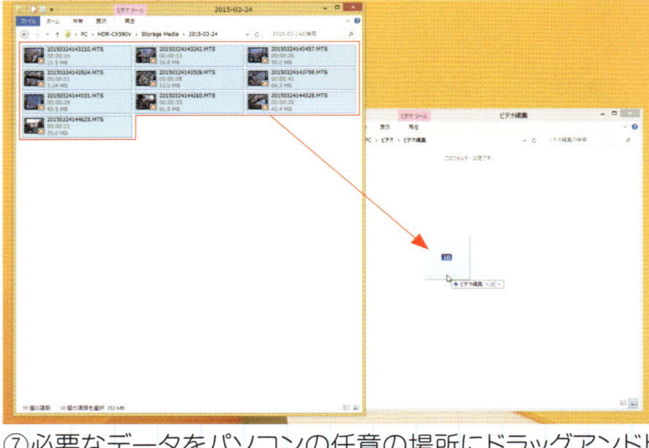


ドラッグアンドドロップでコピー

⑦必要なデータをパソコンの任意の場所にドラッグアンドドロップします。ここでは「ビデオ」フォルダーに「ビデオ編集」というフォルダーをつくって、コピーしています。

**Hint** ファイルを選択するときにキーボードの「Shift」や「Ctrl」キーを押しながらクリックすると効率的です。

**Hint** 写真データがある場合も同じ方法で取り込めます。

## ＋ パソコンに保存されているメディアファイルを取り込む

ここではすでにパソコンに保存されている動画データや、写真を取り込む方法を解説します。

VideoStudio X8 を起動します。通常は「編集」ワークスペースが開きます。

①まずライブラリ（→ P. 230）に保存するフォルダーを作成します。「＋追加」をクリックします。

②フォルダーが追加されました。

③名前を変更します。「フォルダー」上で右クリックして表示される「名前を変更」を選択して、入力に切り替えます。

Hint このとき「削除」を選択するとフォルダーはライブラリーから消えます。

④ここでは「素材」というフォルダー名にしました。

Hint フォルダー名はいつでも変更できます。

⑤「メディアファイルを取り込み」アイコンをクリックします。

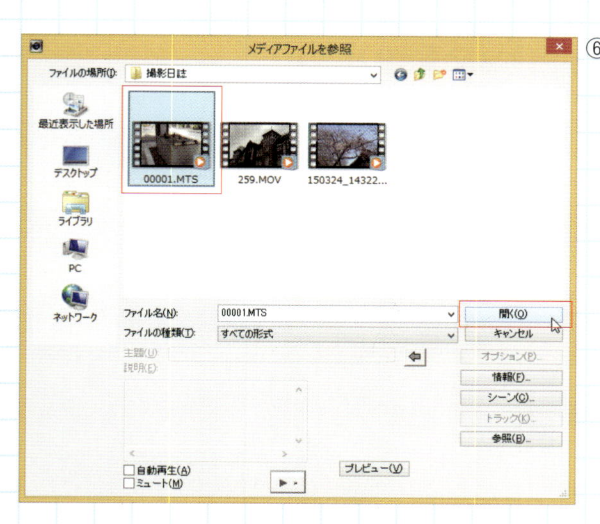


⑥「メディアファイルを参照」というウィンドウが開くので、取り込みたいファイルを探し出し、選択して「開く」をクリックします。

⑦ライブラリの「素材」フォルダーに取り込まれました。

**Hint** そのほかの形式ファイルも同様に取り込めます。

## Point 「メディアファイルを参照」ウィンドウのボタン

このウィンドウには取り込むファイルの内容を確認するための機能が装備されています。

・「自動再生」にチェックを入れると、選択したファイルが動画の場合は小窓で自動再生されます。

・「ミュート」はチェックを入れると音声が再生されません。

・「プレビュー」は押すと動画の一コマ目が表示されます。

・「情報」ファイルの詳細データが表示されます。

・「シーン」はファイルによってはシーンを検出、取り込む前に分割や結合ができます。

## ＋ ドラッグアンドドロップで取り込む

すでにパソコンに動画や写真のファイルが保存してある場合はこちらの方法が簡単です。

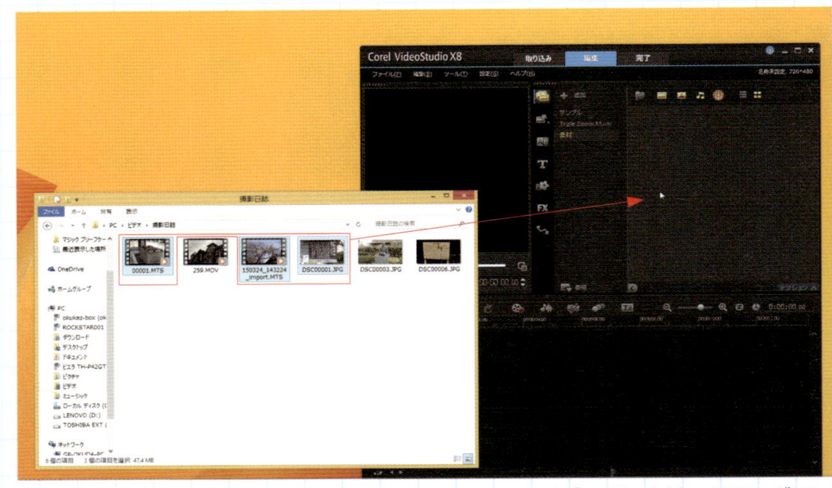


①必要なファイルを選択して VideoStudio X8 のライブラリに直接、ドラッグアンドドロップします。

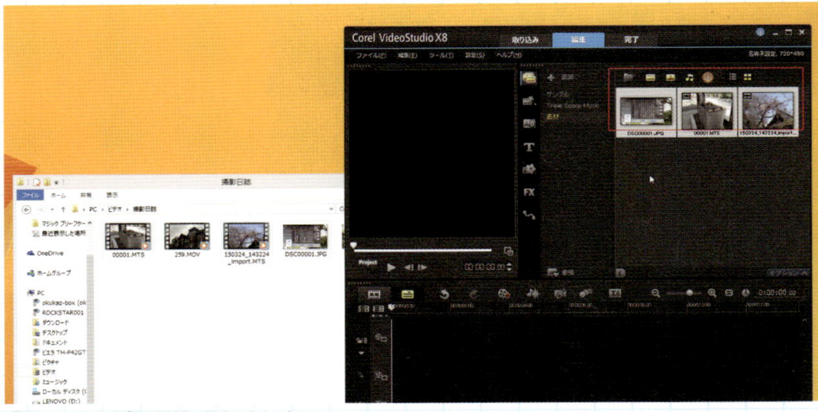


②ファイルが取り込まれました。

Hint ライブラリから削除する方法（→ P.234）

CHAPTER-2-3

# VideoStudio X8 経由で取り込む

VideoStudio X8 経由でデータを取り込む方法を解説します。

## AVCHD カメラから取り込む

AVCHD カメラとパソコンをミニ USB ケーブルで接続します。2-2 の場合はビデオカメラを「メディアデバイス」としてパソコンに認識させましたが、VideoStudio X8 経由で取り込む場合はビデオカメラを「リムーバブルディスク」として認識させる必要があります。メーカーやカメラの機種によって仕様が異なりますので、くわしくはビデオカメラの取扱説明書で確認してください。

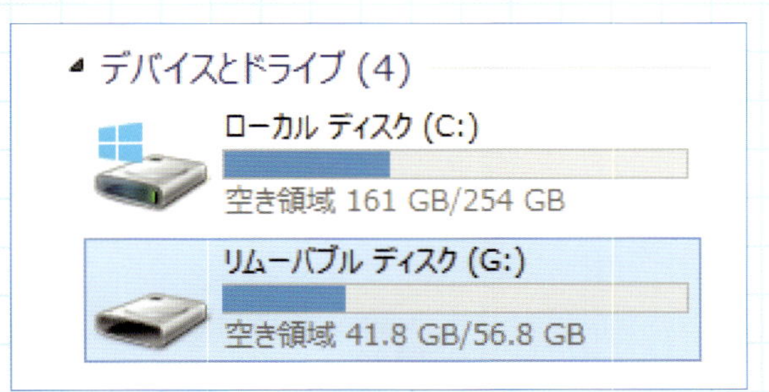


リムーバブルディスクとして認識させる

Hint リムーバブルディスクとは「移動可能なディスク」という意味で、ハードディスクや USB メモリと同様に扱うことができます。

## VideoStudio X8 を起動する

通常は「編集」ワークスペースが開きます。ここであとからファイルの管理がしやすいように、ライブラリに保存用のフォルダーを作成します。これは 2-2 で紹介した方法と同じです。

①ライブラリに保存するフォルダーを作成します。「+追加」をクリックします。

②フォルダー名を「おさんぽ - 撮影」としました。

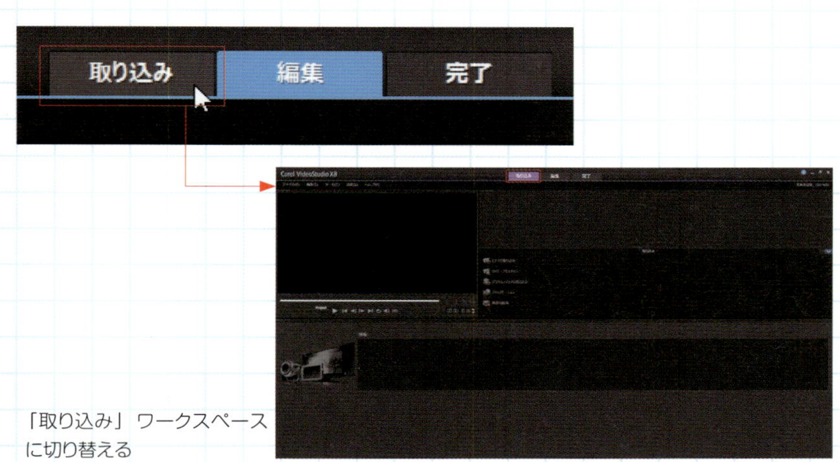


「取り込み」ワークスペースに切り替える

③上部にあるタブで「取り込み」ワークスペースに切り替えます。

## Point 実は「編集」ワークスペースでも取り込みは可能

「編集」ワークスペースのプレビューウィンドウ（→ P.56）の下にあるアイコンをクリックしても、ファイルを取り込むためのメニューを表示することができ、同じ操作をすることが可能です。

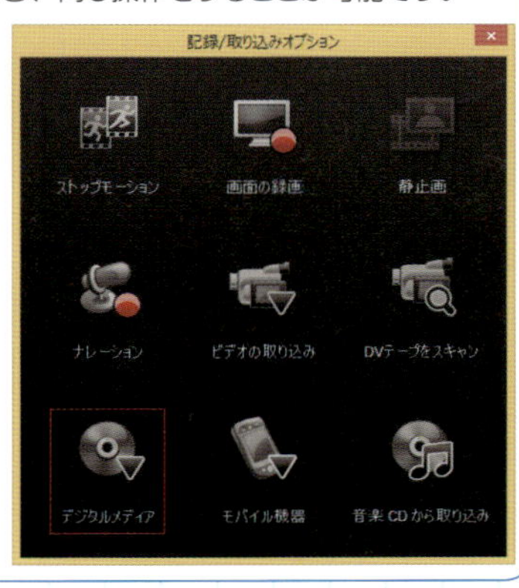

デジタルメディアの取り込みをクリック。

④「フォルダーの参照」ウィンドウが開くので、ビデオカメラのフォルダー（リムーバブルディスク）の「+」をクリックして中身を表示します。

⑤「AVCHD」にチェックを入れて「OK」をクリックします。

**Point 「有効なコンテンツが存在しません」**

ビデオカメラによっては「有効なコンテンツが存在しません」と表示される場合があります。その場合は⑤で「AVCHD」のフォルダーの「+」をクリックして、中身を表示させ、「STREAM」フォルダーを指定してください。なお写真データは「DCIM」フォルダーにあります。ここでもデータが見つからない場合は同じように、その中身のフォルダーを指定してください。動画データと写真データは同時に取り込むことが可能です。

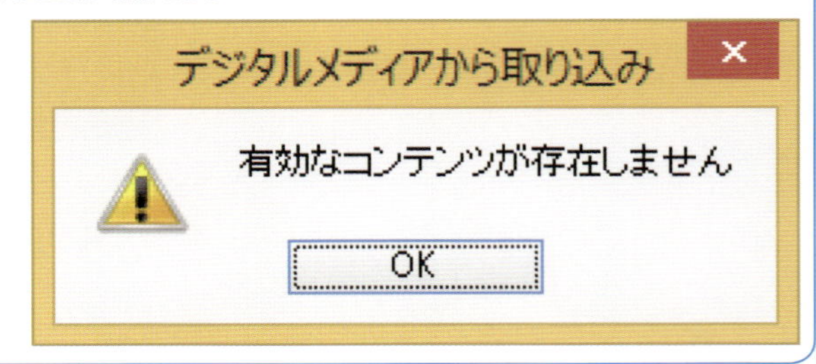

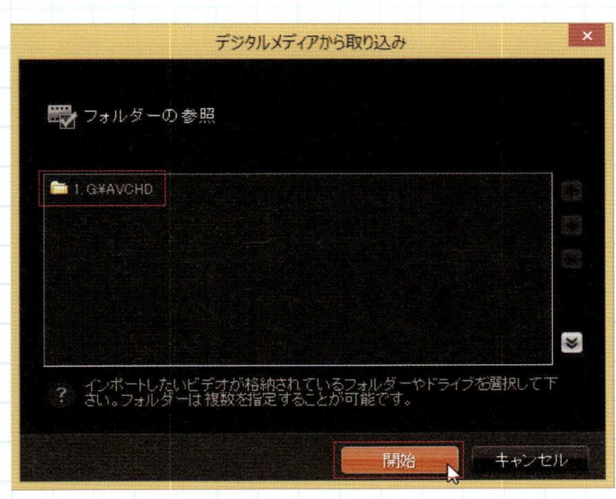


⑥指定したフォルダー名であることを確認して、「開始」をクリックします。

⑦「デジタルメディアから取り込み」ウィンドウが開くので、取り込みたいクリップの左上にあるチェックボックスをチェックします。

⑧右下にある「取り込み開始」をクリックします。

**Point AVCHD カメラ内のデータの保存場所**

| | |
|---|---|
| 動画データ | 「AVCHD」→「BDMV」→「STREAM」 |
| 写真データ | 「DCIM」 |

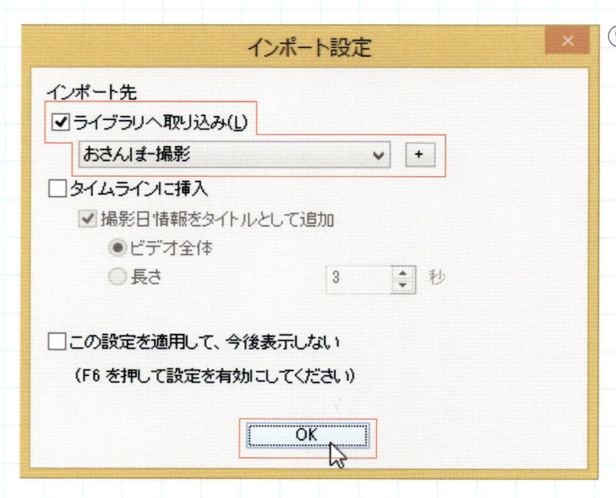


⑨つづけて「インポート設定」ウィンドウが開きます。「ライブラリへ取り込み」にチェックを入れ、フォルダー名を確認して「OK」をクリックします。

## Point インポート設定

「タイムラインに挿入」にチェックを入れると、ライブラリと同時に「タイムライン」(→ P.58)にも取り込まれます。その下の「撮影日情報をタイトルとして追加」もチェックしておくと、撮影日の日付が動画の右下にタイトルとして追加されます。

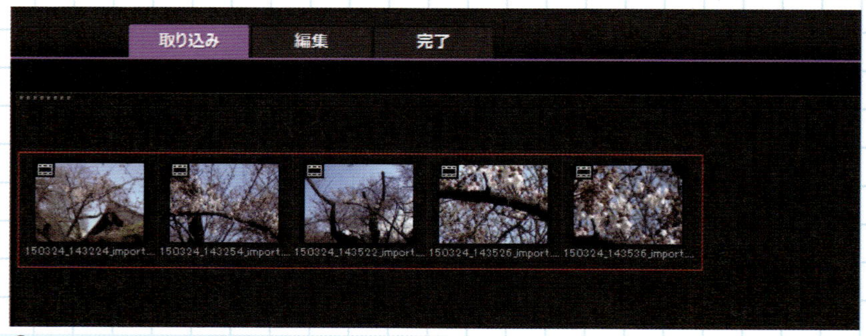


⑩チェックを入れた動画が取り込まれました。

## 「デジタルメディアから取り込み」ウィンドウ

39 ページの⑦で表示される「デジタルメディアから取り込み」ウィンドウでは、細かい設定や確認ができます。

❶ 選択した動画や写真を大きな画面で再生する。
❷ ビデオのクリップのみ表示する。
❸ 写真のクリップのみ表示する。
❹ すべてのクリップを表示する。
❺ フォルダー名で並び替える。
❻ 作成日時で並べ替える。
❼ すべてのクリップを選択する。
❽ すべての選択を解除する。
❾ 選択範囲を反転する。
❿ サムネイルのサイズを拡大／縮小する。
⓫ 取り込み先フォルダー
⓬ Corel VideoStudio Pro にファイルをインポート（選択不可）
⓭ 前のウィンドウに戻る。
⓮ 取り込みを開始する。
⓯ 取り込みをキャンセルする。

## Point 取り込み先フォルダーの変更

初期設定では取り込んだ動画や写真、オーディオはパソコンの「ビデオ」フォルダーに「取り込んだ日付」フォルダーが作られ、その中に収納されます。⑪「取り込み先フォルダー」を変更したいときは右端にあるフォルダーアイコンをクリックします。

取り込み先フォルダー： C:¥Users¥ ¥Videos

## DV カメラから取り込む（ビデオの取り込み）

DV カメラまたは HDV カメラを 2-2 の手順と同じように、パソコンとつないでおきます。

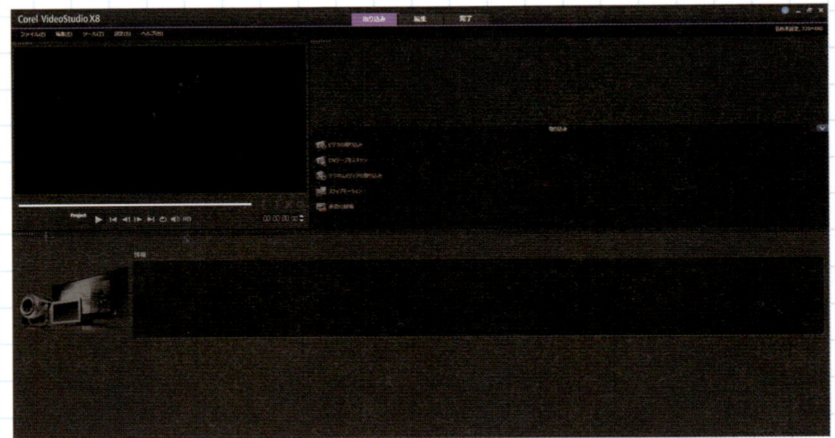


「取り込み」ワークスペース

① VideoStudio X8 を起動して、「取り込み」ワークスペースに切り替えます。

② DV カメラの電源を入れて、カメラのモードを「再生」モードにします。

Hint 機種によりこの画像は異なります。

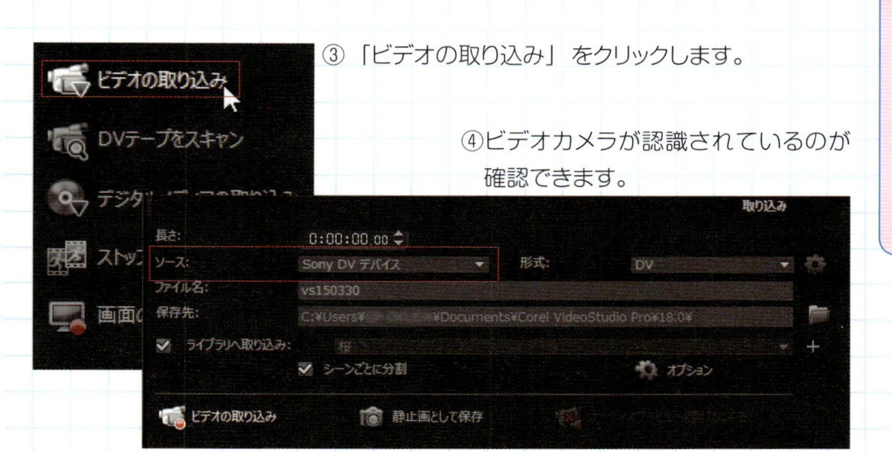


③「ビデオの取り込み」をクリックします。

④ビデオカメラが認識されているのが確認できます。

## Point オプションの設定

ここでは以下の設定ができます。

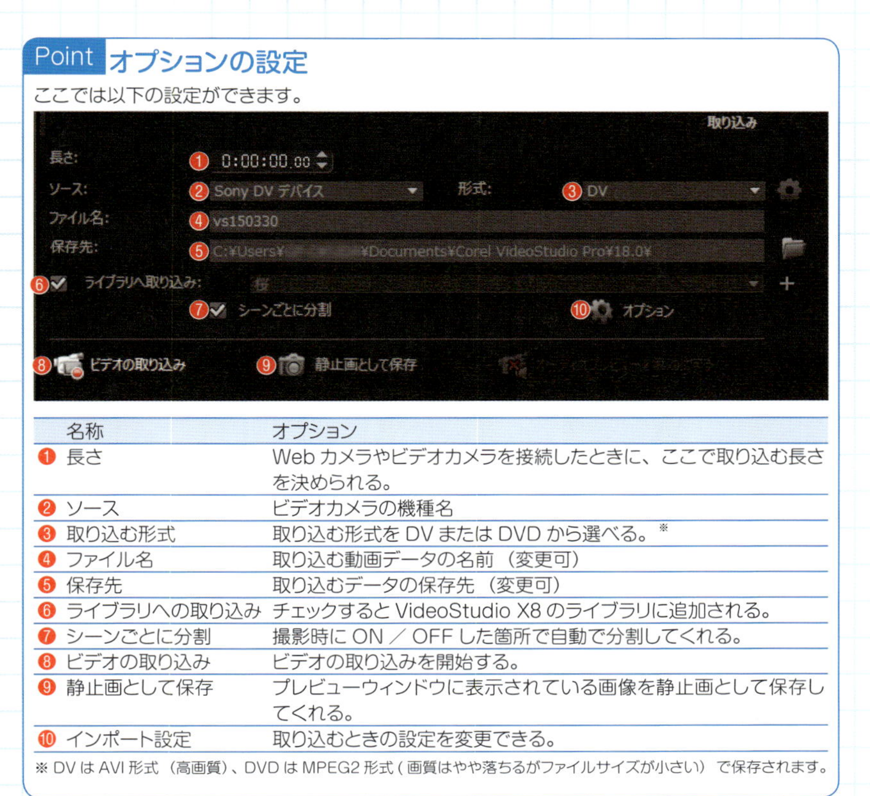


| 名称 | オプション |
|---|---|
| ❶ 長さ | Web カメラやビデオカメラを接続したときに、ここで取り込む長さを決められる。 |
| ❷ ソース | ビデオカメラの機種名 |
| ❸ 取り込む形式 | 取り込む形式を DV または DVD から選べる。※ |
| ❹ ファイル名 | 取り込む動画データの名前（変更可） |
| ❺ 保存先 | 取り込むデータの保存先（変更可） |
| ❻ ライブラリへの取り込み | チェックすると VideoStudio X8 のライブラリに追加される。 |
| ❼ シーンごとに分割 | 撮影時に ON ／ OFF した箇所で自動で分割してくれる。 |
| ❽ ビデオの取り込み | ビデオの取り込みを開始する。 |
| ❾ 静止画として保存 | プレビューウィンドウに表示されている画像を静止画として保存してくれる。 |
| ❿ インポート設定 | 取り込むときの設定を変更できる。 |

※ DV は AVI 形式（高画質）、DVD は MPEG2 形式 ( 画質はやや落ちるがファイルサイズが小さい）で保存されます。

⑤「ビデオの取り込み」をクリックすると、DV テープが再生されると同時にデータに変換されます。

⑥「取り込みを停止」をクリックすれば停止します。

## Point VideoStudio X8 でビデオカメラをコントロール

DV カメラは VideoStudio X8 につなげると、本体を操作しなくても DV テープの巻き戻しや一時停止などが、VideoStudio X8 上でできるようになります。

再生速度を調節　　DV テープの再生や停止など　　プレビューウィンドウを全画面で表示する

## DV カメラから取り込む（DV テープをスキャン）

短い内容の DV テープなら、先ほどのように再生させながら取り込むということもできますが、1 本のテープに大量の撮影データがある場合は確認するのも大変です。そのようなときには「DV テープのスキャン」を使います。

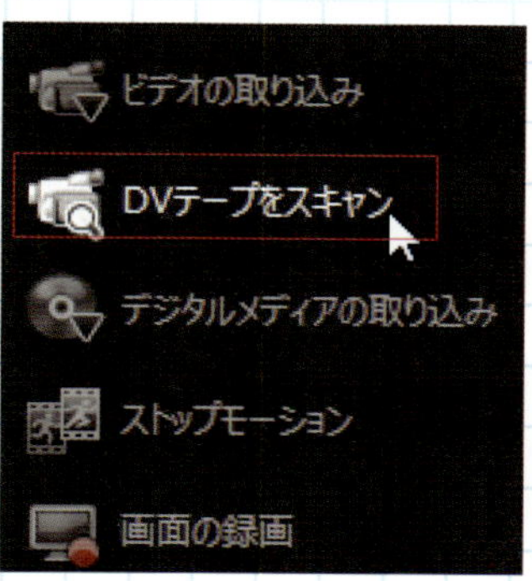


① 「取り込み」ワークスペースの「DV テープをスキャン」をクリックします。

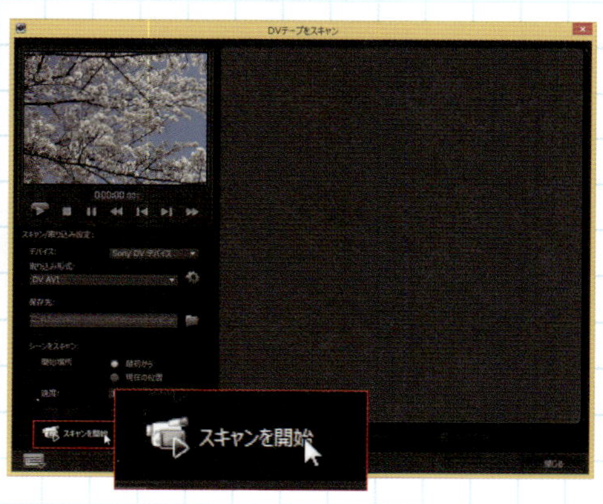


② 「DV をスキャン」ウィンドウが開くので、「スキャンを開始」をクリックします。

### Point 「DV をスキャン」の操作画面

「DV をスキャン」ウィンドウにもいろいろなオプションを設定できるボタンが、配置されています。

| オプション |
|---|
| ❶ 選択したデータをプレビューできる。 |
| ❷ ❶の再生やコマ送りなどができ、ビデオカメラ本体と連動して機能する。 |
| ❸ ビデオカメラの機種名 |
| ❹ 取り込む形式を DV AVI か DVD かを選択できる。 |
| ❺ 取り込むデータの保存先（変更可） |
| ❻ DV テープの最初からスキャンするか、途中からスキャンするかを選択できる。 |
| ❼ スキャンする速度を等倍、2 倍速、最高速度から選択できる。 |
| ❽ スキャン完了後、選択したデータを再生できる。 |
| ❾ 「スキャンを開始」ボタン（クリックすると「スキャンを停止」に変わる） |

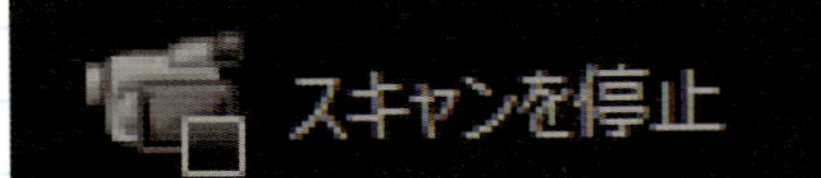


③スキャンが完了したら「スキャンを停止」をクリックします。

④スキャンが完了しても、まだデータは取り込まれていません。ここで必要なデータを取捨選択します。スキャンが完了した直後はすべてチェックが入った状態になっています。

データを選択すると黄色い枠で囲まれる

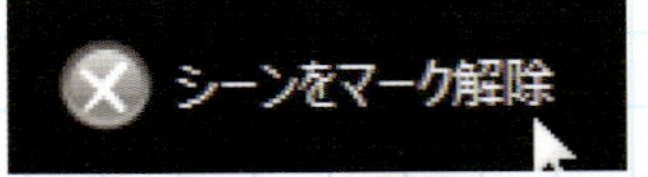


⑤不要なデータを選択して、「シーンをマーク解除」をクリックするか、選択したデータ上で右クリックして、表示されるメニューから同じく「シーンをマーク解除」を選択します。

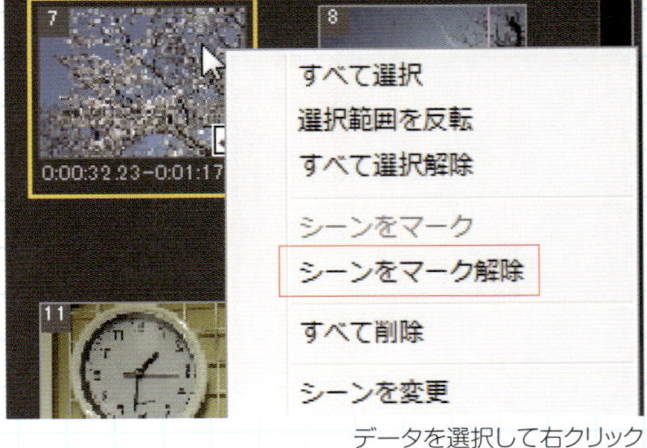


データを選択して右クリック

⑥取り込むデータが決まったら、下にある「次へ>」をクリックします。

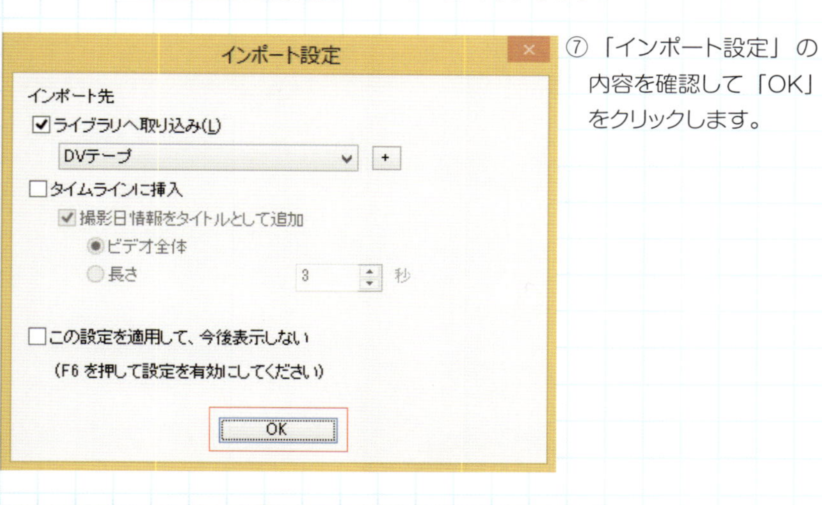


⑦「インポート設定」の内容を確認して「OK」をクリックします。

⑧取り込みが開始されます。

⑨ライブラリに取り込まれました。

CHAPTER-2-4

# 写真／オーディオデータを取り込む

ビデオは動画ばかりで構成されるものではありません。音楽や、時には静止画（写真）も活用して、みんなの心に残る作品に仕上げてみましょう。

## 写真を取り込む

2-1 でも少し触れましたが、VideoStudio X8 が取り扱うのはデジタルデータです。パソコン上に写真が保存されていれば「デジタルメディアの取り込み」を利用して簡単に取り込むことができます。

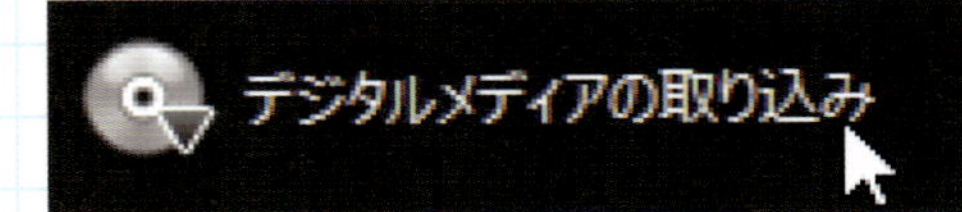


①「取り込み」ワークスペースの「デジタルメディアの取り込み」を選択します。

②「フォルダーの参照」ウィンドウが開くので、取り込みたいフォルダーをチェックします。ここでは「ピクチャー」フォルダーにあらかじめ保存しておいた「Photo」フォルダーをチェックしています。

## Point 「フォルダーの参照」ウィンドウが開かない

ビデオカメラをつなげて、すでに動画データをこの方法で取り込んだことがあるときなど、以前の設定が残っていて、先に図のような「デジタルメディアの取り込み」ウィンドウが開くときがあります。そういうときには、その前の設定をダブルクリックします。そうすれば「フォルダーの参照」ウィンドウが開きます。

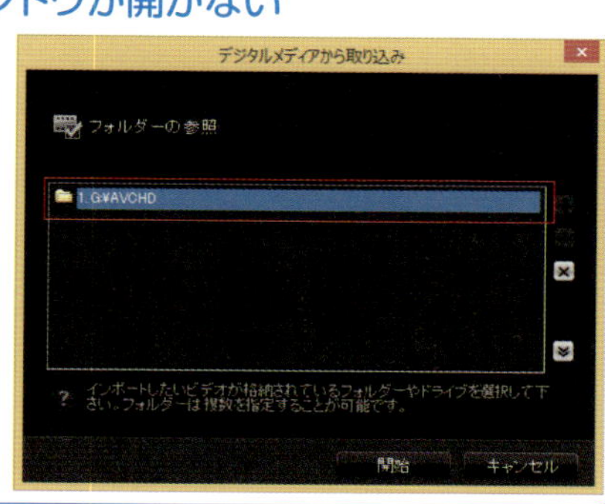

③「デジタルメディアから取り込み」ウィンドウが開くので、取り込みたいクリップ（写真データ）の左上にあるチェックボックスをチェックします。

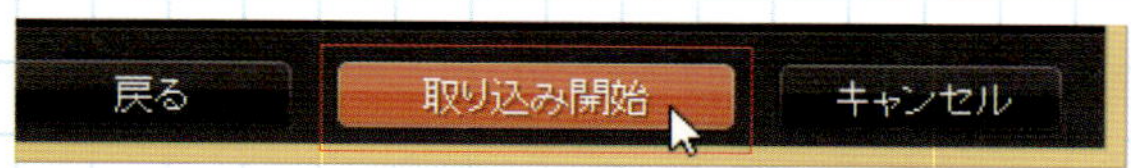


④右下にある「取り込み開始」をクリックします。

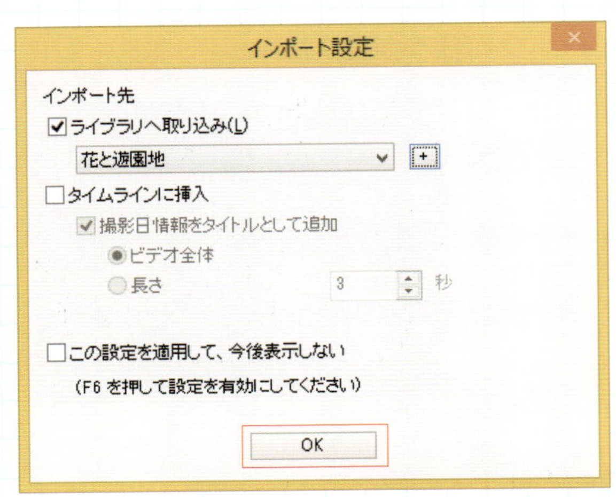


⑤つぎに「インポート設定」の内容を確認して「OK」をクリックします。

⑥ライブラリに取り込まれました。

## オーディオデータを取り込む

オーディオデータを取り込む手順も動画データ、写真データと全く同じです。

前項の「フォルダーの参照」で「ミュージック」などのオーディオデータが収納されているフォルダーを指定します。または 2-2 の冒頭にあるパソコンに保存してあるデータを VideoStudio X8 のライブラリにドラッグアンドドロップで取り込むこともできます。なお、取り込めるオーディオデータは 26 ページをご確認ください。

CHAPTER-2-5

# DVD ビデオ／ Blu-ray ディスクを取り込む

DVDビデオやBlu-rayに収められた動画をVideoStudio X8に取り込みます。

DVD ビデオや Blu-ray に収められた動画を VideoStudio X8 は取り込むことができます。ただし DVD ビデオのメニューなどのデータは扱うことはできません。収められた動画のみです。また、もちろん市販の DVD などコピー防止のプロテクトがかかっているディスクも取り込めません。ここでは DVD ビデオをご紹介しますが、Blu-ray でも手順は同じです。

## DVD ビデオを取り込む

今回取り込むのは自作の DVD ビデオです。

自作のメニューつき DVD ビデオ

2 本の動画を収めた DVD ビデオです。

①パソコンの DVD ドライブに DVD をセットします。

②VideoStudio X8を起動して、「取り込み」ワークスペースの「デジタルメディアの取り込み」を選択します。

③「フォルダーの参照」ウィンドウが開くので、DVDドライブを選択します。

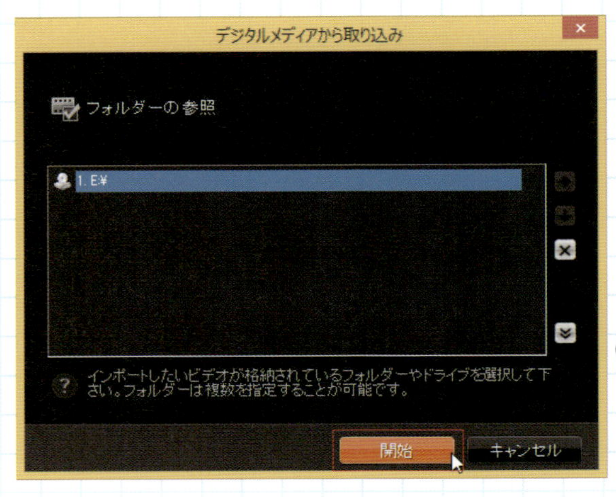


④「デジタルメディアから取り込み」で取り込み先を確認して、「開始」をクリックします。

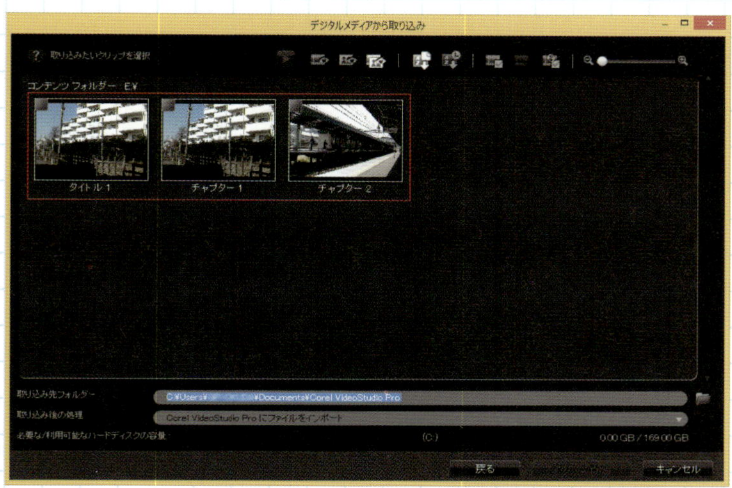


⑤「デジタルメディアから取り込み」ウィンドウが開きます。この DVD には 2 本の動画が収められていますが、ここには 3 本の動画が選択できるようになっています。DVD ビデオの構造によって取り込める内容が変化します。

**Point** 2 本のはずが 3 本って?

上の図の 1 番左にある「タイトル 1」というのは 2 本の動画を 1 本にまとめた形になっています。

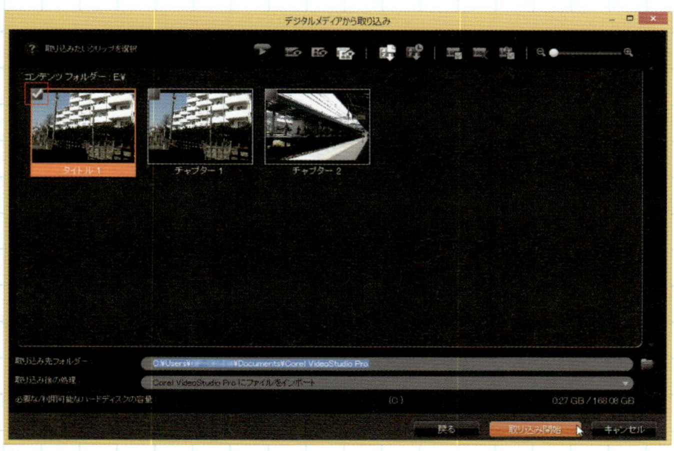


⑥左上にあるチェックボックスをチェックして「取り込み開始」をクリックします。

⑦取り込みが開始されます。

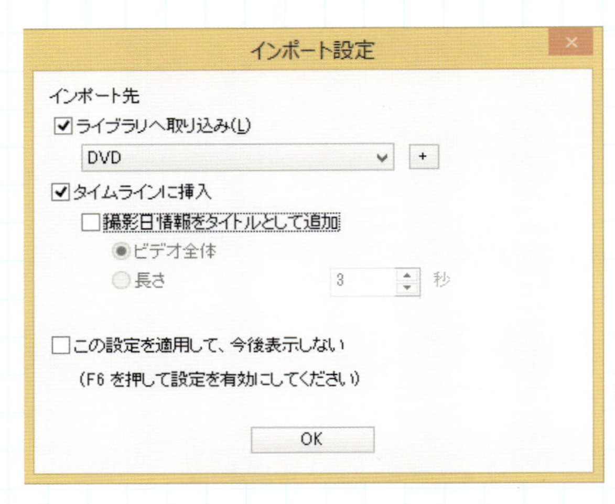


⑧「インポート設定」の内容を確認して「OK」をクリックします。

⑨取り込みが完了しました。

# 第３章
# 「編集」ワークスペース

CHAPTER-3-1

# 「編集」ワークスペースのデスクトップ画面

なんといってもVideoStudio X8のメインの編集機能をつかさどる「編集」ワークスペース。作業のメインとなる「タイムラインビュー」の画面の構成を説明します。

## ＋ デスクトップ画面の構成

## 1 メニューバー

ファイル(F)　編集(E)　ツール(T)　設定(S)　ヘルプ(H)

　プロジェクトファイルを開いたり、保存したり、さまざまな機能を呼び出して実行するためのコマンドがあります。

## 2 プレビューウィンドウ

　現在選択しているビデオを表示します。

## ③ ライブラリパネル

VideoStudio X8 に取り込んだ各クリップが表示されます。

## ④ ナビゲーションエリア

プレビューウィンドウのビデオを再生したり、前後にコマ送りをしたりする操作ボタンがあります。

### Point さらに詳しく…

ナビゲーションエリアはどのワークスペースでもプレビューウィンドウとともに表示されますが、各ボタンの操作は共通です。

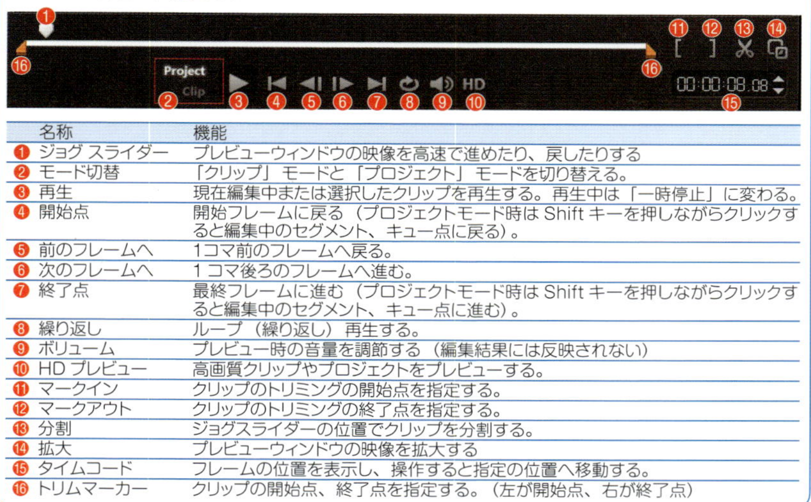


| 名称 | 機能 |
|---|---|
| ❶ ジョグ スライダー | プレビューウィンドウの映像を高速で進めたり、戻したりする |
| ❷ モード切替 | 「クリップ」モードと「プロジェクト」モードを切り替える。 |
| ❸ 再生 | 現在編集中または選択したクリップを再生する。再生中は「一時停止」に変わる。 |
| ❹ 開始点 | 開始フレームに戻る（プロジェクトモード時は Shift キーを押しながらクリックすると編集中のセグメント、キュー点に戻る）。 |
| ❺ 前のフレームへ | 1コマ前のフレームへ戻る。 |
| ❻ 次のフレームへ | 1 コマ後ろのフレームへ進む。 |
| ❼ 終了点 | 最終フレームに進む（プロジェクトモード時は Shift キーを押しながらクリックすると編集中のセグメント、キュー点に進む）。 |
| ❽ 繰り返し | ループ（繰り返し）再生する。 |
| ❾ ボリューム | プレビュー時の音量を調節する（編集結果には反映されない） |
| ❿ HD プレビュー | 高画質クリップやプロジェクトをプレビューする。 |
| ⓫ マークイン | クリップのトリミングの開始点を指定する。 |
| ⓬ マークアウト | クリップのトリミングの終了点を指定する。 |
| ⓭ 分割 | ジョグスライダーの位置でクリップを分割する。 |
| ⓮ 拡大 | プレビューウィンドウの映像を拡大する |
| ⓯ タイムコード | フレームの位置を表示し、操作すると指定の位置へ移動する。 |
| ⓰ トリムマーカー | クリップの開始点、終了点を指定する。（左が開始点、右が終了点） |

### Point 「プロジェクト（Project）」モードと「クリップ（Clip）」モード

「プロジェクト」モードは編集中の全体を再生します。「クリップ」モードは選択しているクリップを再生します。編集中の結果を確認するには「プロジェクト」モードで再生してください。

## ⑤ ツールバー

「タイムラインビュー」モードと「ストーリーボードビュー」モードを切り替えたり、「元に戻す」ボタンがあります。

## ⑥ タイムラインパネル

ビデオトラックやオーバーレイトラックなどが並んでいます。

CHAPTER-3-2
# ストーリーボードビューとタイムラインビュー

「編集」ワークスペースには2つの顔があります。

## ストーリーボードビュー

クリップの再生する順番を入れ替えたり、新たに加えたり、削ったりなどの操作が簡単にできるモードです。同じ作品でもクリップの順番を入れ替えるだけで、その印象は大きく変わります。大雑把にストーリーを練り上げるのに最適なモードです。

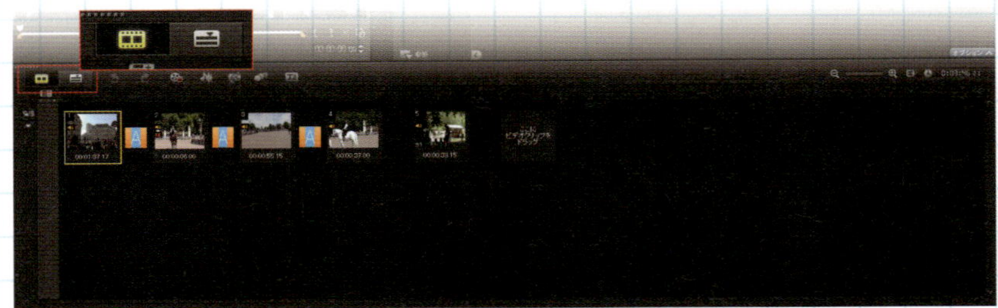

ストーリーボードビュー

## タイムラインビュー

VideoStudio X8 を使用したビデオ編集で、メインとなる「編集」ワークスペースの中でも一番多く使用するのがこの「タイムラインビュー」の画面です。クリップを切ったりつなげたり、映像に特殊効果をほどこしたり、ビデオの多彩な演出を可能にし、クリエイティブな作業結果を実現します。

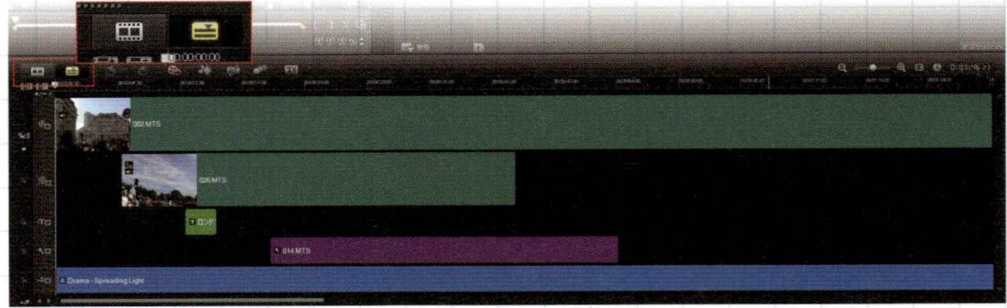

タイムラインビュー

CHAPTER-3-3

# ストーリーボードビューで編集する

まずはストーリーボードビューで編集します。

## クリップを並べる

① VideoStudio X8 を起動すると「タイムラインビュー」モードで表示されるので、切り替えます。

②「ストーリーボードビュー」ボタンをクリックします。

③ストーリーボードビューに切り替わりました。

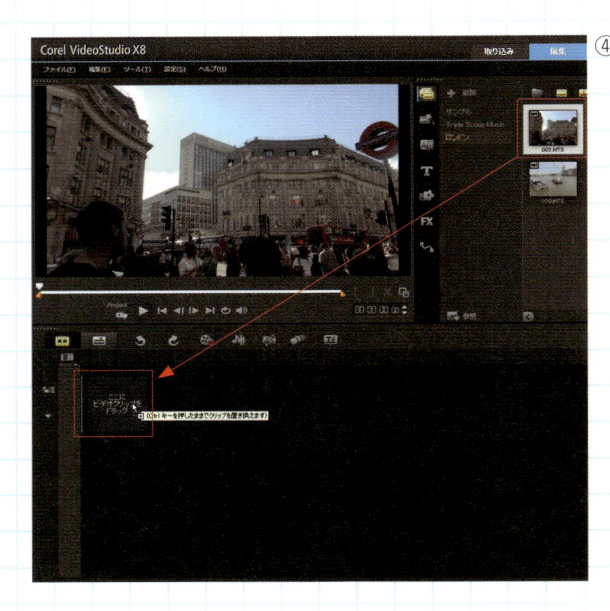


④「ここにビデオクリップをドラッグ」とあるところに、ライブラリからクリップのドラッグアンドドロップを繰り返して、好きなだけ並べていきます。

Hint 複数のクリップを選択したいときは、キーボードの「Ctrl」キーや「Shift」キーを同時に使用します。

⑤ここでは 7 つのクリップを並べています。

## Point クリップやプロジェクトの長さ

配置したクリップ画像の下にはそのクリップの長さが時間で表示されます。また全体の長さはツールーバー右端にある「プロジェクトの長さ」で確認できます。

プロジェクト全体の長さ

## Point タイムコードの表示

ツールバーにある「プロジェクトの長さ」、プレビューウィンドウの下にあるタイムコードなどVideoStudio X8では要所、要所に時間の表示があります。この表示の数字は図のように左から「時間：分：秒：フレーム数」を表しています。通常の動画では1秒間に30コマ（正確には29.97コマ）の画像を表示して、動いているように見えています。それなのでこのフレーム数は29コマから30コマになるときに秒が1加算されます。

17秒の26コマ目を表示している

## Point ライブラリパネルのクリップにチェックがつく 新機能

これまでのVideoStudioでは、いま、おこなっている作業でどのビデオクリップを使用しているのか、ライブラリパネルではわかりませんでした。ところが、X8からは使用しているクリップがわかるように、ライブラリパネルにあるサムネイルにチェックマークがつくようになりました。

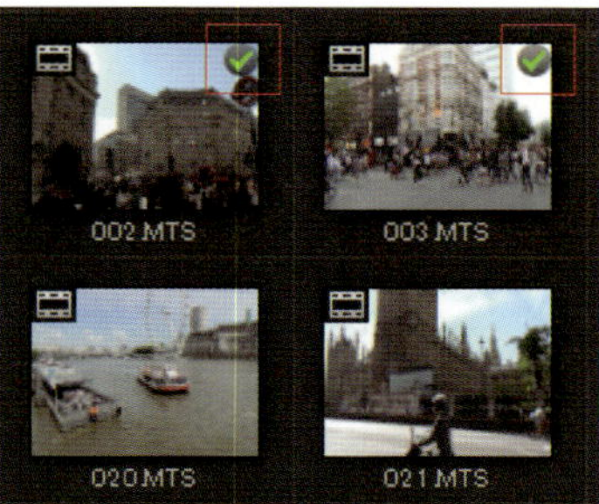


上が使用しているクリップ

チェックが入る

**Hint** サムネイルとは縮小表示された見本画像のことをいいます。

## クリップを削除する

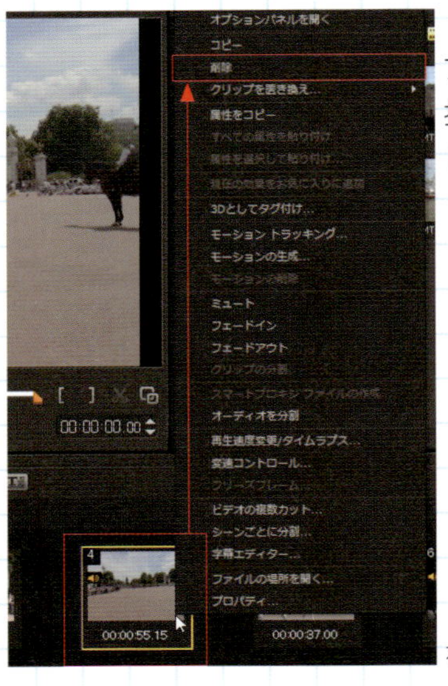


不要なクリップを削除する場合は、そのクリップを選択してキーボードの「Delete」キーを押すか、右クリックして表示されるメニューから「削除」を選択、クリックします。

右クリックして、メニューを表示

## クリップの順番を入れ替える

クリップの順番を入れ替えたいときは、そのクリップを選択してドラッグし、白い縦線が表示されるのを確認して、ドロップします。

ここに移動したい

ドロップして、前に挿入されました

## クリップを差し替える

いま置かれているクリップをライブラリパネルにある別のクリップと差し替える方法です。既存のクリップの上に別のクリップを、ライブラリパネルからドラッグアンドドロップします。ドロップする前にキーボードの「Ctrl」キーを押して「クリップを置き換え」という表示を確認します。それからドロップすると、既存のクリップと別のクリップが入れ替わります。

「クリップを置き換え」を確認

クリップが入れ替わりました

### Point 別のクリップが既存のクリップより短いと…

入れ替えはできません。

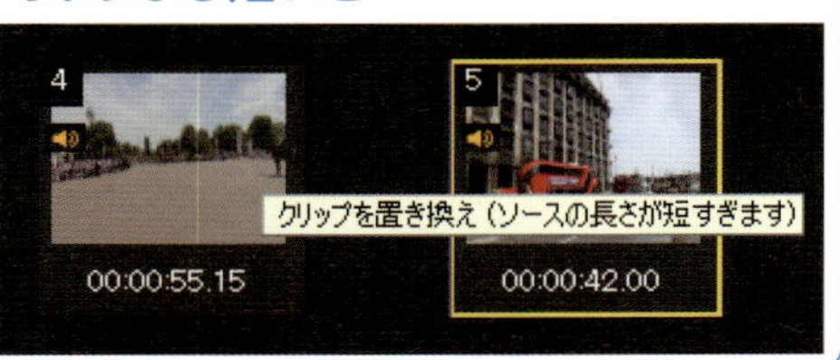

## トランジションを設定する（ストーリーボードビュー）

トランジションは、クリップとクリップの間に挿入してスムーズな場面転換を演出するツールです。

**●例**

トランジション「アルバム」の「フリップ」を使用しました。

アルバムのページをめくるかのように場面が転換していく

①ライブラリパネルをトランジションに切り替えます。

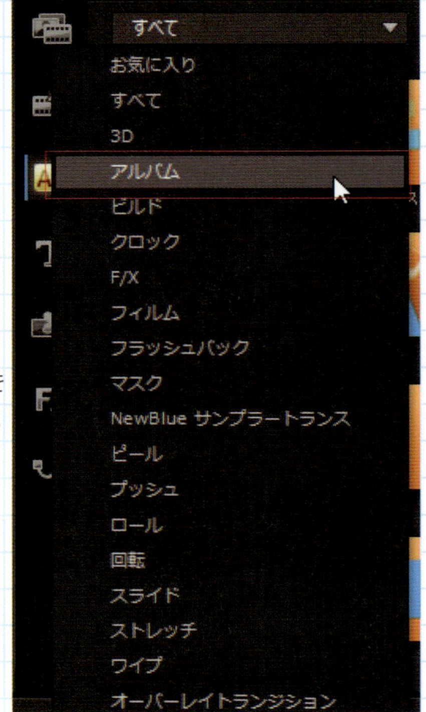


②切り替わったらプルダウンメニューを表示して、「アルバム」を選択します。

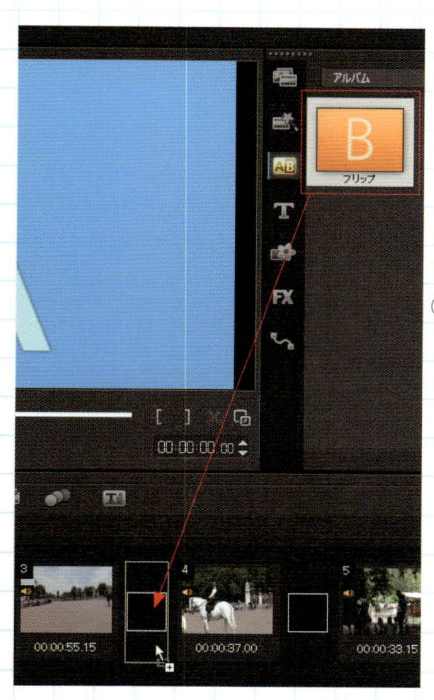


③「フリップ」を選択して、挿入したいシーン（場面）とシーンの間にある□にドラッグアンドドロップします。

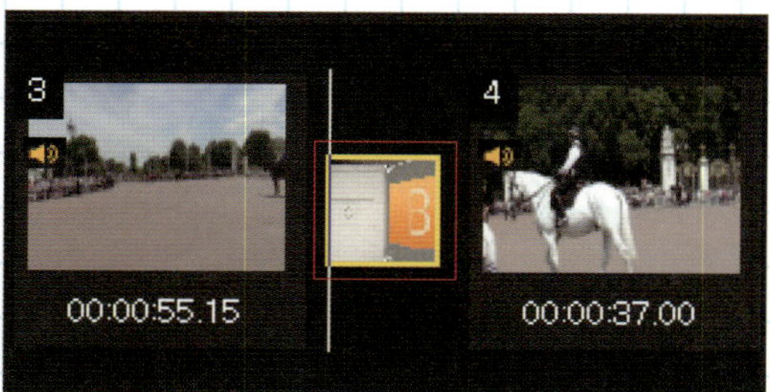


④トランジションが適用されました。

⑤プレビューウィンドウで確認します。

## トランジションをカスタマイズする

トランジションの中には、その効果を自分なりに調整（カスタマイズ）できるものがあります。

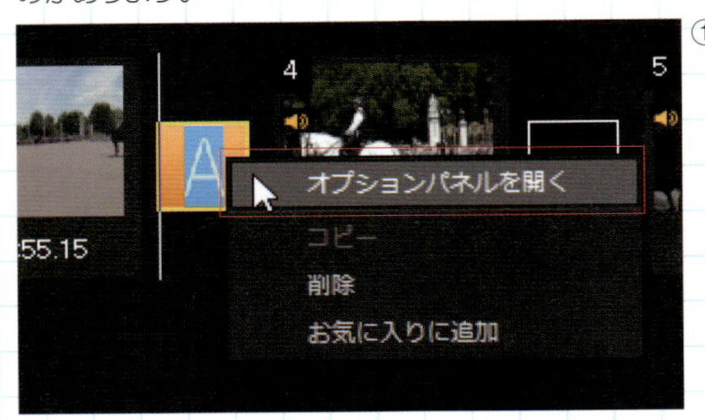


①トランジションを選択して、右クリックし、「オプションパネルを開く」を選択、クリックします。

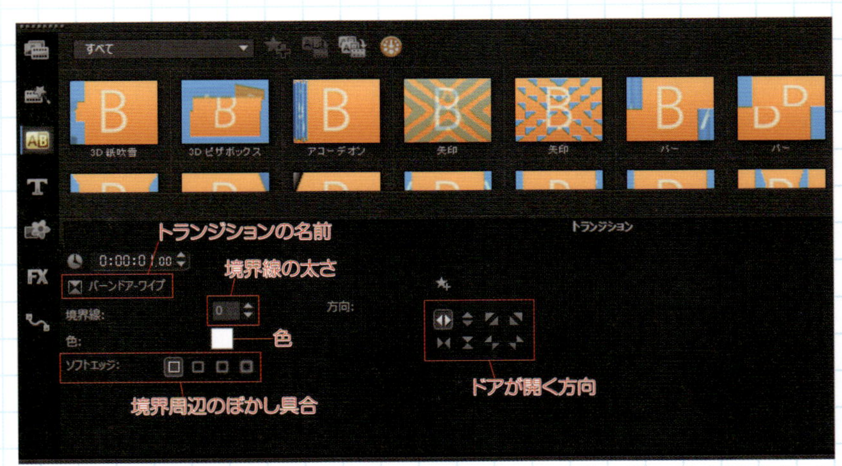


バーンドア - ワイプのオプション

②ライブラリパネルにオプションパネルが表示されます。調整できる項目はトランジションの種類によって異なり、中にはまったく調整できないものもあります。

**Point 多用は禁物**

トランジションはビデオらしい機能で、大変面白くまた劇的な効果があります。ただあまり多用するとうるさく思え、邪魔に感じてしまいます。使うときは「ここ１番効果的!」と思えるようなところでおしゃれに活用しましょう。

## Point ライブラリのアニメーションを無効にする

ライブラリパネルに表示されるトランジションは、効果がわかりやすいようにアニメーションの動作をくりかえし表示しています。この動きを止めて表示することができます。「メニューバー」にある「設定」から「環境設定」→「全般」タブとクリックをしていき、「ライブラリのアニメーションを有効にする」のチェックをはずします。「環境設定」にはそのほかにもいろいろな設定を変えることができるので、何もなくても開いてみることをおすすめします。なおキーボード「F6」をクリックすると、すぐに開くことができます。

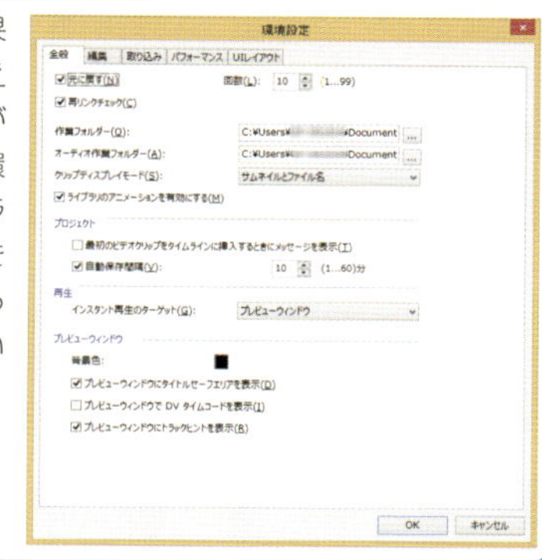


## トランジションを削除する

トランジションを削除する方法です。

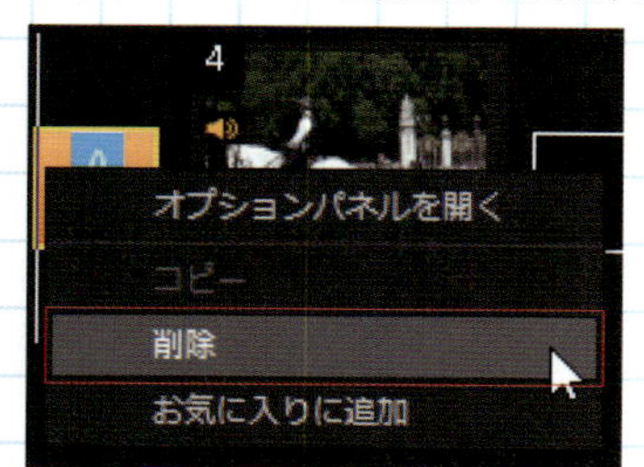


①カスタマイズのときと同じように、削除したいトランジションを選択して、右クリックし、削除を選択するか、キーボードの「Delete」キーをクリックします。

## トランジションを入れ替える

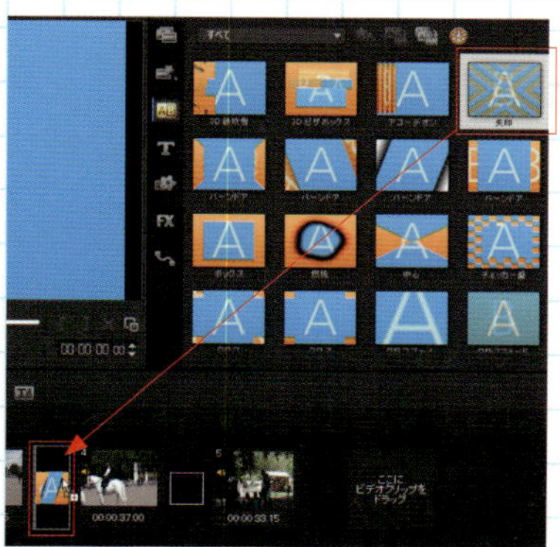


いちいち削除して入れなおさなくても、新しいトランジションと差し替えることができます。

①元あるトランジションの箇所へ、ライブラリパネルから新しいトランジションをドラッグアンドドロップするだけで、差し替えることができます。

CHAPTER-3-4

# VideoStudio X8 のアイコン

タイムラインビューでの編集を解説する前に、VideoStudio X8 の画面の操作ボタンの機能をおさらいしましょう。

ビデオ編集の作業効率をあげるために、VideoStudio X8 には直感的に操作できるよう、その機能をすぐに呼び出せるボタンが用意されています。各ワークスペースで共通で使用できるものも多いので、覚えてしまえば簡単なのですが、初心者にとってはこれが大変です。ここではそれらを画像とともに一覧にまとめました。

## ツールバーのボタン

| | 名称 | 機能 |
|---|---|---|
| | ストーリーボードビュー | ストーリーボードビューに切り替わる。 |
| | タイムラインビュー | タイムラインビューに切り替わる。 |
| | 元に戻す | 一つ前の手順に戻す。 |
| | やり直し | 元に戻した手順をやり直す。 |
| | 記録／取り込みオプション | いろいろなメディアの取り込みができる。 |
| | サウンドミキサー | サウンドの設定ができる。 |
| | オートミュージック | ビデオの長さに合わせた BGM を設定できる。 |
| | モーショントラッキング | モーショントラッキングの設定ができる。 |
| | 字幕エディター | 字幕を編集できる |

| | | |
|---|---|---|
| | メディア | ライブラリにあるメディアを呼び出せる。 |
| | インスタントプロジェクト | クリップを入れ替えるだけで本格的な動画を作れる。 |
| | トランジション | トランジション（場面転換）のエフェクトを設定する。 |
| | タイトル | タイトルを設定する。 |
| | カラー／装飾 | カラーパターンやアニメーションを呼び出せる。 |
| | フィルター | 特殊効果を設定する。 |
| | パス | パスに沿ったクリップの動きを設定できる。 |

## ライブラリパネルのボタン

| | 名称 | 機能 |
|---|---|---|
| 追加 | 新規フォルダーを追加 | ライブラリに新規フォルダーを追加します。 |
| 参照 | エクスプローラーでファイルを参照 | エクスプローラーでファイルの場所を探すことができます。 |
| ❶❷❸❹❺ | | |
| | ❶ メディアファイルを取り込み | ライブラリにメディアファイルを取り込める。 |
| | ❷ ビデオを表示 | ライブラリのビデオファイルの表示・非表示を切り替える。 |
| | ❸ 写真を表示 | ライブラリの写真ファイルの表示・非表示を切り替える。 |
| | ❹ オーディオファイルを表示 | ライブラリのオーディオファイルの表示・非表示を切り替える。 |
| | ❺ その他コンテンツ | ユーザー登録をするとテンプレートをダウンロードできるようになる。 |
| ❻❼❽❾ | | |
| | ❻ タイトルを隠す | ライブラリにあるファイルの名前の表示・非表示を切り替える。 |
| | ❼ リスト表示 | ライブラリにあるファイルをリスト表示にする。 |
| | ❽ サムネイル表示 | ライブラリにあるファイルをサムネイル表示にする。 |
| | ❾ ライブラリのクリップを並び替え | ライブラリにあるクリップをいろいろな条件で並び替える。 |

CHAPTER-3-5

# タイムラインビューで編集する

タイムラインビューで本格的な編集を始めましょう。

## タイムラインパネル

タイムラインビューで特徴的なのはタイムラインパネルです。

| | 名称 | 機能 |
|---|---|---|
| ❶ | すべての可視トラックを表示 | プロジェクト内のすべてのトラックを表示する。 |
| ❷ | トラックマネージャー | タイムラインにあるトラックを追加したり削除したりできる。 |
| ❸ | 選択した範囲 | プロジェクトのトリム部分や選択範囲を表すカラーバーが表示される。 |
| ❹ | チャプター／キューポイントを追加／削除 | 動画にチャプターポイントまたはキューポイントを設定できる。(DVD ビデオ作成時に反映されます) |
| ❺ | リップル編集の ON ／ OFF | トラックの状態を維持しながら作業ができる「リップル編集」ON ／ OFF を切り替える。(→ P.82) |
| ❻ | トラックボタン | 個々のトラックを表示または非表示にする。 |
| ❼ | タイムラインを自動的にスクロール | ON にすると現在のビューより長いクリップをプレビューするときに、タイムラインに沿ってスクロールを表示する。 |
| ❽ | スクロールコントロール | 左右のボタンまたはスクロールバーをドラッグして、プロジェクト内を移動できる。 |
| ❾ | タイムラインルーラー | プロジェクトのタイムコードの増えた分を「時：分：秒：フレーム数」で表示する。 |
| ❿ | ビデオトラック | ビデオ、写真、グラフィックおよびトランジションなどを配置する。 |
| ⓫ | オーバーレイトラック | ビデオトラックの上にビデオ、写真、グラフィックなど配置する。 |
| ⓬ | タイトルトラック | タイトルクリップが配置される。 |
| ⓭ | ボイストラック | ナレーションなどが配置される。 |
| ⓮ | ミュージックトラック | オーディオクリップなどが配置される。 |

CHAPTER-3-6

# タイムラインパネルの操作

タイムラインビューのメインストリームであるタイムラインパネルの使い方です。

**Point** トラックとは…

磁気テープや映画フィルムなどの録音する部分をサウンドトラックといいますが、陸上競技場の走路もトラックといいます。
意味は同じで、ここでいうトラックもビデオやオーディオが走るところをさしてこう呼ばれています。

## トラックの表示／非表示

各トラックにある「目」をクリックすると、そのトラックは非表示となり、プロジェクトを再生するときもそのトラックはプレビューウィンドウに表示されません。ファイルとして書き出した場合もそのトラックはないものとして反映されません。

非表示にすると網掛けで暗転表示される

## トラックの追加／削除

トラックは必要に応じて増やしたり、減らしたりできます。

①「トラック マネージャー」をクリックします。

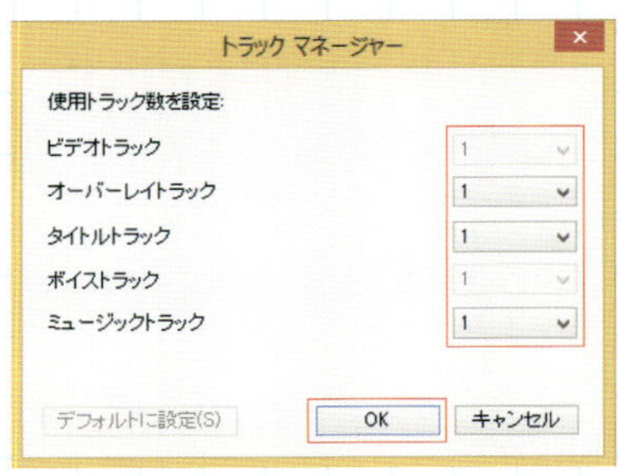


②「トラック マネージャー」ウィンドウが開くので、増減の数をプルダウンメニューから選択して指定し、「OK」をクリックします。

**Hint**

「ビデオトラック」「ボイストラック」は増減できません。

## プロジェクトをタイムラインに合わせる

編集中のプロジェクトで扱う動画が長くてタイムラインパネルに、納まり切れず全体を見渡すことができなくて不便を感じたときに便利な機能です。

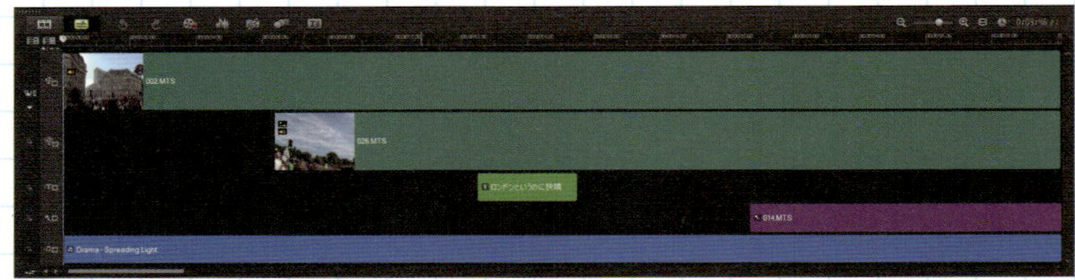


①プロジェクト全体を見渡したいのに、タイムラインパネルに納まっていない。

②「プロジェクトをタイムラインに合わせる」をクリックします。

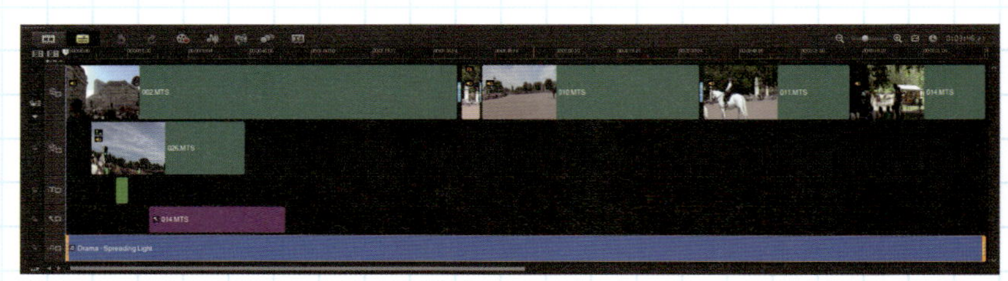


③タイムラインパネルに全体の状態が納まりました。

### Point ズームスライダーで自由自在

「プロジェクトをタイムラインに合わせる」の左にあるボタンも、同じ機能を持っています。
虫メガネの「+」を押せば1段階大きくなり、「−」をクリックすれば1段階小さくなります。
また間にある「ズームスライダー」を動かせば、自由自在に縮小／拡大することができます。

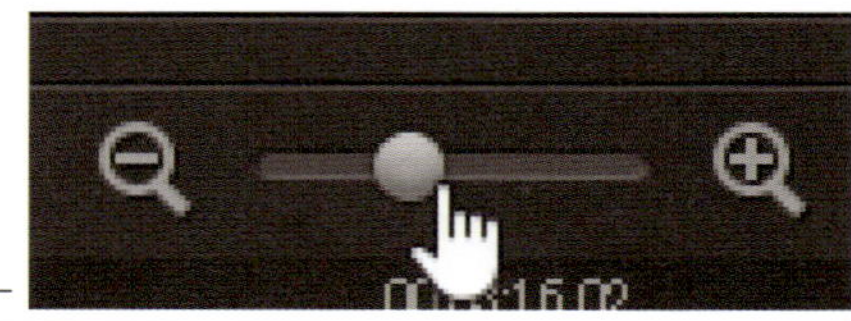

ズームスライダー

# CHAPTER-3-7 クリップをトリミングする

トリミングとはクリップの必要な部分を切り出すことです。

切り出すといっても昔のフィルムのように不要な部分を切り取って捨ててしまうわけではなく、デジタルビデオ編集の世界では元のビデオはそのまま残しておいて、必要な部分のみを再生できるように加工します。

## プレビューウィンドウでトリミングする

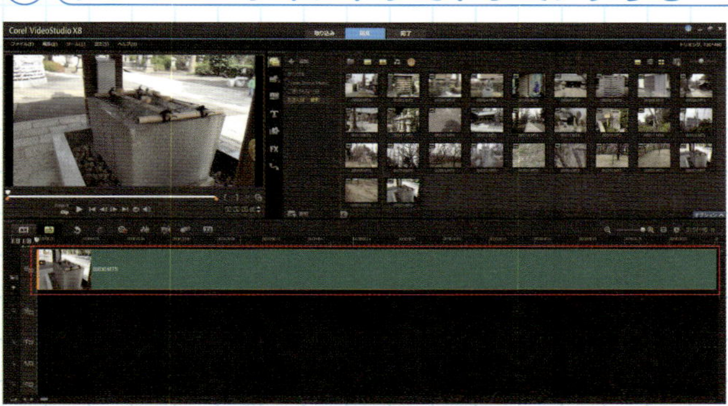


①ビデオトラックに加工前のクリップを置きます。

②プレビューウィンドウのジョグ スライダーを動かして、クリップの必要な部分を探し出します。

Hint コマ送りやタイムコードを使えば正確な位置を探し出せます。

③トリムマーカーの左側をクリックして開始点（マークイン）を指定します。

④再びジョグ スライダーを動かして終了点（マークアウト）を見つけ、トリムマーカーの右側をクリックします。

⑤「Project」モードで再生して確認します。指定した部分だけが再生されます。

## Point HD プレビュー

HD プレビューを ON して再生すると、編集中のファイルが高画質な動画データであれば、プレビューウィンドウでも高画質で再生されるようになります。

## Point プレビューがうまく再生できないときは…

高画質な HD のファイルはきれいな分、情報量も大きく再生するのにパソコンにとって大きな負担になります。非力なパソコンではうまく再生できないこともあります。そうしたときには「スマートプロキシ」を利用しましょう。
スマートプロキシは仮のファイルを作成して、パソコンへの負担を減らします。書き出したファイルは元のデータを使用するため、完成したファイルの画質が落ちるということもありません。
メニューバーの「設定」から「スマートプロキシ マネージャー」を選択して、「スマートプロキシを有効にする」をクリックします。

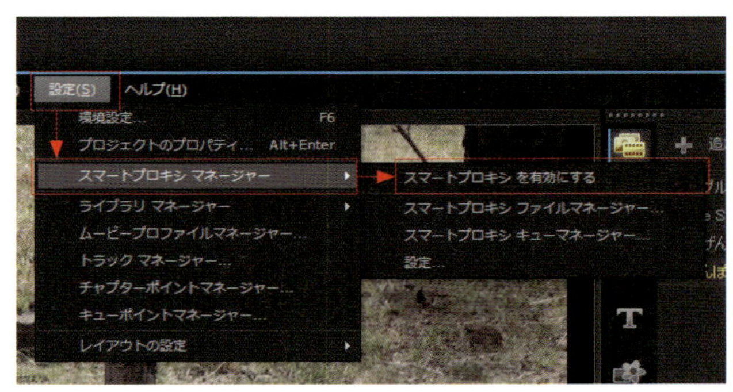


スマートプロキシを有効にして作業をしていると「スマートプロキシファイル」が初期設定では「VideoStudio Pro」→「18.0」→「SmartProxy」フォルダーにつくられます。そうするとライブラリパネルやタイムラインにあるクリップにマークが表示されます。

## ＋「ビデオの複数カット」を使う

1本の動画の中に複数使いたいシーンがある場合は「ビデオの複数カット」を使用します。

①ビデオトラックにあるクリップをダブルクリックします。

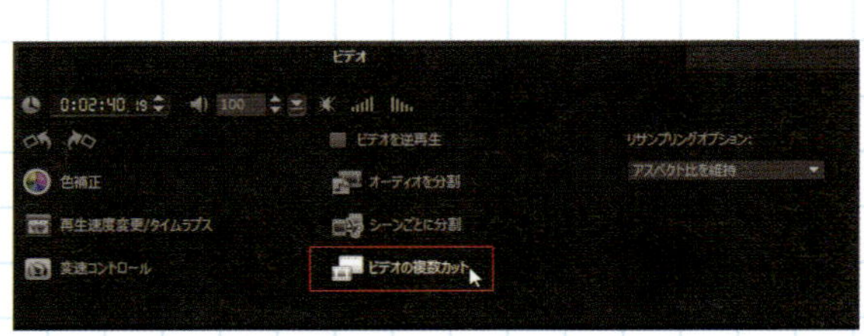

②ライブラリパネルに「オプションパネル」が表示されるので、「ビデオの複数カット」をクリックします。

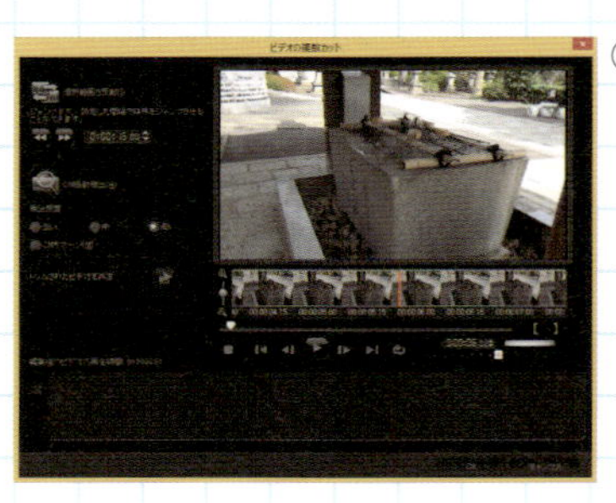

③「ビデオの複数カット」ウィンドウが開きます。

### Point 「ストーリーボードビュー」でも「ビデオの複数カット」

「ストーリーボードビュー」にあるクリップをダブルクリックして、オプションパネルの「ビデオの複数カット」をクリックしても、同じ操作ができます。

ダブルクリック

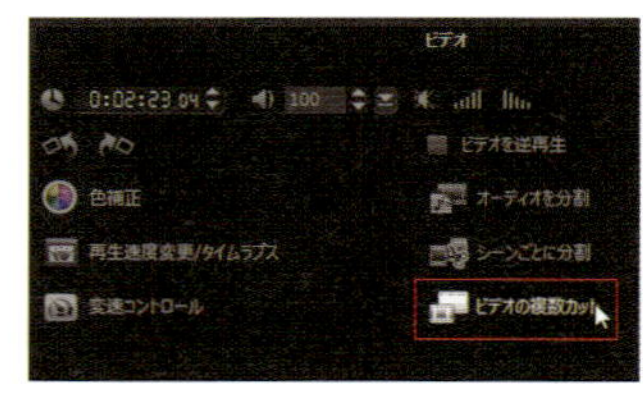

「ビデオの複数カット」

## 「ビデオの複数カット」ウィンドウ

トリミングに必要な部分をご紹介します。

「ビデオの複数カット」ウィンドウ

| | 名称 | 機能 |
|---|---|---|
| ❶ | 選択範囲を反転 | 指定した範囲と指定しなかった範囲を入れ替える。 |
| ❷ | ジャンプボタン | タイムコードで指定した間隔で映像をジャンプさせる。 |
| ❸ | トリムされたビデオを再生 | 指定した部分のみを再生する。 |
| ❹ | フレーム表示を変更 | スライダーを「－」まで下げると１秒ずつ、「+」まであげると１フレームずつ❺に画像を表示する。 |
| ❺ | ビデオを表示 | ビデオをフレームに分けて表示する |
| ❻ | マークイン／マークアウト | 左が開始点、右が終了点を指定する。 |
| ❼ | ジョグホイール | 左右に動かすことで、高速にビデオの位置を移動する。 |
| ❽ | 早送り／巻き戻し | 左右にドラッグすることでビデオの早送り／巻き戻しが速度を見ながら実行できる。 |
| ❾ | ジョグ スライダー | スライダーを左右に動かすことによって、フレームの表示を高速で進めたり、戻したりできる。 |
| ❿ | 切り出した画像を表示 | 指定した範囲の最初の画像を表示する |

## 「ビデオの複数カット」を使う（つづき）

④プレビューウィンドウで映像を確認しながら、「マークイン／マークアウト」ボタンで開始点と終了点を必要な分だけ、指定していきます。

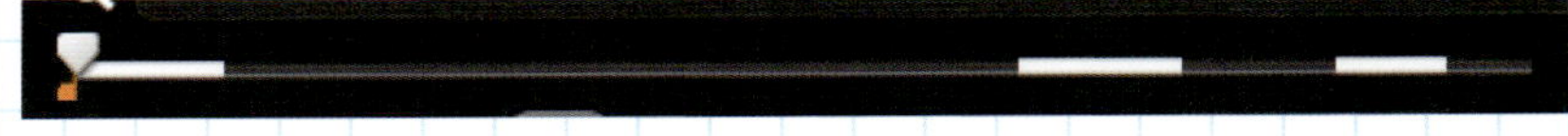

⑤指定した箇所はジョグ スライダーのバーに白く表示されます。

⑥「トリムされたビデオを再生」で結果を確認しながら、範囲の指定を繰り返し、最後に「OK」で終了します。

⑦タイムラインのビデオトラックを見ると指定した範囲でクリップが分割されています。

指定した範囲ごとに分割されている

### Point 「プロジェクトの長さ」でもわかる

ツールバーにある「プロジェクトの長さ」を見ると、元のクリップより時間が短くなっています。

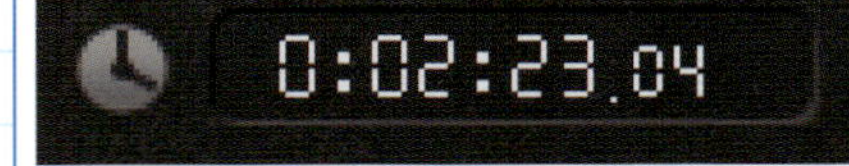


元のクリップの時間

トリミング後の時間

## ビデオトラックでトリミング

①ビデオトラックに置いたクリップをクリックして選択すると、クリップの最初と最後に図のようなラインが表示されます。

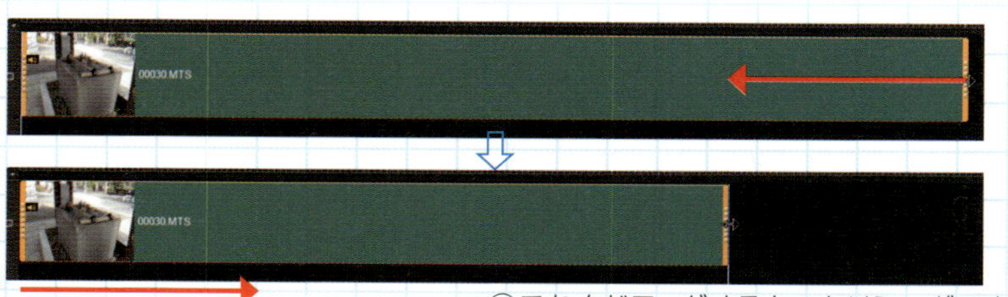


最初をドラッグすることも可能

②これをドラッグすると、トリミングできます。

Hint　この方法はほかのトラックにあるクリップに対しても有効なので、タイトルの表示や音楽の長さを調節するときなどに便利です。

## ＋ ライブラリにあるクリップをトリミングする

①ライブラリにあるトリミングしたいクリップをダブルクリックします。

②「ビデオ クリップのトリム」ウィンドウが開きます。操作は「ビデオの複数カット」ウィンドウと同じです。ただし複数の指定はできません。

③指定範囲が決定したら「OK」をクリックします。

④ライブラリにトリミングした状態で保持されるので複数のプロジェクトで利用するときなどに便利です。

**Point** 元に戻したい場合は…

「ビデオ クリップのトリム」ウィンドウで図のトリムマーカーを左右に広げて戻します。

CHAPTER-3-8

# クリップを分割する

クリップを所定の位置で、分割する方法を説明します。

①分割したいクリップをタイムラインのビデオトラックに置きます。

②プレビューウィンドウの下にある「ジョグ スライダー」を動かして、分割したいクリップの場所を探します。

Hint 細かい調整はタイムコードや「前のフレームへ」「後のフレームへ」を使用しましょう。

③目的の場所を見つけたら、はさみのアイコンをクリックします。

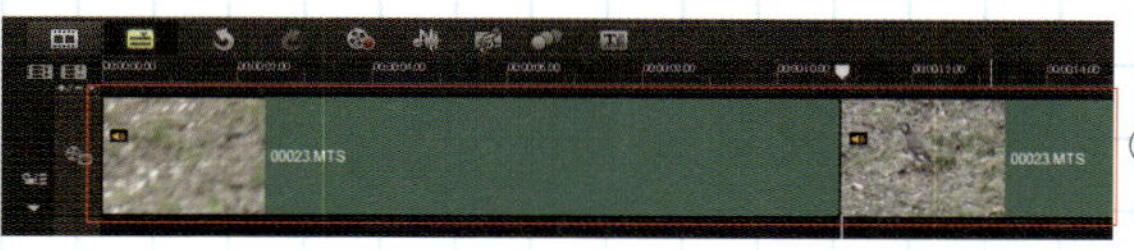


④クリップが2つに分割されました。

CHAPTER-3-9

# リップル編集について

リップル編集とはタイムライン上のクリップを移動したり削除したりしたときに、その後に続くクリップやほかのトラックに設定しておいたオーディオなどがずれてしまうのを防いでくれる機能です。

クリップを分割して削除や移動したときに、そのトラックは空白ができないように自動的に詰められるようになっています。トラックにそのクリップしかないときは問題はありませんが、そのほかのトラックにビデオクリップをはじめ、タイトルやオーディオなど複数のクリップが並んでいる場合は、位置がずれてしまうので困ったことになります。それを防いでくれるのが「リップル編集」という機能です。

## リップル編集が OFF のとき

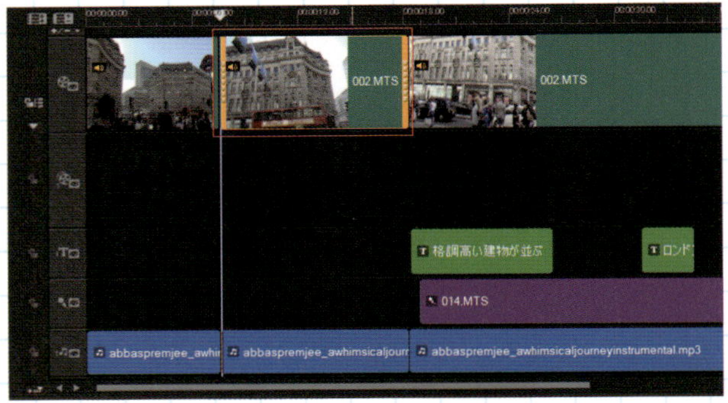


ビデオトラックの分割したクリップを削除します。

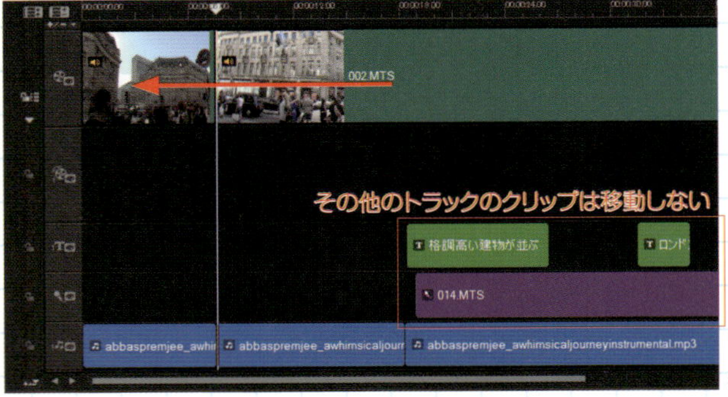


削除するとビデオトラックのみ左に詰められます。

## リップル編集が ON のとき

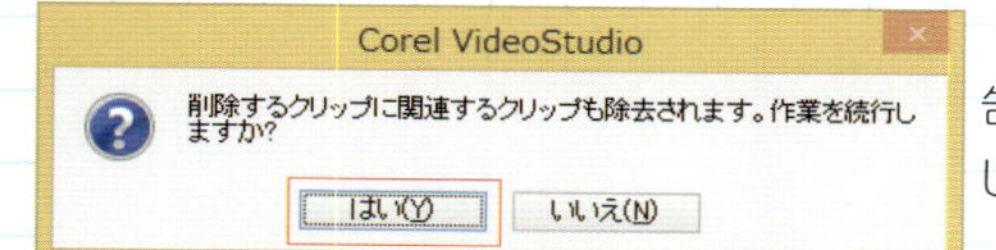


削除しようとするとアラート（警告）が出ます。「はい」をクリックします。

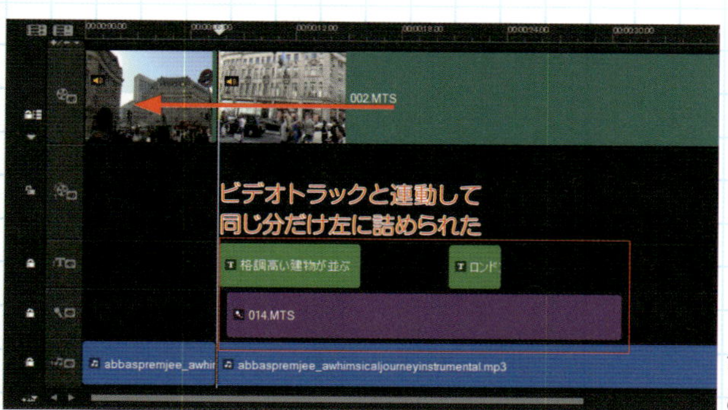


そのほかのトラックも同時に、左に詰められます。

## リップル編集の ON ／ OFF の切り替え

切り替えは、図のアイコンで操作します。なおトラック全体を一括で、または各トラックごとにONとOFFを切り替えることができます。

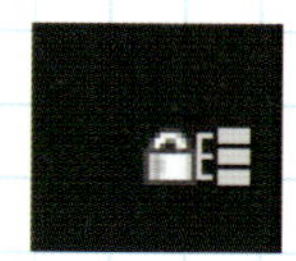

リップル編集が ON

リップル編集が OFF

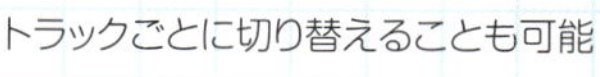

トラックごとに切り替えることも可能

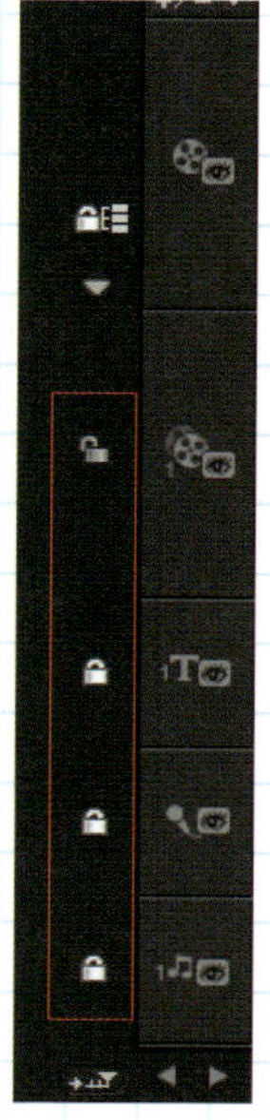

CHAPTER-3-10

# トランジションを設定する（タイムライン）

シーンのつなぎ目をスムーズに演出できるトランジション。

3-3「ストーリーボードビューで編集する」でも触れましたが、トランジションはタイムラインビューでも設定できます。

## トランジションの効果を確認する

選択したトランジションがどういう効果なのかは、プレビューウィンドウで確認できます。

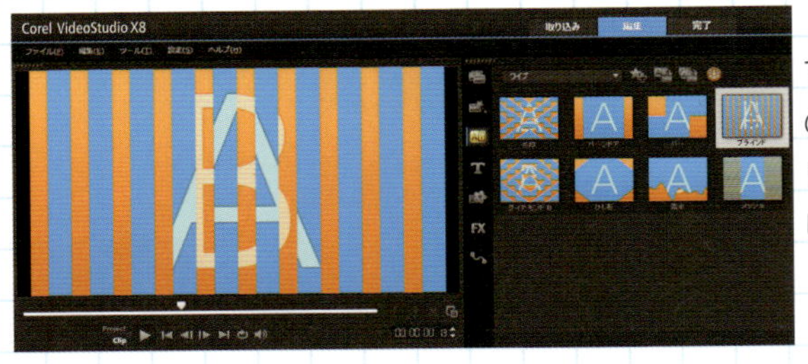


トランジションを選択して、プレビューウィンドウのモードが「Clip」モードなのを確認して、再生します。

## クリップとクリップの間にドラッグアンドドロップ

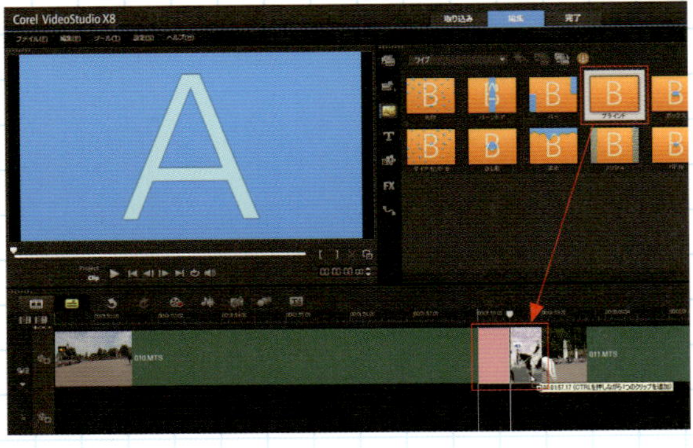


ストーリーボードビューのときはクリップとクリップの間に□のスペースがありましたが、タイムラインビューの場合は、該当の場所へドラッグして持っていくと、図のように画像が反転します。それを確認してドロップします。

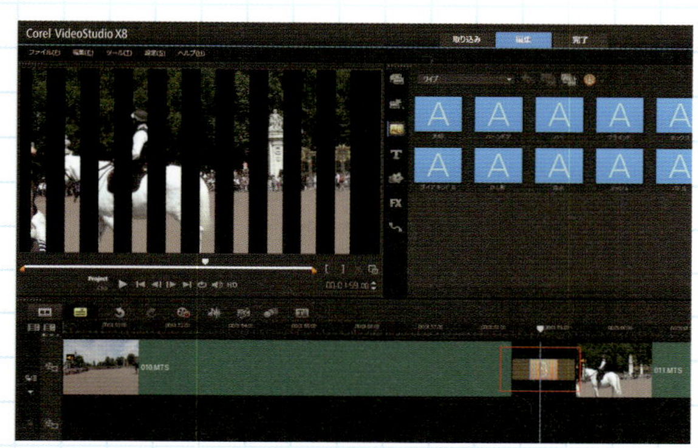


するとクリップとクリップの間に割り込むような形で挿入されます。

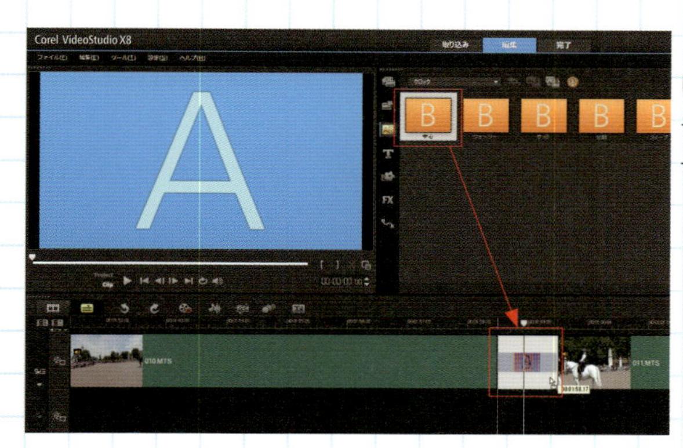


差し替える場合は、新しいトランジションをドラッグアンドドロップします。

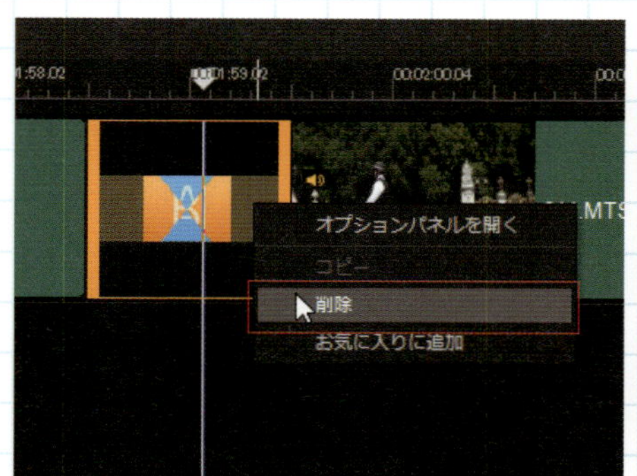


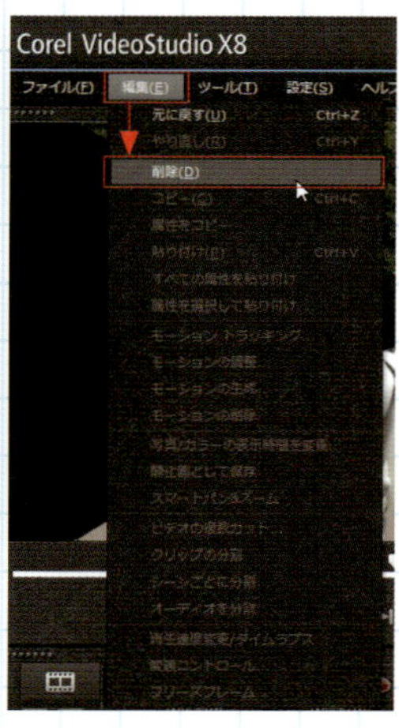


削除する場合はトランジション上で右クリックして、「削除」を選択、クリックするか、選択してメニューバーの「編集」から削除を選択します。

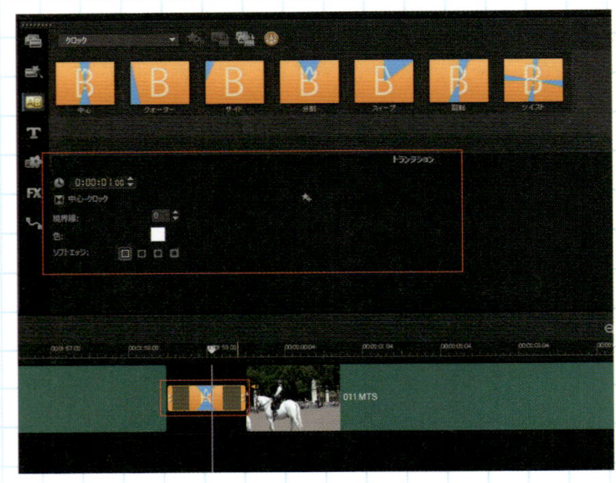


効果のカスタマイズはタイムライン上のトランジションをダブルクリックして、オプションパネルを開きます。表示される時間を延長したり、アニメーションの回転する方向を変えたりできるものもあります。

Hint　効果のカスタマイズはトランジションの種類によって異なります。

## Point　ムービー全体の長さが変わる

トランジションは流麗な場面の切り替わりを実現します。そのため前のクリップの最後に効果を適用しながら、次のクリップの冒頭にも同じ効果を適用します。そのため3秒のトランジションを利用したとすると、その分だけクリップ同士が重なることになり、ムービー全体の長さが3秒短くなります。

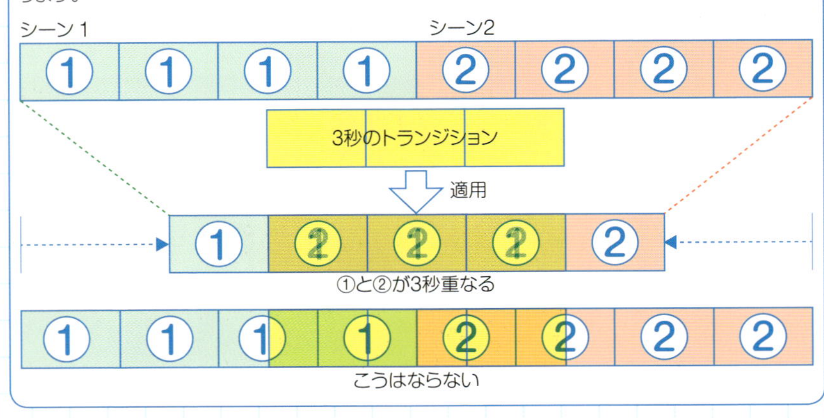


Hint　トランジションを挿入するときにキーボードの「Ctrl」キーを押しながらドロップすると、トランジション自体をクリップとして取り込めます。

CHAPTER-3-11

# タイトルを作成する

タイトルを入力すれば、ひとつの作品としてかなりの完成度がアップします。

VideoStudio X8 で動画に作品のタイトルや解説文などの文字を挿入してみましょう。

プリセット使用例

オリジナルで入力

縦書きのタイトル

## プリセットを利用する

VideoStudio X8 には簡単にタイトルが作成できるように、あらかじめアニメーションなどが設定されたプリセットが多数用意されています。文字を差し替えれば見栄えの良いタイトルがすぐに作れます。

①タイトルを挿入したいクリップを、ビデオトラックに配置し、ジョグスライダーを動かして、適切な場所を見つけます。

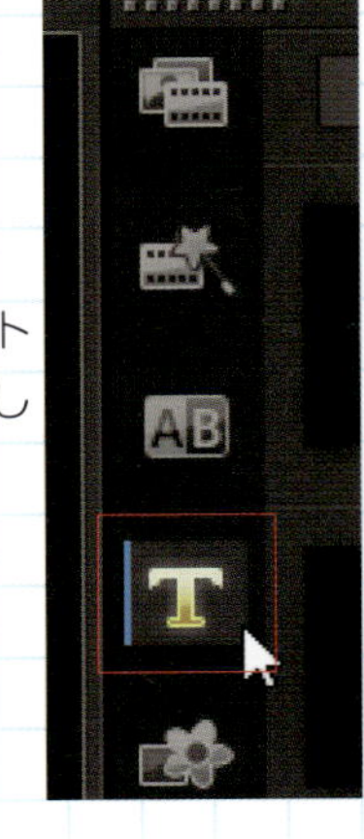

②ツールバーの「タイトル」ボタンをクリックします。

③プレビューウィンドウに「ここをダブルクリックするとタイトルが追加されます」と表示されます。

④ライブラリパネルにあるプリセットのタイトル群から、好みのものを探します。

Hint　プリセットを選択すると、どんなタイトルなのかをプレビューウィンドウで確認できます。

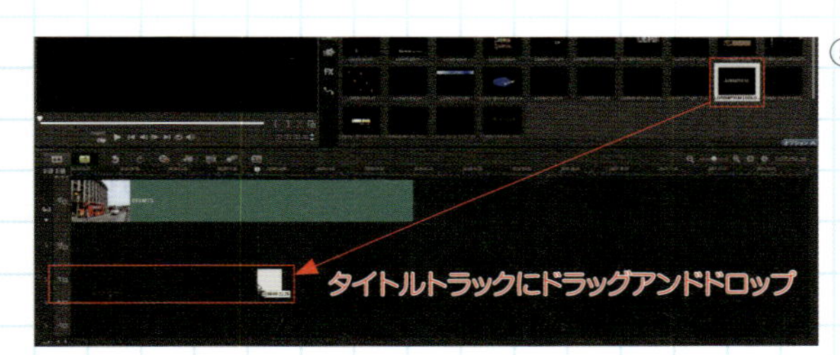


⑤好みのタイトルが見つかったら、それをトラックのタイトルトラックにドラッグアンドドロップで配置します。

Hint　タイトルのプリセットは「オーバーレイトラック」に配置することもできます。

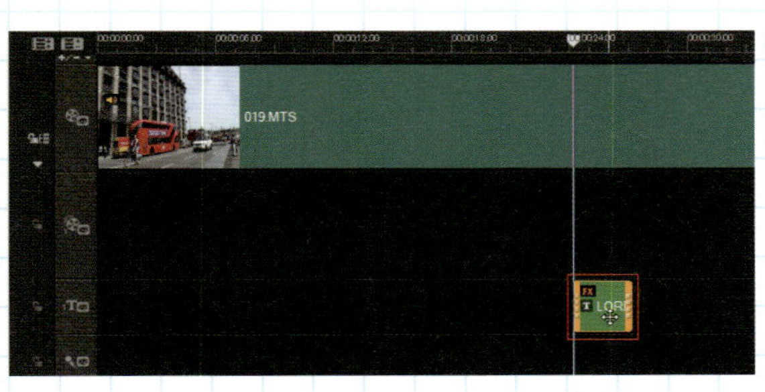


⑥次に配置したタイトルのプリセットをダブルクリックします。

⑦プレビューウィンドウにタイトルが表示されます。

## Point 編集中のタイトルの表示の違い

編集中のタイトルはプレビューウィンドウで、次のように表示されます。

**①点線のみで囲まれている。**

文字列を入力、編集できます。

**②複数のハンドルのついた点線で囲まれている。**

ハンドルを操作して拡大・縮小／回転／影の移動ができます。

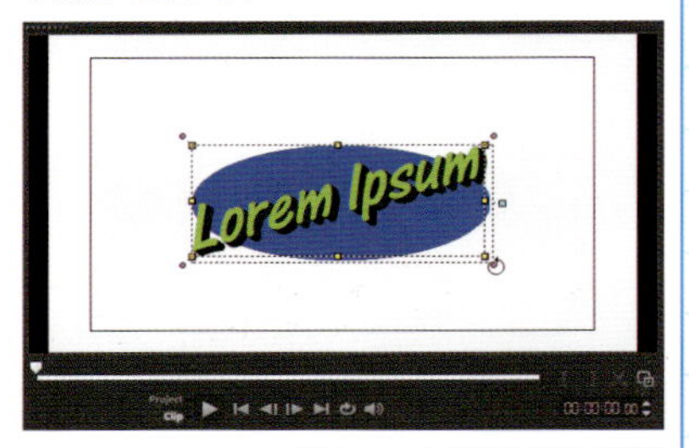


| | |
|---|---|
| ● | 文字を回転するときに使用する。カーソールを近づけると丸い矢印が表示されるのでドラッグして回転させる。 |
| ■（黄） | 文字の拡大／縮小ができる。ドラッグして大きさを変える。 |
| ■（青） | 文字が影付きのときのみ表示される。影を移動できる。 |
| タイトルセーフエリア | タイトル作成時に、この枠の中に文字を収めれば、TV で見るときにタイトルが切れたりする心配がない。ただし、これは 4:3 の昔のアナログ TV の場合であり、現在のワイド（16：9）テレビでは特に気にする必要はない。 |

### 2 つのモードの切り替え方法

**選択モードから文字入力モードへ**

選択モードの枠内をダブルクリックします。

枠内をダブルクリック

⇩

⇨

**文字入力モードから選択モードへ**

プレビューウィンドウの何もないところをクリックします。

枠外をクリック

⑧変更したい文字列をダブルクリックして、文字が点線のみで囲まれた状態にします。

⑨キーボードの「Back space（バックスペース）」キーを押して、文字を削除します。

Hint 文字列の何文字目をクリックするかによって、⑨の削除が始まる位置が変わるので、キーボードの←→で調整します。

⑩文字を入力します。

ここでは「ロンドンの休日」と入力

⑪入力した文字を確定するには、プレビューウィンドウの何もないところ（図の赤いエリア）をクリックします。

Hint いま入力した文字列を避ければ、プレビューウィンドウ内のどこでもかまいません。

⑫下の文字列も変更します。

Holiday in London と入力

⑬モードを「Project」に切り替えて、結果を再生して確認してみましょう。

**Hint** タイトルの表示時間を変更するなど、さらに細かいカスタマイズ方法は次項「オリジナルタイトルを作成する」以降で解説します。

## Point プリセットの新しいデザインをダウンロード

ユーザー登録をすると、タイトルの新しいデザインがダウンロードできるようになります。ほかにもいろいろなテンプレートやフォントなどがダウンロードできて、VideoStudio X8 に機能を追加することができます。

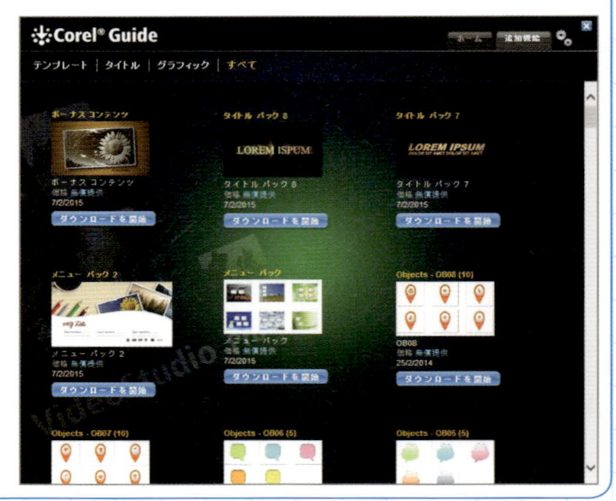

## オリジナルタイトルを作成する

文字の入力からスタートしてオリジナルタイトルを作成していきます。最初に文字を入力してからの手順はプリセットを使用する場合とあまり変わらず、決して難しいことはありません。

①タイトルを挿入したいクリップを、ビデオトラックに配置し、ジョグスライダーを動かして、適切な場所を見つけます。

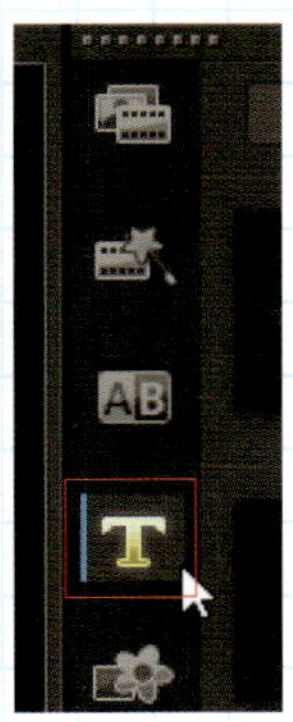

②ツールバーの「タイトル」ボタンをクリックします。

③プレビューウィンドウに「ここをダブルクリックするとタイトルが追加されます」と表示されます。

④プレビューウィンドウ上で、ダブルクリックします。位置はあとから移動することができるので、大まかな場所でかまいません。

⑤文字を入力します。

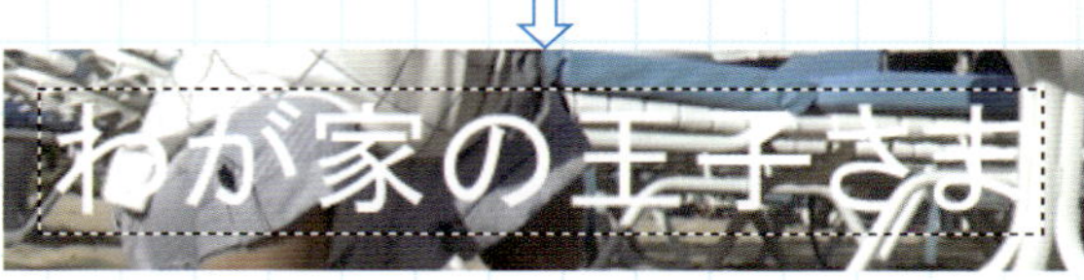


ここでは「わが家の王子さま」と入力しました

Hint 文字の色や大きさなどはあとから、いくらでも変更できます。

⑥入力した文字を確定するために、プレビューウィンドウの何もないところ（図の赤いエリア）をクリックします。

文字の周りの何もないところをクリック

⑦文字が確定されて、タイムラインのタイトルトラックに、タイトルのクリップが配置されました。

Hint 複数のタイトルを入力する場合は、再びプレビューウィンドウの挿入したいところをダブルクリックします。

## オプションパネルを表示する

タイムラインのタイトルクリップをダブルクリックすると、ライブラリパネルにオプションパネルが表示されます。

### Point オプションパネルを表示する

オプションパネルが表示されていないときは、図の「オプション」タブをクリックします。

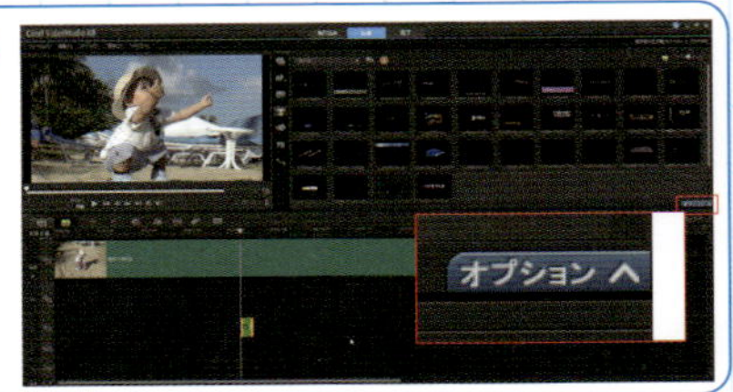


### Point タイトルのオプションパネルの「編集」タブ

オプションパネルはフォントに関するいろいろな設定ができます。

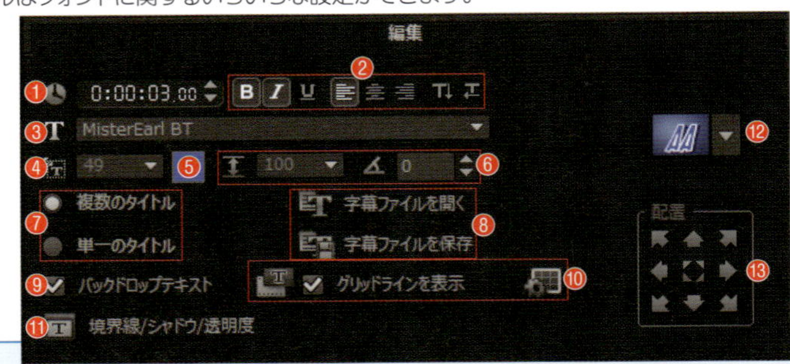


| | 機能 |
|---|---|
| ❶ | タイトルを表示する長さを変更する。 |
| ❷ | 太字や斜体にしたり、アンダーラインをひくことができる。また「左揃え」「中央揃え」などの設定ができる。 |
| ❸ | フォント（書体）を変更する。 |
| ❹ | 大きさを数値で指定する。 |
| ❺ | 色を変更する。 |
| ❻ | 行間、角度を変更する。 |
| ❼ | 単一のタイトルまたは複数のタイトルかを指定する。 |
| ❽ | 字幕ファイルを読み込む。または保存する。 |
| ❾ | テキストの背景にグラデーションなどを設定する。 |
| ❿ | プレビューウィンドウに目安となるグリッドラインを表示／非表示。 |
| ⓫ | 文字に影をつけたり、透明度を指定できる。 |
| ⓬ | 文字の飾りのテンプレート。 |
| ⓭ | タイトルを画面上のどこに配置するかを指定できる |

## 表示する時間の変更

初期設定ではタイトルが表示される時間は 3 秒です。これをもっと長く表示されるようにしてみましょう。

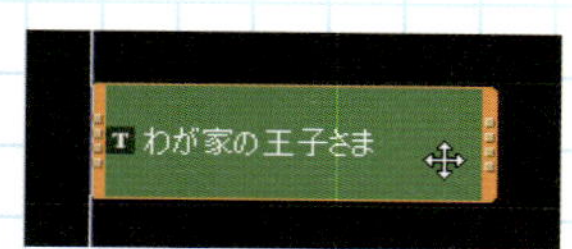


①タイムラインのタイトルクリップをダブルクリックします。

②プレビューウィンドウのタイトルが、選択されている状態になります。

### Point 文字を修正したい場合は…

プレビューウィンドウの文字を、もう一度ダブルクリック。

文字を修正したいときはこちら

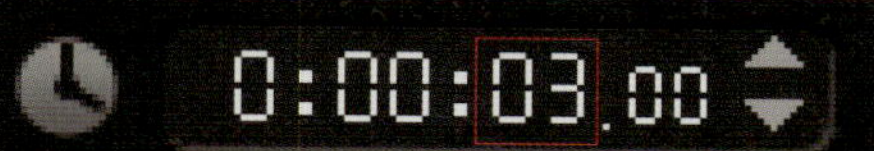


数字をクリック

数字が点滅

上下ボタンで調整

③オプションパネルのタイムコードの数字をクリックして点滅させてから、上下ボタンを操作して値を変更するか、キーボードから数字を直接入力します。

④変更したらキーボードの「Enter」キーを押して確定します。

⑤トラックのタイトルクリップの長さが変わりました。

### Point タイムラインで操作する

タイムラインにあるタイトルクリップの両端をドラッグして、調整することもできます。

## フォント（書体）の変更

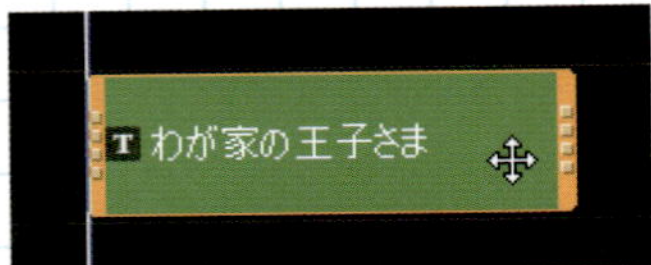


①タイムラインのタイトルクリップをダブルクリックします。

②プレビューウィンドウのタイトルが、選択されている状態になります。

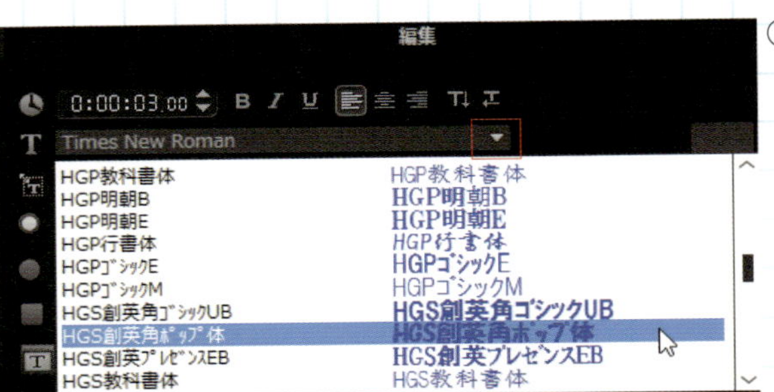


③オプションパネルのフォントのプルダウンメニューから、使用したいフォントを指定します。

④選択したフォントが反映されます。

⑤プレビューウィンドウの何もないところをクリックして、フォントの変更を確定します。

Hint 使用できるフォントはパソコンの環境に依存します。

## 文字の大きさを変える

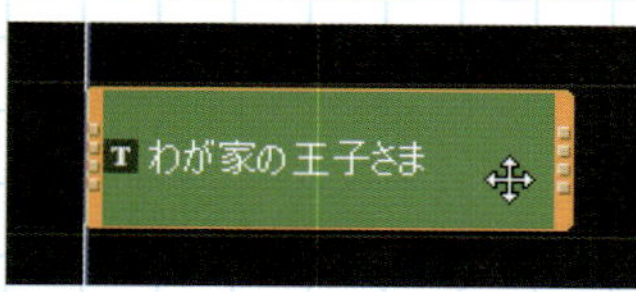


①タイムラインのタイトルクリップをダブルクリックします。

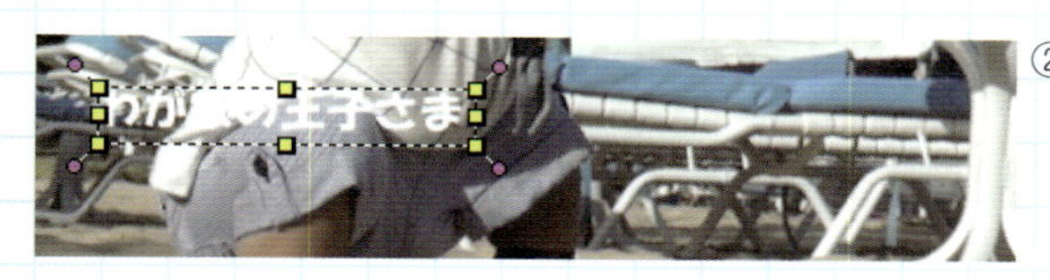

②プレビューウィンドウのタイトルが、選択されている状態になります。

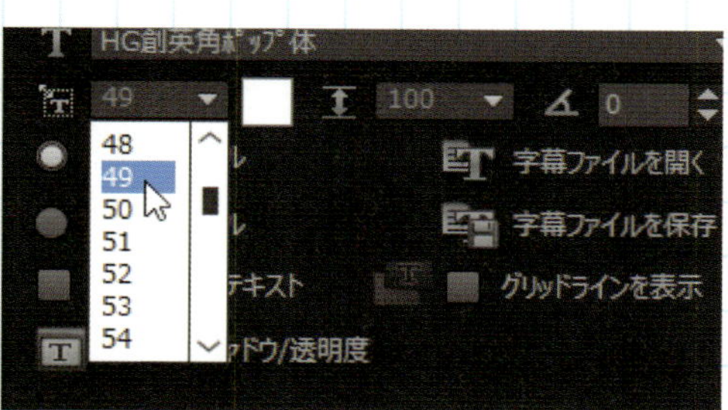


③「フォントサイズ（1-200）」のプルダウンメニューから大きさを指定するか、数字をクリックして、キーボードから入力することもできます。ここでは「20」から「49」に変更しています。

④プレビューウィンドウで確認します。

⑤プレビューウィンドウの何もないところをクリックして、フォントの変更を確定します。

**Point** プレビューウィンドウで操作する

②のタイトルが選択された状態のときに、文字の周りに表示されるハンドルをドラッグすると、直感的に拡大、縮小、回転が簡単に実行できます。

## Point 文字の移動

文字の移動も同じく②の選択されている状態のときに文字をドラッグすれば、移動できます。

文字をドラッグ

## 文字色の変更

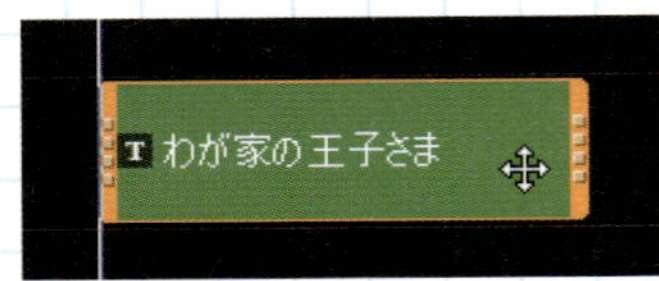


①タイムラインのタイトルクリップをダブルクリックします。

②プレビューウィンドウのタイトルが、選択されている状態になります。

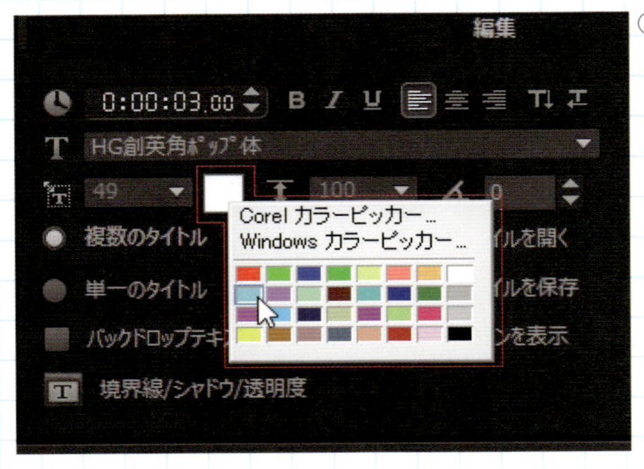


③オプションパネルの色をクリックして、表示された色のリストから使用したい色を選択します。

④選択した色が反映されます。

⑤プレビューウィンドウの何もないところをクリックして、フォントの変更を確定します。

## 境界線／シャドウ／透明度

文字の飾りつけの項目です。文字を縁どりしたり、半透明にしたりできます。

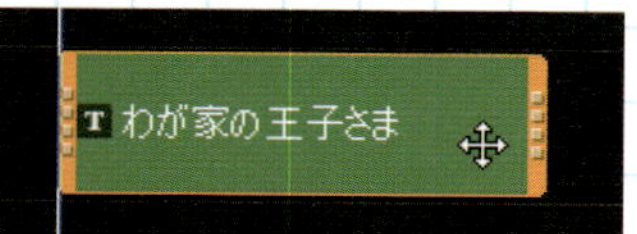


①タイムラインのタイトルクリップをダブルクリックします。

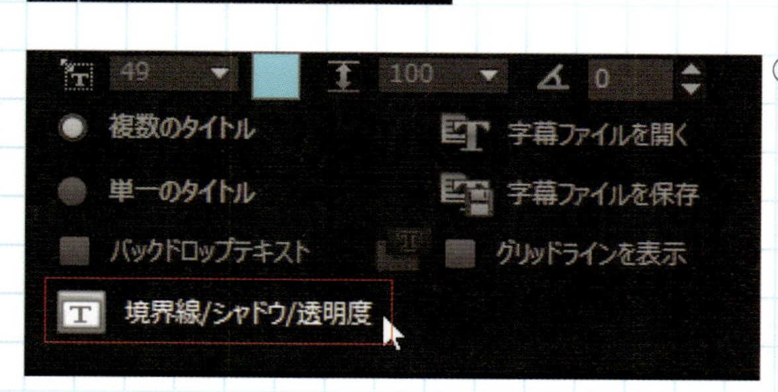


②プレビューウィンドウのタイトルが選択した状態になっているのを確認して、オプションパネルの「境界線／シャドウ／透明度」をクリックします。

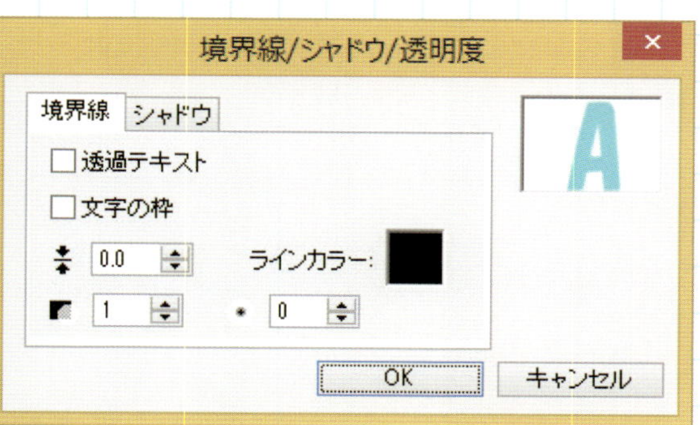


③「境界線／シャドウ／透明度」ウィンドウが開きます。

④プレビューウィンドウで効果を確認しながら設定していきます。

プレビューウィンドウで確認

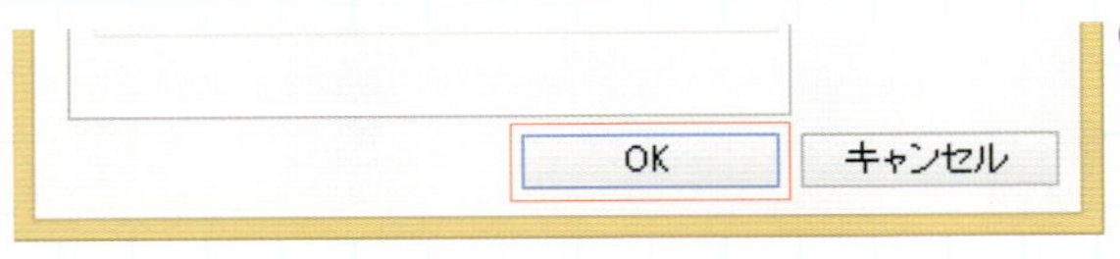


⑤設定を終えたら「OK」をクリックします。

## Point 「境界線／シャドウ／透明度」の代表例

### 「境界線」

文字を透けさせたり、縁取りの色を選ぶことができます。

### 「シャドウ」

文字に影をつけることができます。

「影なし」

「ドロップシャドウ」

「グローシャドウ」

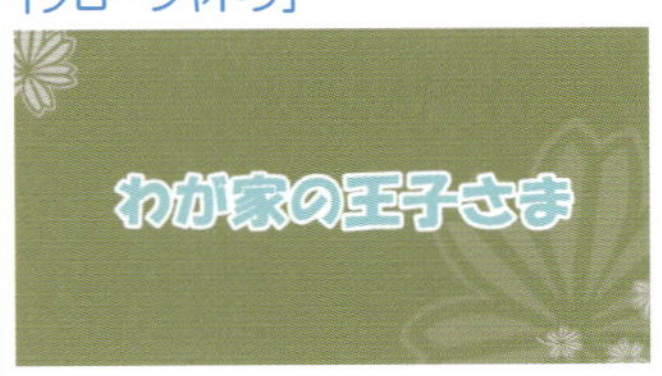


「押し出しシャドウ」

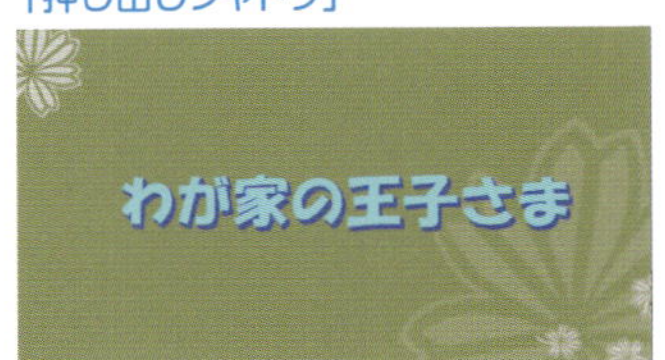


※ここで使用している背景のイラストは VideoStudio X8 のメニューバーにある「カラー／装飾」に収録されています。

## タイトルのアニメーション

ここまでタイトル文字の飾りつけを紹介しましたが、ここではプリセットのタイトルでも使用されているアニメーションで文字を動かす方法を解説します。

### Point 作例の文字の動き

2つのタイトルがあります。ひとつめのタイトルが上部から現れて、しばらくして2つめのタイトルが画面右から横に流れてきます。2つのタイトルがそろったところで、しばらく静止したあと、いっしょに消えます。

①文字の入力、フォントや色などの設定をします。

②アニメーションで動かしたいタイトルを選択します。

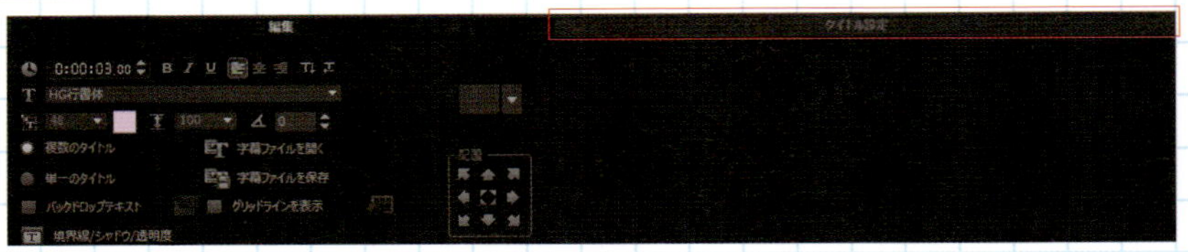


③オプションパネルの「タイトル設定」タブを選択します。

## Point タイトルのオプションパネルの「タイトル設定」タブ

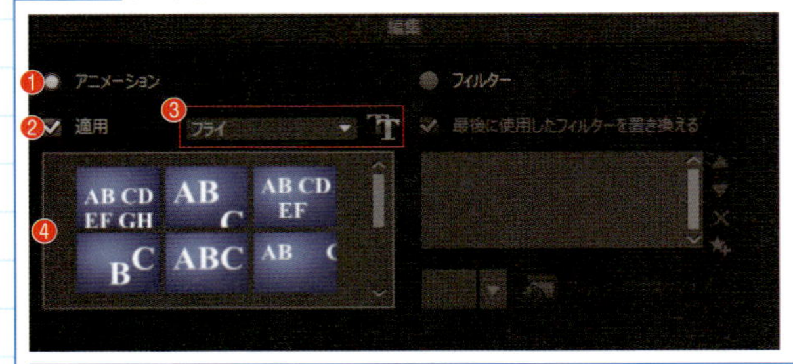


| | 機能 |
|---|---|
| ❶ | アニメーションの設定に切り替える |
| ❷ | 「適用」チェックボックス |
| ❸ | カテゴリーとカスタマイズ |
| ❹ | アニメーションのデモ画面※ |

※「適用」をチェックしないと表示されない

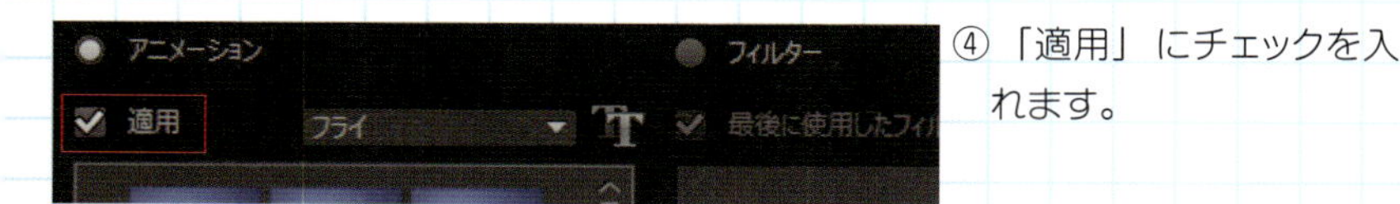


④「適用」にチェックを入れます。

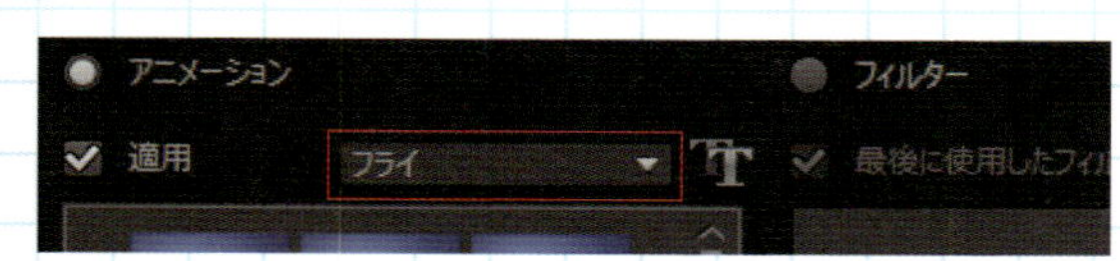


⑤「フライ」「ポップアップ」などカテゴリーから動きを選択します。

## Point カテゴリーのカスタマイズ

詳細なカスタマイズはここをクリックします。

カテゴリーによってはカスタマイズできないものもあります。

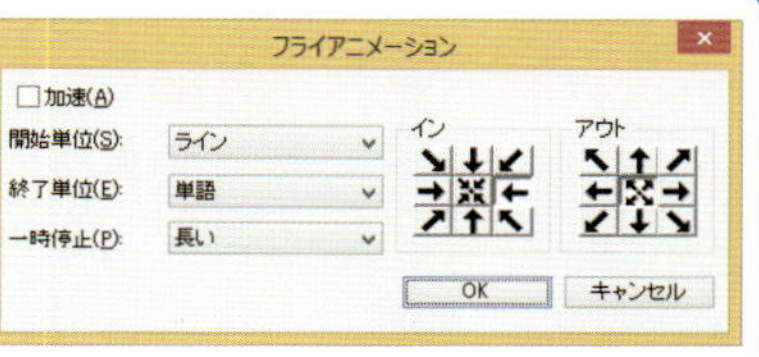


「フライ」のカスタマイズ

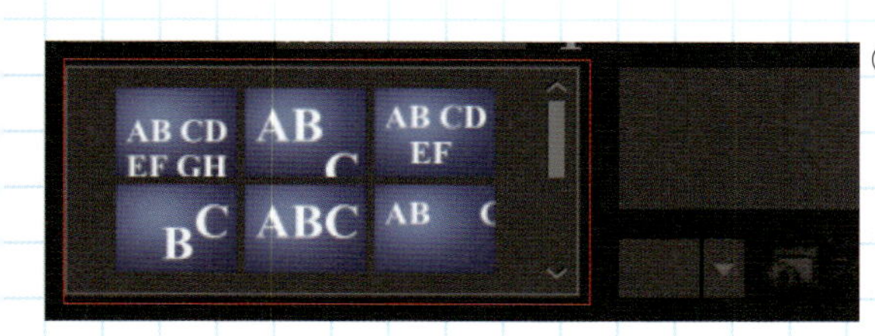


⑥デモ画面からアニメーションの動き方を選択します。

⑦プレビューウィンドウで再生して確認します。

## Point テロップを作成する

このアニメーションの機能を使用すれば、TV 番組のエンディングでスタッフの名前などが右から左に流れるテロップなどを作成することができます。使用するのはオプションパネルの「タイトル設定」の中で「フライ」が適当でしょう。

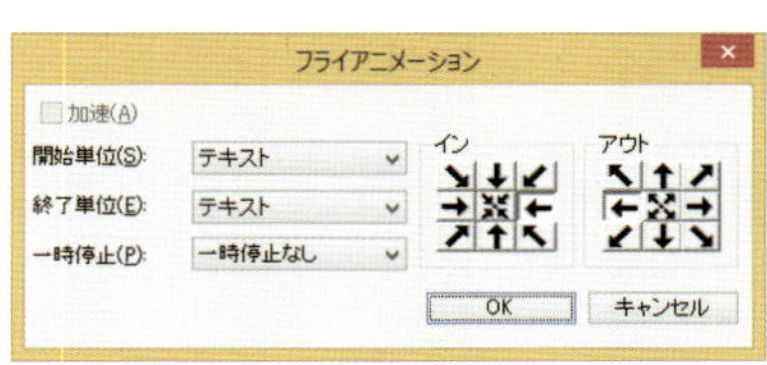


おすすめの「フライ」の設定

「イン」がテロップが画面に入ってくる方向で、「アウト」が画面から消えていく方向を表しています。図のように設定すると画面の右側から左側に流れていくことになります。

## ＋ タイトルにフィルターをかける

タイトルのクリップには「フィルター」という特殊効果（エフェクト）をかけることができます。細かい操作は「アニメーション」と同じく「タイトル設定」で行います。

図は「フィルター」の「風」を使用しました。文字が風で流されているような効果があります。

①ツールバーの「フィルター」をクリックして、ライブラリパネルに「フィルター」の一覧を表示します。

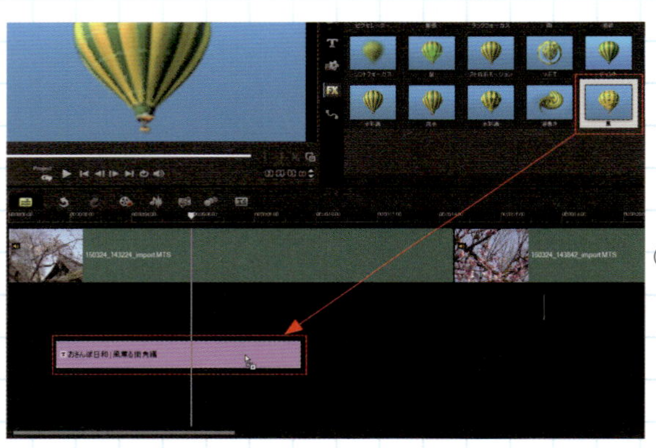


②ライブラリパネルで選択した「フィルター」をタイトルトラックにあるクリップにドラッグアンドドロップします。

Hint 「フィルター」の効果はライブラリパネルで選択して「Clip」モードで再生すればプレビューウィンドウで確認できます。

③カスタマイズはオプションパネルの「タイトル設定」で設定します。

| | 機能 |
|---|---|
| ❶ | フィルターの設定に切り替える |
| ❷ | これをチェックしておくとドラッグアンドドロップするたびに新しいフィルターに入れ替わる。 |
| ❸ | 現在かけているフィルターの一覧 |
| ❹ | フィルターの順番を入れ替えたり、削除するボタン |
| ❺ | 詳細なカスタマイズを実行するボタン |

Hint 「フィルター」はクリップに対して複数かけることも可能です。（→ P.115）

## オリジナルタイトルを登録する

いろいろな設定を駆使したオリジナルタイトルを、ほかのプロジェクトでも使用できるようにライブラリに登録します。

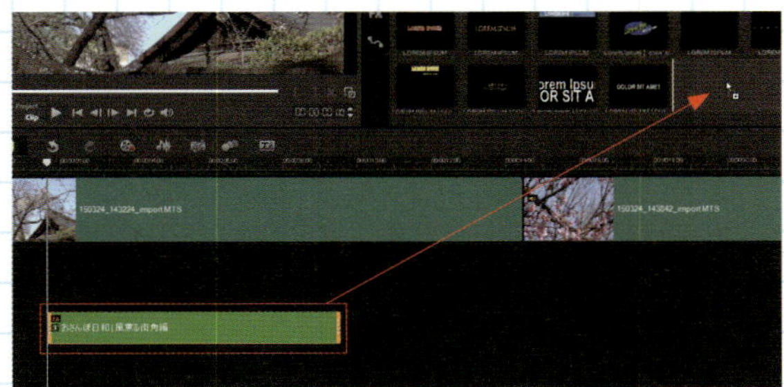

タイムラインにあるオリジナルタイトルのクリップをライブラリパネルにドラッグアンドドロップするだけです。ただしタイトルのパネルにしか登録できません。

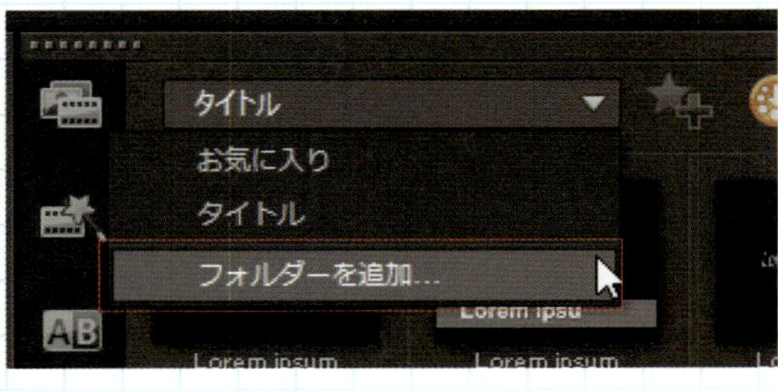


テンプレートのタイトルと区別したい場合は、フォルダーを追加して分けるとよいでしょう。フォルダーの追加はパネルの上部のプルダウンメニューから作成できます。

## ⊕ タイトルをアニメーションに変換する 新機能

VideoStudio X8 ではタイトルをアニメーションに変換する機能が搭載されました。操作は簡単です。

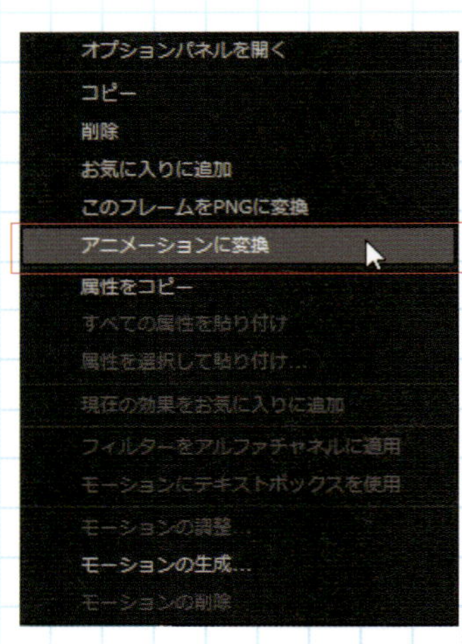


①タイトルトラックにあるクリップ上で、右クリックして表示されるメニューから「アニメーションに変換」を選択、クリックします。

ファイル作成中(Title_Uis 01¥056.png)... 中止する場合はESCを押してください。

②アニメーションに変換が開始されます。

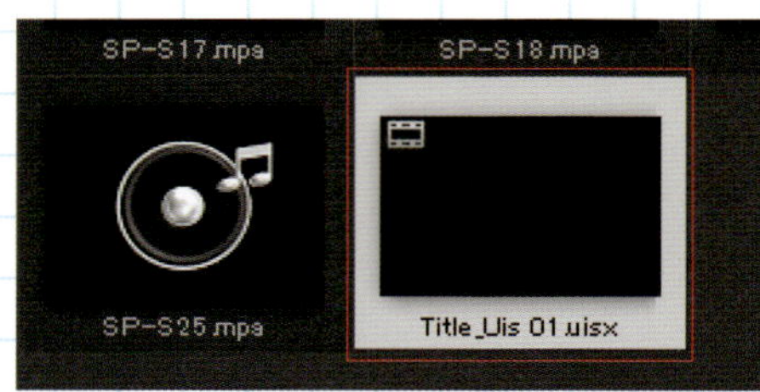


そのとき「メディア」で開いているフォルダーに保存される

③完了するとライブラリの「メディア」に保存されます。このファイルの拡張子は .uisx となっていますが、これは Corel 社のアニメーションの独自形式です。Video Studio X8 ではほかの動画同様ムービーファイルとして扱うことができます。

**Hint** ファイルはドキュメントの Corel VideoStudio Pro/18.0 の中に PNG 画像とともに「Title_Uis 番号」フォルダー内に収納されます。

**Hint** PNG 画像の数はタイトルの長さによって変わります。

④このファイル（.uisx）は、オーバーレイトラックに置くことができます。

⑤ VideoStudio X8 で搭載されたクリエイティブな「オーバーレイオプション」（→ P.217）を利用できるので、さらに多彩な編集を実現することが可能です。

通常のタイトル

オーバーレイオプションを使用したタイトル

Hint プリセットのタイトルも変換可能なので、保存されている画像を 1 枚 1 枚確認すれば、どのタイミングで画像が変化しているかなど、詳細に研究して自身のタイトルを作るテクニックに役立てることも可能です。

CHAPTER-3-12

# フィルターを適用する

フィルターは動画にさまざまなエフェクト（特殊効果）をほどこす機能です。

## 豊富なフィルター

数多いフィルターの中から面白い効果をいくつかご紹介します。

フィルター適用前

オートスケッチ

レンズフレア

泡

## 「フィルター」に切り替える

①ツールバーの「フィルター」ボタンをクリックします。

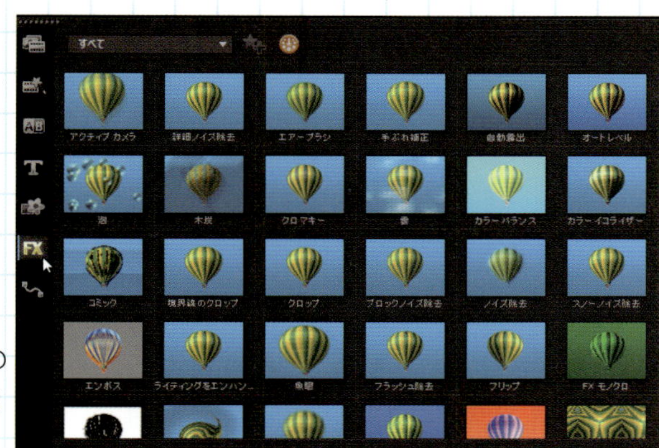


②ライブラリパネルの表示が「フィルター」切り替わります。

## 効果を確認する

フィルターの効果はプレビューウィンドウで確認します。

①ライブラリパネルから「フィルター」を選択します。

②「Clip」モードで再生して確認します。

Hint　フィルターによっては適用してみないと、効果が分かりにくいものもあります。

## ＋ ビデオトラックにドラッグアンドドロップ

①適用したいフィルターをビデオトラックにあるクリップにドラッグアンドドロップします。

②「Project」モードで再生して、効果を確認します。

ここでは「古いフィルム」というフィルターを適用しています。

### Point 「FX」マーク

クリップにフィルターを適用するとビデオトラックのクリップの左上に「FX」マークが表示されます。

適用前

適用後

### Point ストーリーボードビューでも…

フィルターはストーリーボードビューでも、ドラッグアンドドロップで適用できます。

## フィルターをカスタマイズ

フィルターによっては効果の具合をカスタマイズできるものがあります。

①ビデオトラックのクリップをダブルクリックするか、ライブラリパネルの「オプション」ボタンをクリックしてオプションパネルを開きます。

②オプションパネルの「属性」タブで、いろいろな設定をします。

### Point フィルターのオプションパネルの「属性」タブ

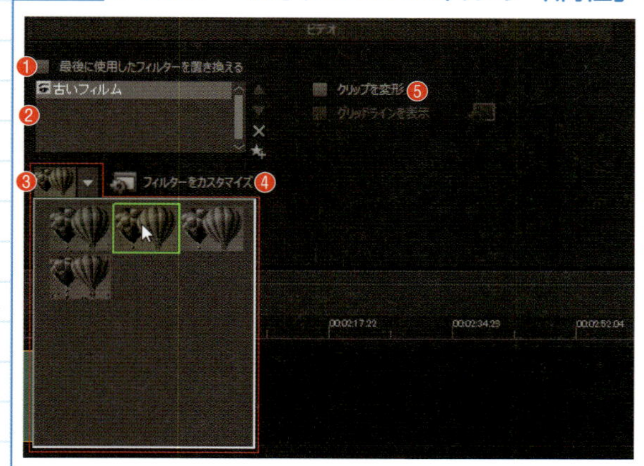


| 機能 |
| --- |
| ❶ チェックを入れると新しいフィルターに置き換わる。 |
| ❷ 現在適用しているフィルター |
| ❸ フィルターをテンプレートからカスタマイズする。 |
| ❹ さらに詳細にカスタマイズする |
| ❺ クリップを変形する |

※❶❹❺については後述

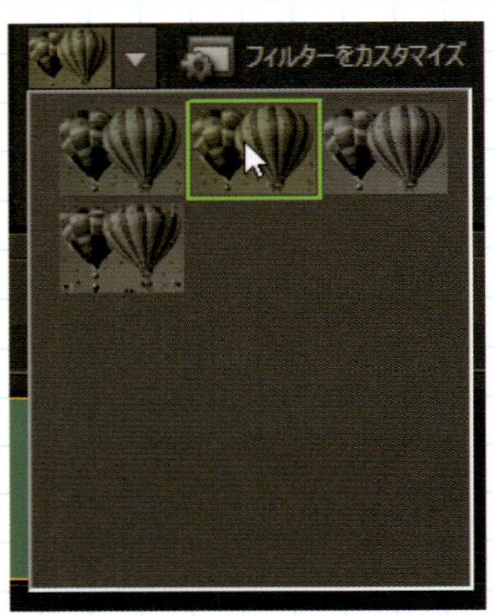

③フィルターをテンプレートから選択します。

## Point さらに自分流にカスタマイズしたい場合

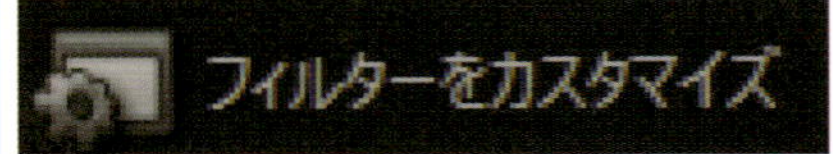


「フィルターをカスタマイズ」ボタンをクリックするとフィルター名のカスタマイズ画面が開きます。

左側にオリジナル、右側に適用後のプレビューが表示されるので、見比べながらさらに細かい設定ができます。
「古いフィルム」の場合はキズ（傷の入り具合）、ショック（ブレの多さ）や全体の色合いなどを調整できます。

## フィルターを置き換える

フィルターを別のものに置き換える場合は、新しいフィルターをクリップにドラッグアンドドロップします。ただし先ほどの「属性」タブの①「最後に使用したフィルターを置き換える」にチェックが入っていないと、置き換わらずにそのまま複数のフィルターが適用されます。（初期設定ではチェックが入っています。）

## フィルターを複数適用する

フィルターは１つのクリップに複数適用することができます。また順番を入れ替えることで、その効果が変わります。

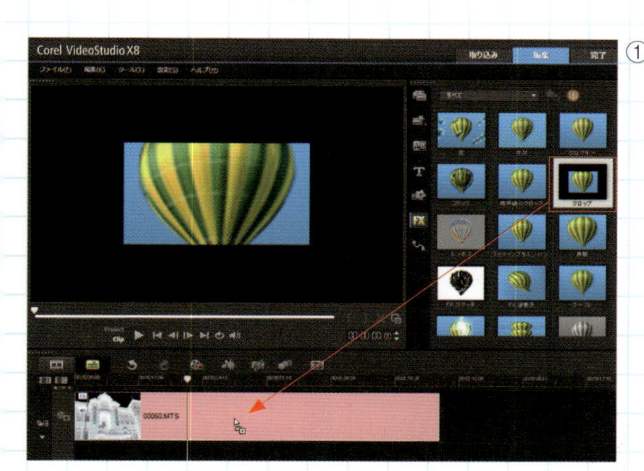


①すでにフィルターを適用しているクリップに２つめのフィルターを加えます。ここでは「古いフィルム」を適用したクリップに「クロップ」（中心から窓が徐々に開いていく効果）を加えています。

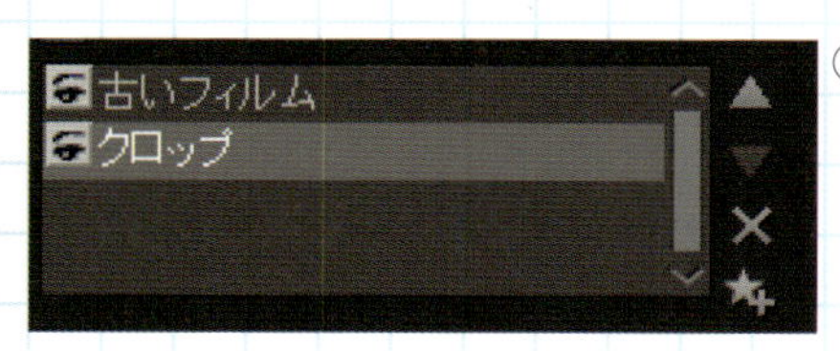


②「属性」タブで確認すると、「クロップ」が加わっています。

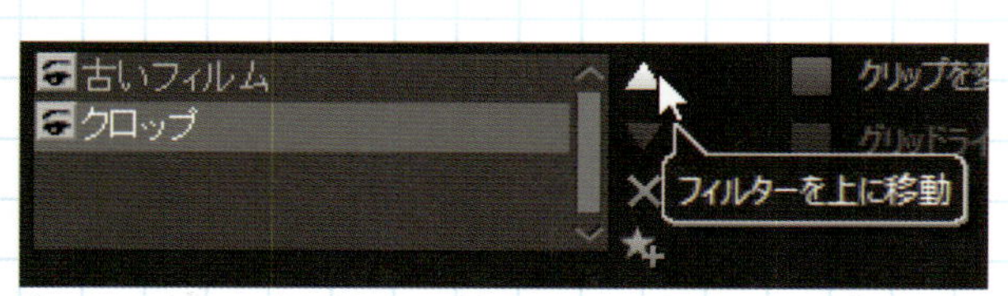


③フィルターの順番を入れ替えるには「属性」タブの上下ボタンで変更します。

## フィルターの順番

フィルターの順番を入れ替えると、効果が変化します。

①「古いフィルム」→「クロップ」

傷がクロップの窓の中に納まっています。

②「クロップ」→「古いフィルム」

傷が「クロップ」の窓の外にもあります。

## フィルターを削除する

フィルターを削除するには「属性」タブで削除したいフィルターを選択して「×」ボタンをクリックします。

## クリップを変形する

①「属性」タブの「クリップの変形」にチェックを入れます。

②プレビューウィンドウに変形用のハンドルが表示されます。

③□は全体の拡大・縮小ができ、■は各頂点を個別に変形することができます。

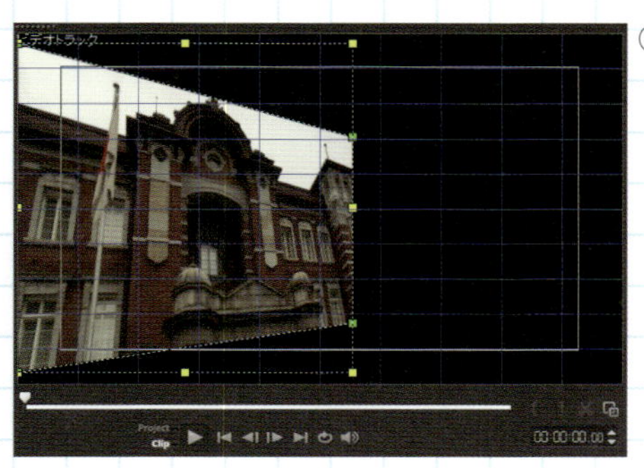

④「グリッドラインを表示」にチェックを入れると、プレビューウィンドウに青いグリッドラインが表示されるので、個別の頂点を変更するときに役立ちます。

CHAPTER-3-13

# オーディオを設定する

オーディオはBGMや効果音など、シーンを盛り上げるのに欠かせない要素です。ここではオーディオの設定に関する解説をします。

## サンプルオーディオ

VideoStudioにはサンプルオーディオとして、BGM用の音楽や効果音などが数多く収められています。またX8からは新たに「Triple Scoop Music」というフォルダーがメディアに表示されるようになり、使える音楽が増えました。BGMは誌面でお伝えすることはできませんが、25種類の効果音をご紹介します。

サンプル内のオーディオ

Triple Scoop Music内のオーディオ

### 「サンプル」内のオーディオ

| ファイル名 | |
|---|---|
| SP-M01<br>～<br>SP-M15 | BGM |
| SP-S01 | ビヨーン（ゴムをはじくような音） |
| SP-S02 | ビヨーン（01より低い音） |
| SP-S03 | ビヨヨヨヨーン |
| SP-S04 | 小鳥のさえずりのような音 |
| SP-S05 | タイプライターのような機械音 |
| SP-S06 | 小鳥のさえずりのような音2 |
| SP-S07 | ジェット飛行機通過音 |
| SP-S08 | 歓声 |
| SP-S09 | 時計の秒針音 |
| SP-S10 | 映写機の回転音 |
| SP-S11 | 列車の音 |

| ファイル名 | |
|---|---|
| SP-S12 | 打ち上げ花火 |
| SP-S13 | 電話のベル |
| SP-S14 | 地下室の水滴 |
| SP-S15 | 降りしきる雨音 |
| SP-S16 | 呼び鈴 |
| SP-S17 | 風鈴のような音 |
| SP-S18 | 鉄琴 |
| SP-S19 | ドアが開いて閉まる音 |
| SP-S20 | 宇宙音 |
| SP-S21 | 銃声 |
| SP-S22 | 自動車のワイパーの音 |
| SP-S23 | 通り過ぎるクラクション |
| SP-S24 | 急ブレーキ |
| SP-S25 | 観客の笑い声 |

## 開始位置を見つける

ジョグ スライダーを操作してオーディオを開始したい位置を見つけます。

### Point プロジェクト全体を表示する

オーディオをどの位置から開始するのか…こういう場合はタイムライン全体を見渡せたほうが便利です。「プロジェクトをタイムラインに合わせる」ボタンで表示を切り替えましょう。

## 試聴する

試聴して使用するオーディオを決定します。

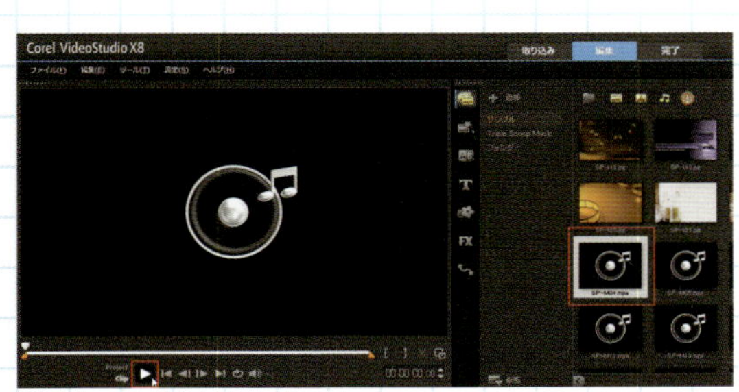


ライブラリパネルのオーディオを選択してプレビューウィンドウの再生をクリックします。

### Point オーディオだけを表示する

ライブラリパネルのクリップが「サンプル」フォルダーのように、いろいろなファイルが混在してして煩わしいときには、表示ボタンを切り替えて、オーディオだけを表示します。

## 開始位置にドラッグアンドドロップする

使用するオーディオが決まったら、ライブラリパネルから開始位置のミュージックトラックにドラッグアンドドロップします。

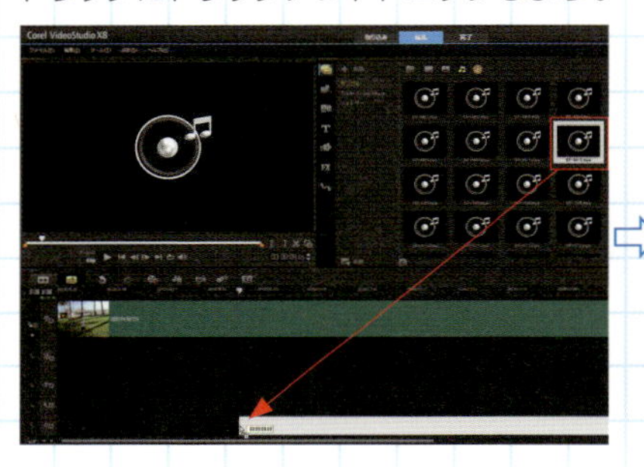

Hint　微調整はトラックにあるクリップをドラッグしておこなえます。

## 音量を調整する

オーディオの再生する音量を調整します。なお同じ方法でビデオクリップやボイストラックにあるクリップも調整できます。

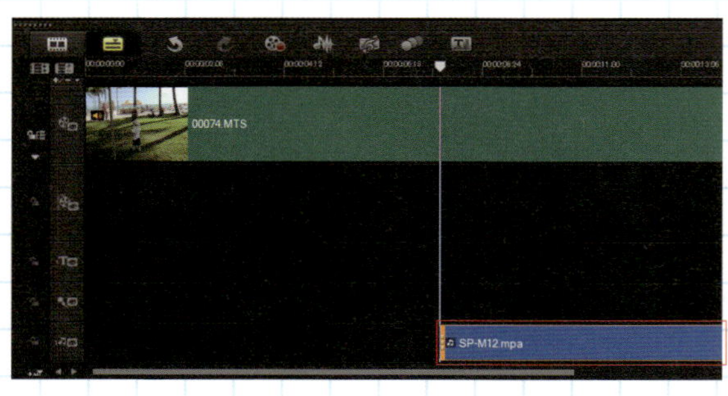


ダブルクリック

①調整したいクリップをダブルクリックして、オプションパネルを表示します。

上下ボタンで設定

メーターで設定

②図のように上下ボタンか、その隣にあるボタンをクリックして、メーターを表示し、調整します。

③再生して確認します。

**Point** ほかのトラックの音を消す

音量調整をしていると、ほかのトラックの音も再生されるので、肝心の調整したいトラックの音が聞き取りにくいことがあります。こういう場合は一時的にほかのトラックを非表示にするとよいでしょう。

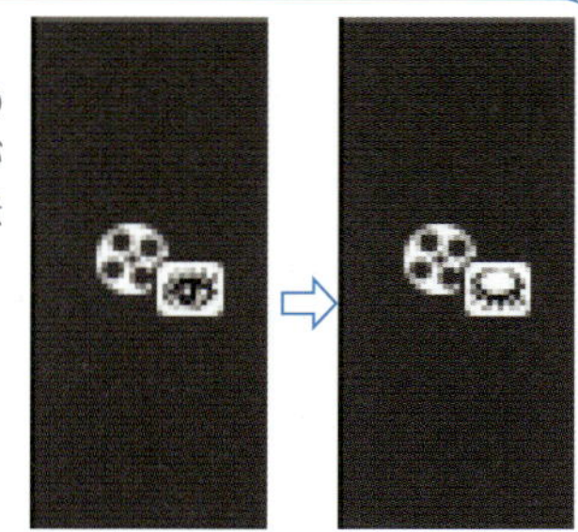

## オーディオクリップをトリミングする

オーディオクリップがビデオクリップより長い場合、画面は真っ暗なのにBGMだけが流れることになります。そういうときはオーディオクリップをビデオクリップの長さに合わせましょう。

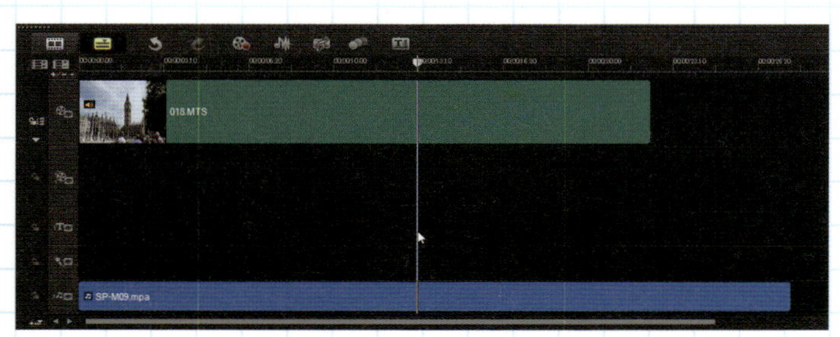


①ビデオクリップよりオーディオクリップのほうが長い。

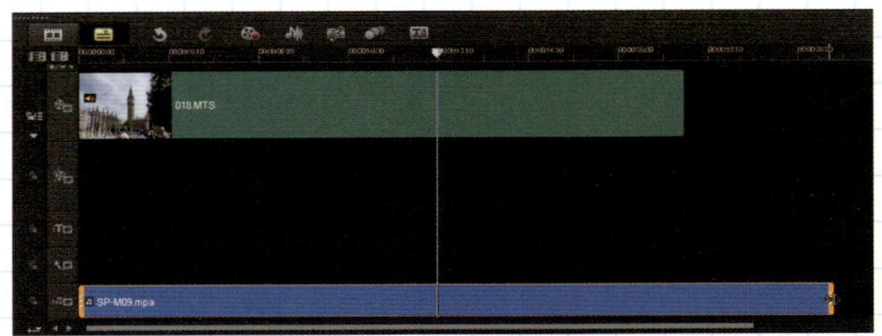


②オーディオクリップを選択して、終点にカーソルを合わせます。

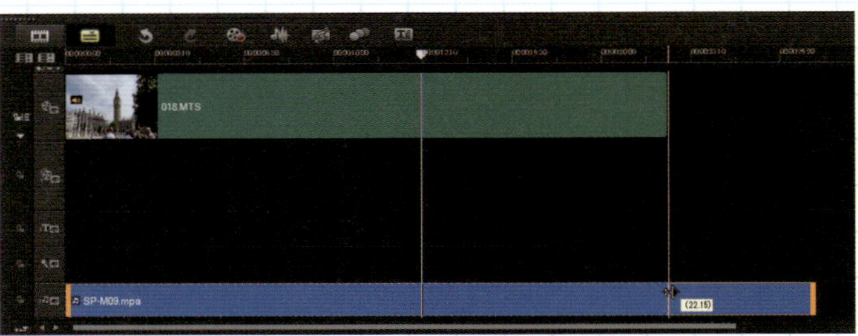


③カーソルの形が矢印型に変わるのを確認して、左方向へドラッグします。

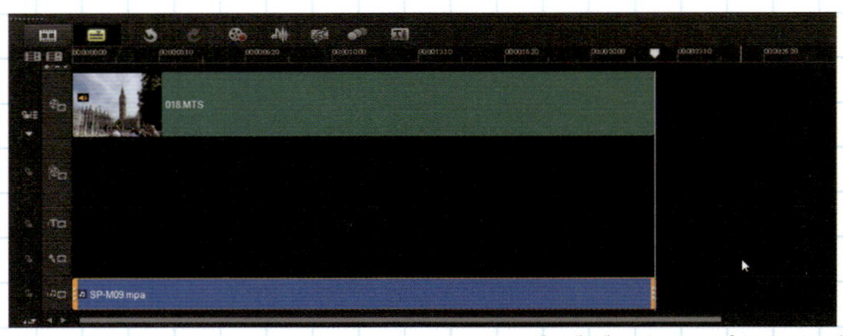


④ビデオクリップと長さが同じになりました。

## フェードイン／フェードアウト

音が徐々に大きくなるのを「フェードイン」、逆にだんだん小さくなっていくのを「フェードアウト」といいますが、VideoStudio X8 ではこれをワンクリックで設定できます。

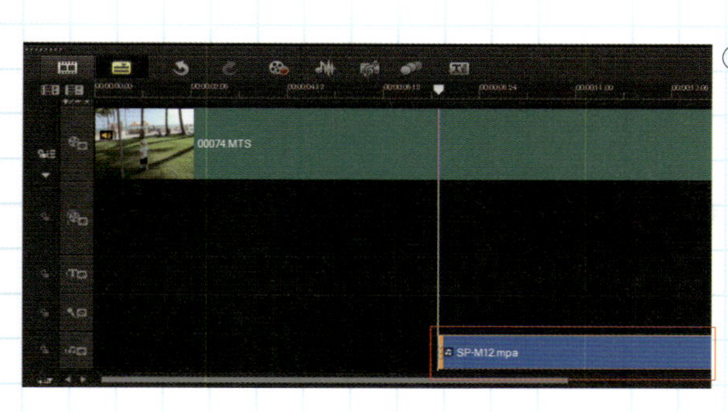


①調整したいクリップをダブルクリックして、オプションパネルを表示します。

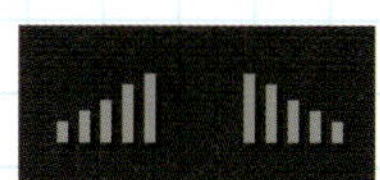

②左がフェードイン、右がフェードアウトです。設定する場合はクリックします。

## オーディオフィルター

VideoStudio X8 には「オーディオフィルター」という機能があります。

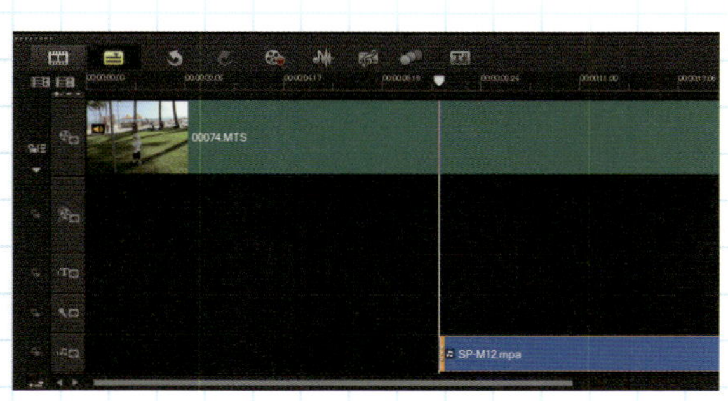


①調整したいクリップをダブルクリックして、オプションパネルを表示します。

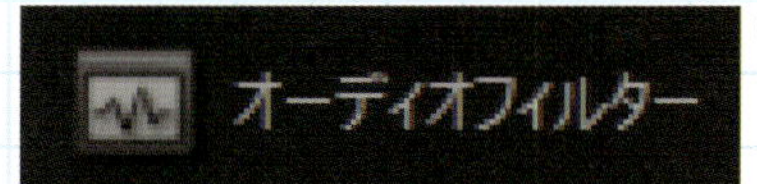


②オーディオフィルターをクリックします。

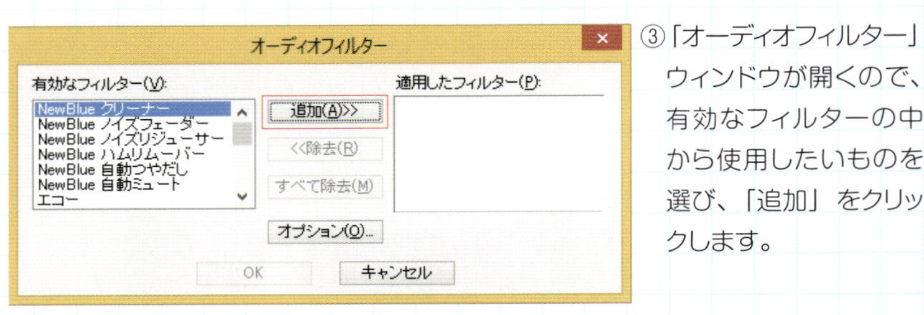


③「オーディオフィルター」ウィンドウが開くので、有効なフィルターの中から使用したいものを選び、「追加」をクリックします。

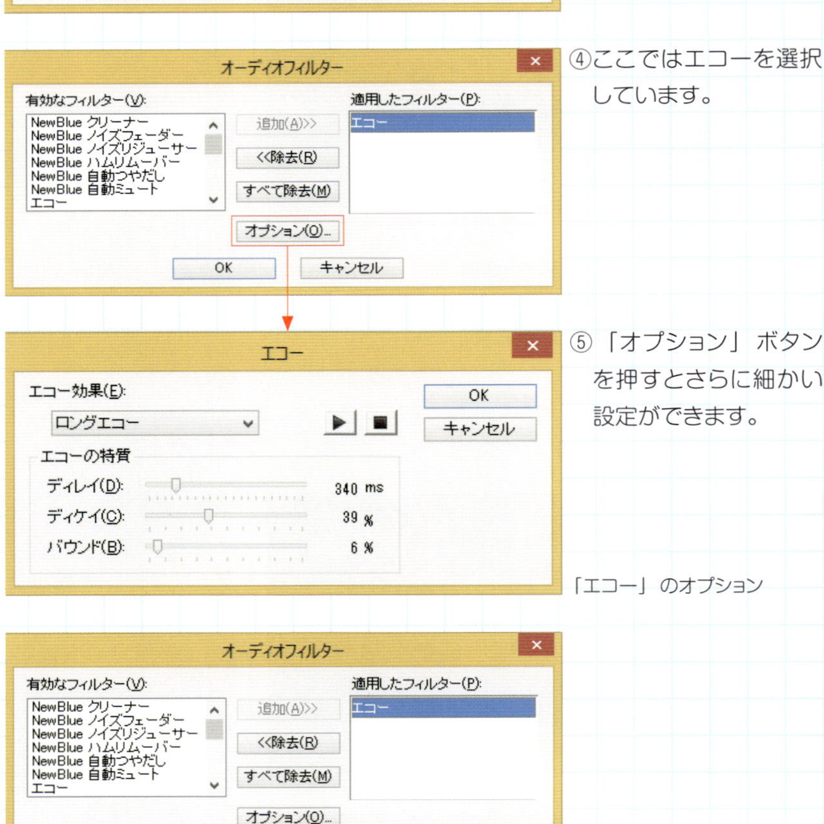


④ここではエコーを選択しています。

⑤「オプション」ボタンを押すとさらに細かい設定ができます。

「エコー」のオプション

⑥設定が終わったら、「OK」ボタンをクリックします。

## ビデオとオーディオを分割する

音声の入ったビデオをビデオクリップとオーディオクリップの２つに分けます。

①分けたいビデオクリップを選択して、右クリックします。

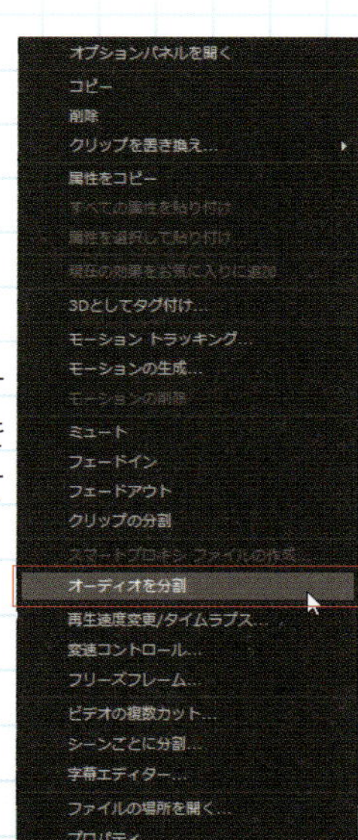


②表示されるメニューから「オーディオを分割」を選択してクリックします。

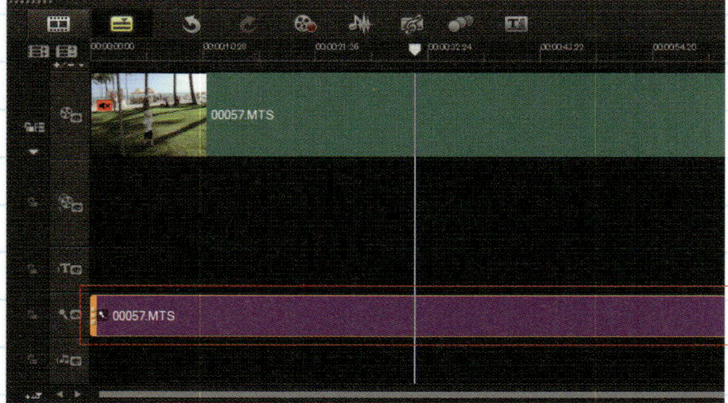

③ボイストラックにオーディオクリップが配置され、ビデオトラックには音声がないというマークが表示されます。

## オートミュージック

ビデオにBGMをつけたいけれど、ビデオの長さと合わない。動画の途中で終わってしまったり、真っ暗な画面に音楽だけが流れたり…それを解決してくれるのが「オートミュージック」です。

①スライダーをビデオの先頭に持ってきます。オートミュージックのクリップ（ミュージック）はスライダーのある位置から挿入されるためです。

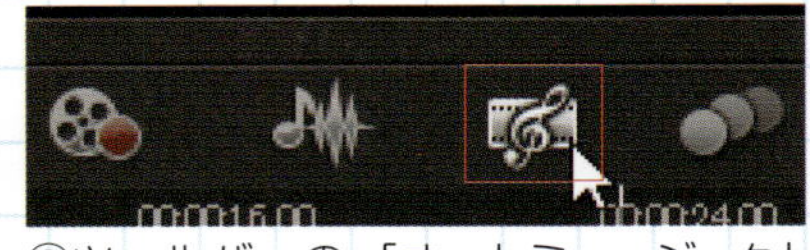

②ツールバーの「オートミュージック」をクリックします。

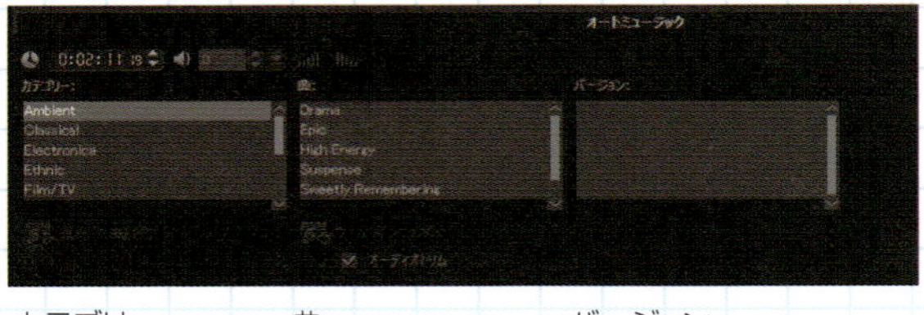


③ライブラリにオプションパネルが表示されます。

④「カテゴリー」から「曲」を選ぶと「バージョン」が表示されます。

選択した曲を再生

⑤「選択した曲を再生」をクリックすると、試聴することができます。

⑥気に入った曲が見つかったら「タイムラインに追加」をクリックします。

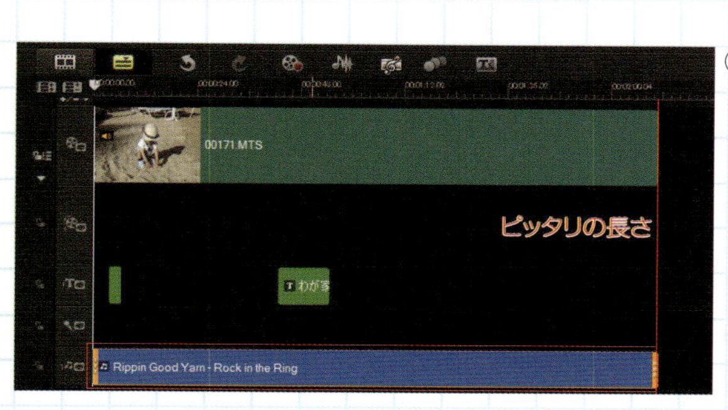


⑦ビデオの長さにぴったり合ったミュージックがミュージックトラックに配置されます。

⑧「Project」モードで再生して確認します。

## Point 「オーディオトリム」のチェックをはずすと…

タイムラインに複数のクリップがある場合など、きっちりと配置されないことがあるので、常にチェックを入れておくほうがよいでしょう。

また、通常のオーディオと同様にドラッグで長さを調整でき、ビデオの長さと合わせれば、「オートミュージック」から選んだ曲であればその機能は有効です。

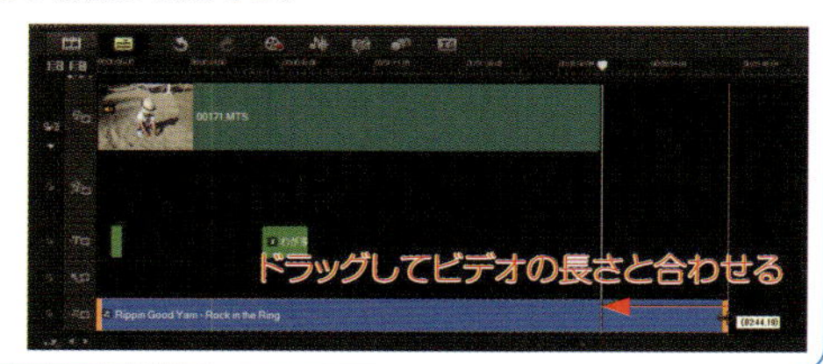

CHAPTER-3-14

# オーバーレイトラック

パソコンのビデオ編集でもっともその機能を発揮するのがオーバーレイトラックです。

## オーバーレイトラックとは

オーバーレイは「表面を何か薄いもので覆うもの」という意味があり、写真などを編集するソフトで使われる「レイヤー」に類するものです。

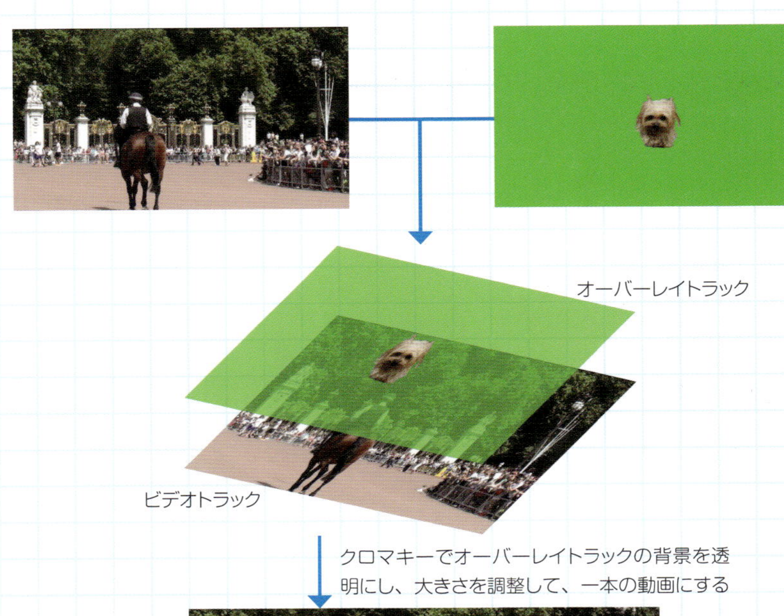


クロマキーでオーバーレイトラックの背景を透明にし、大きさを調整して、一本の動画にする

## ピクチャー・イン・ピクチャー

オーバーレイトラックを活用すれば、ピクチャー・イン・ピクチャーも簡単に作成できます。

①ビデオトラックにベースとなるクリップ（親画面）、オーバーレイトラックに小窓として表示するクリップ（子画面）をそれぞれ配置します。

②子画面の大きさと位置を調整します。□は拡大・縮小ができ、□は各頂点を個別に変形することができます。また移動は画像の中心をドラッグします。

**Point カーソルが変化する**

カーソルが変更する用途に合わせて変化します。

拡大・縮小

個別に変形

移動

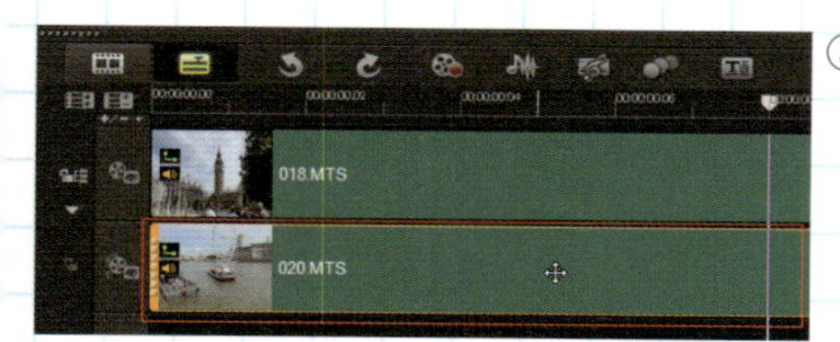


③子画面を枠で囲んだり、影をつけたりする場合はオーバーレイトラックのクリップをダブルクリックして、オプション画面を開きます。

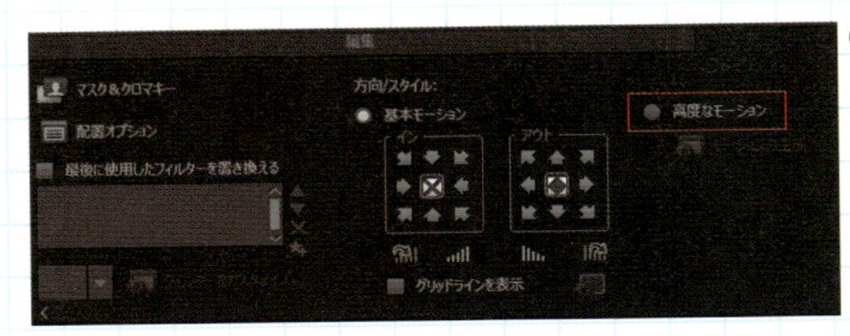


④オプション画面が開いたら、「高度なモーション」を選択します。

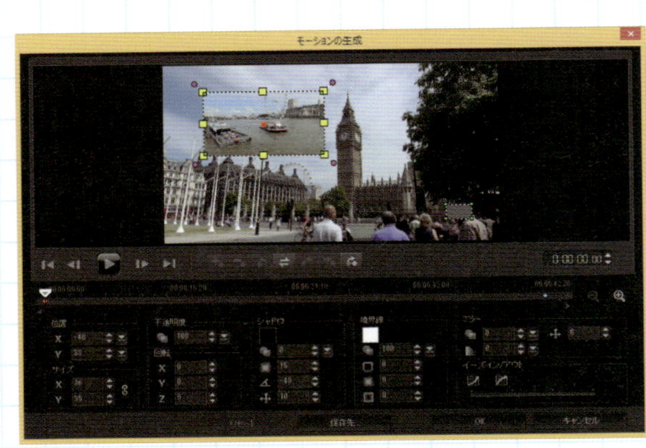


⑤すると「高度なモーション」ウィンドウが開くので、ここで枠で囲む「境界線」や影をつける「シャドウ」の項目で詳細を設定します。

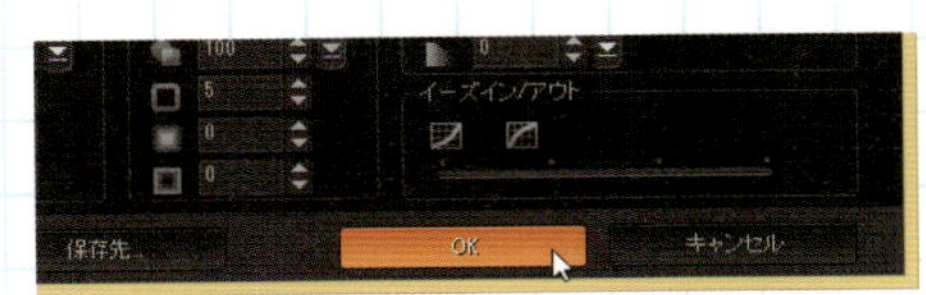


⑥設定を終えたら、「OK」をクリックします。

⑦プレビューウィンドウで設定を確認します。

Hint 設定した結果を確認するときは「Project」モードで再生。

# 第４章
# 「完了」ワークスペース

CHAPTER-4-1

# 「完了」ワークスペースのデスクトップ画面

いよいよ完成した動画をファイルとして書き出します。

## デスクトップ画面の構成

## ① メニューバー

ファイル(F)　編集(E)　ツール(T)　設定(S)　ヘルプ(H)

プロジェクトファイルを開いたり、保存したり、さまざまな機能を呼び出して実行するためのコマンドがあります。

## ② プレビューウィンドウ

現在書き出そうとしているビデオを表示します。

## ③ ナビゲーションエリア

プレビューウィンドウのビデオを再生したり、前後にコマ送りをしたりする操作ボタンがあります。

## ④ 情報エリア

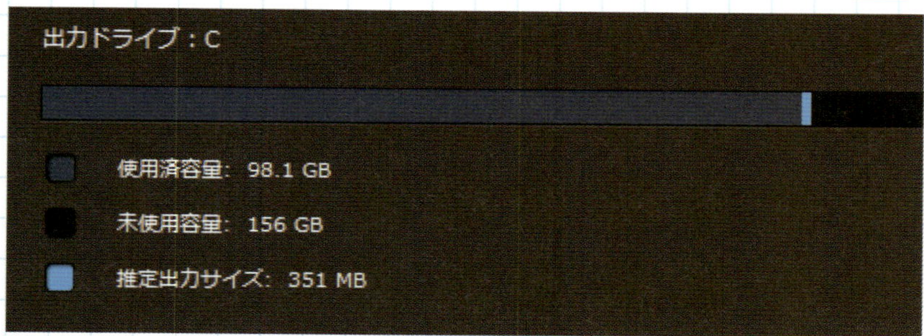


現在のパソコンのハードディスクなどの状況と、これから書き出すファイルの推定出力サイズを表示します。

## ⑤ カテゴリー選択エリア

上から順に「コンピューター」「デバイス」「Web」「ディスク」「3D」のボタンが並んでおり、書き出す動画のカテゴリーを選択できます。

## ⑥ 形式エリア

ファイル形式やプロファイルを選択したり、書き出すファイル名や保存場所の指定をおこなえます。

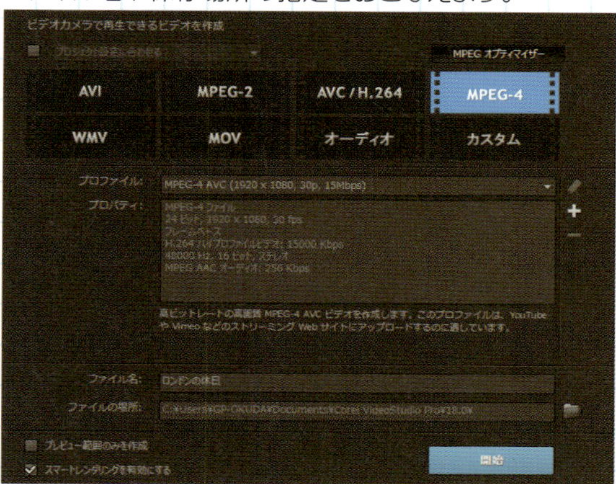


Hint　プロファイルは動画を書き出すためにあらかじめ用意された仕様のことです。

CHAPTER-4-2

# いろいろな形式で書き出す

VideoStudio X8 は編集した動画をいろいろな形式で書き出して、保存することができます。

書き出したファイルで DVD ビデオを作成するのか、スマホなどの携帯機器で再生するのか、目的や用途で形式も変わります。VideoStudio X8 は現在普及しているファイル形式にはほぼすべて対応しています。

## コンピューターのカテゴリーで選択できる形式

| 形式 | 説明 |
|---|---|
| AVI | Windows 標準の動画用ファイルフォーマット。DV カメラなどに採用されている。容量は大きいが高画質なのが特徴。 |
| MPEG-2 | DVD-Video で使われる形式。市販の DVD もすべてこの形式。 |
| AVC/H.264 | MPEG-2 より圧縮率が高く、しかも高画質。Blu-ray ディスク、AVCHD カメラなどで採用されている。4K や XAVC S なども選択できる。 |
| MPEG-4 | スマホやデジタルカメラなどの動画に多く採用されており、iPhone や Android などで動画を扱う場合に使用する。4K や XAVC S なども選択できる。 |
| WMV | Windows Media Video 形式　Windows 標準の動画用ファイルフォーマット。 |
| MOV | Apple 社独自の動画用フォーマット。AppleTV などで採用されている。 |
| オーディオ | オーディオのみを保存する。 |
| カスタム | 主に古い形式のファイルを扱う。ガラケーなどの 3GPP 形式なども選択できる。 |

**Point　カテゴリー選択エリア**

デバイス、Web、ディスクなど選択すると、それに合わせた形式が選択できるメニューに切り替わります。

CHAPTER-4-3

# MP4 で書き出す

それではできあがったプロジェクトを MP4 形式で書き出してみます。

## MP4 で書き出す

①「完了」ワークスペースに切り替えます。

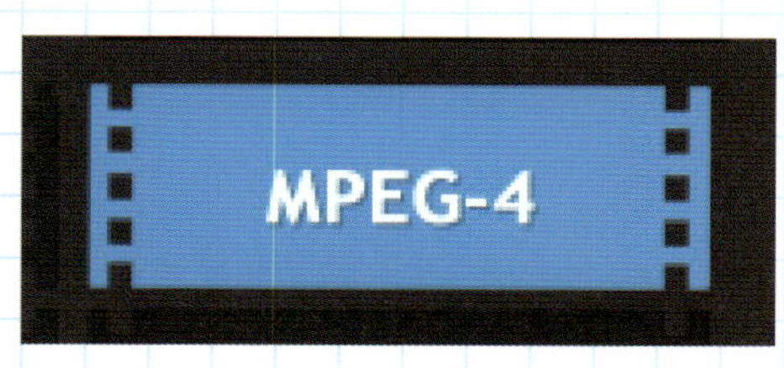


②「MPEG-4」を選択します。

③自分の目的に合ったものをプロファイルから選択します。

Hint 横にある「+」ボタンを利用すると、プロファイルをカスタマイズできます。

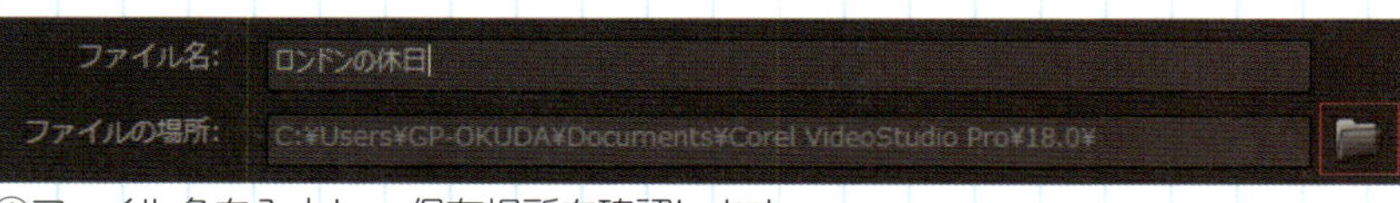


④ファイル名を入力し、保存場所を確認します。

Hint ファイル名と保存場所は変更可能です。保存場所を変更したい場合は「ファイルの場所」のフォルダーボタンをクリックします。

プレビュー範囲のみを作成
スマートレンダリングを有効にする
開始

⑤「開始」をクリックします。

レンダリング中: 0% 完了... 中止するにはESCを押してください

⑥書き出しがスタートします。

## Point 書き出し中の操作

レンダリング中: 0% 完了... 中止するにはESCを押してください

❶プレビューウィンドウに書き出している動画を表示します。

❷書き出しを一時停止します。再度クリックすると再開します。

❸メーターが書き出し状況を表示します。

書き出しを中止する場合は、キーボードの「Esc」キーを押します。

Corel VideoStudio

ファイルのレンダリングが正常に終了しました。

⑦正常に書き出しが終了したメッセージが表示されます。

⑧再生して出来上がりを確認します。

Hint 書き出したファイルはライブラリに自動的に登録されます。

CHAPTER-4-4

# MPEG オプティマイザーを利用する

MPEG オプティマイザーは編集中のビデオを解析して、おすすめの書き出しを提案、実行してくれる機能です。

MPEG 形式で現在編集中のビデオを書き出す場合、できるだけ高画質で最適なプロファイルは何かを示してくれます。また希望のファイルサイズを指定してそれに合わせた書き出しも可能です。

## MPEG オプティマイザー

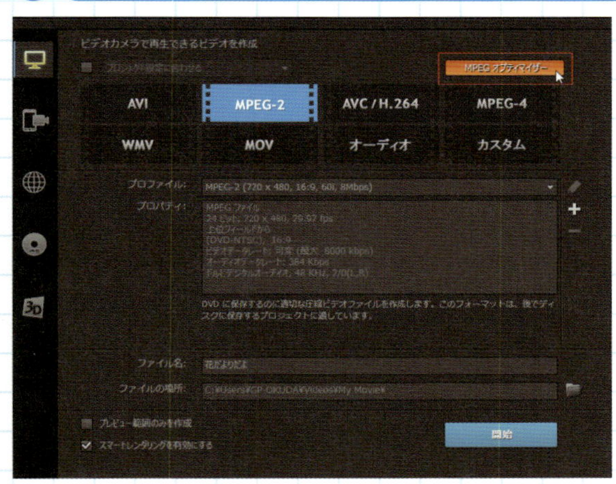


①「MPEG オプティマイザー」を起動します。

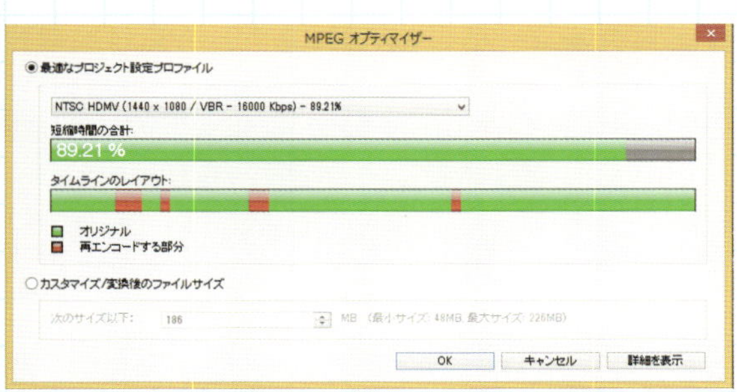


②「MPEG オプティマイザー」が起動します。

## Point MPEG オプティマイザーウィンドウ

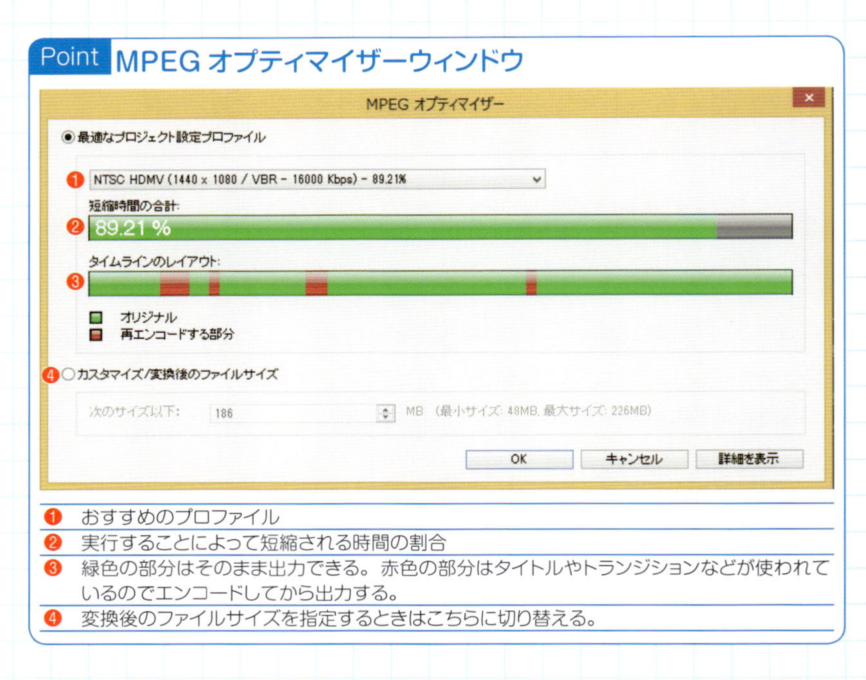


| | |
|---|---|
| ❶ | おすすめのプロファイル |
| ❷ | 実行することによって短縮される時間の割合 |
| ❸ | 緑色の部分はそのまま出力できる。赤色の部分はタイトルやトランジションなどが使われているのでエンコードしてから出力する。 |
| ❹ | 変換後のファイルサイズを指定するときはこちらに切り替える。 |

Hint エンコードとは動画などを目的の形式に変換することです。

③設定を確認して「OK」をクリックします。ファイルサイズを指定したい場合は❹に切り替えます。

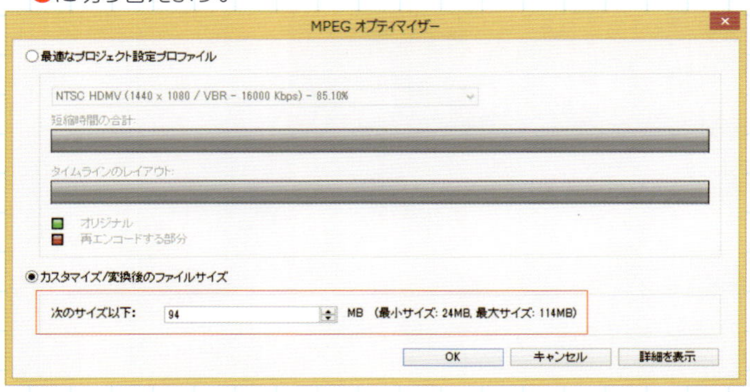


ここでファイルサイズを指定する

# 第5章
# 多彩な機能を使いこなす

CHAPTER-5-1

# おまかせモードで簡単編集

用意されたテンプレートにビデオや写真を当てはめるだけで、素敵な作品に作り上げてくれる「おまかせモード」をご紹介します。

## Corel おまかせモード X8

Corel おまかせモード X8 を起動します。起動はデスクトップのアイコンをダブルクリックするか、スタート画面のアプリ一覧のアイコンをクリックします。

## テンプレートを選ぶ

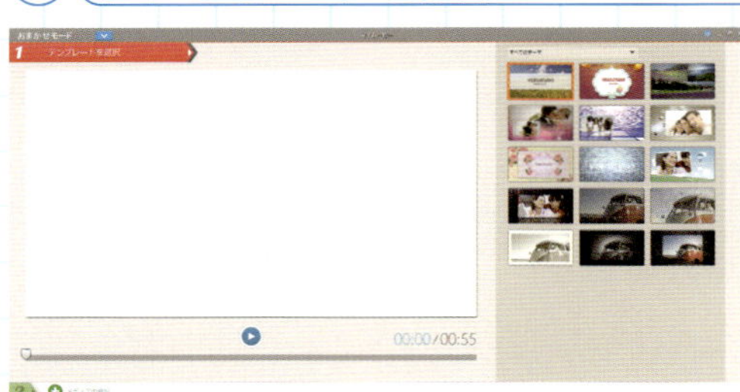

①起動した画面です。

② 15 種類のテンプレートがあります。選択して再生するとテンプレートの内容を確認することができます。

③テンプレートを選択して、下段にある「2　メディアの追加」をクリックしま

## 写真または動画を追加する

④画面が切り替わるので、右側にある「+」をクリックして「メディアの追加」ウィンドウから写真または動画を追加するか、直接この場所へ写真や動画のファイルをドラッグアンドドロップします。

⑤再生して確認します。

## タイトルを変更する

ジョグスライダーを紫のラインまで移動する

00:04/01:01

タイトルのある場所

⑥表示されるタイトルは図のようにバーの紫色の部分で表示されます。変更する場合はジョグ スライダーを紫色のところまで移動して、横にある「T」マークをクリックします。

クリックしてタイトルを変更する

Hint ジョグ スライダーを該当の箇所（紫色の部分）に移動しないと「T」マークはアクティブになりません。

⑦右側に設定用のオプションメニューが開き、プレビューウィンドウのタイトルが選択された状態になります。

⑧プレビューウィンドウで「VideoStudio」のタイトルをクリックして、キーボードの「Back space」などを利用して文字を入れ替えます。

## Point 「V」の字が消せないときは

タイトルによっては最初の「V」が消せないことがあるので、そういう場合は変更する文字を入力してから「V」を消します。これはひと文字も入力されていないと、テンプレートの設定が崩れてしまうためだと考えられます。

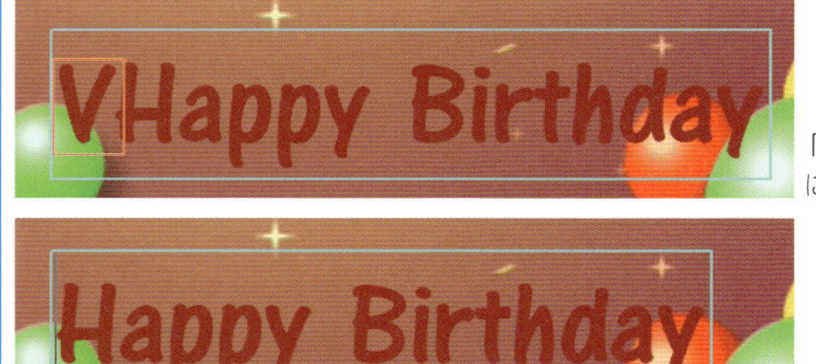


「V」が消せないときは先に文字を入力

入力してから「V」を消す

## オプションを設定する

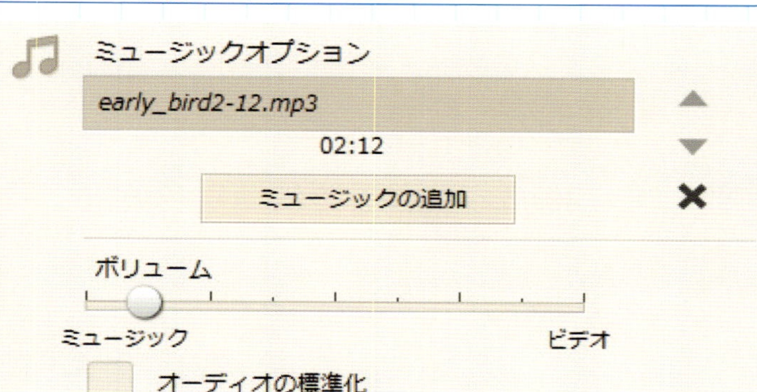


⑨ミュージックオプションで曲を変更したり、ボリュームでミュージックとビデオの音声のバランスなどを調整できます。

画像のパン & ズームオプション

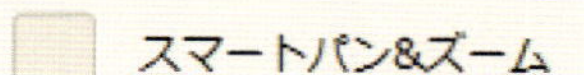


⑩画像のパン&ズームオプションで自動でパン（左右に振る）とズーム（寄り）を設定してくれます。

ムービーの長さ

ミュージックをムービー再生時間に合わせる

ムービーをミュージック再生時間に合わせる

⑪ミュージックとムービーの長さが異なる場合、どちらに合わせるかを選択します。

⑫すべての設定を終えたら「3　保存して共有する」をクリックします。

## ムービーを保存

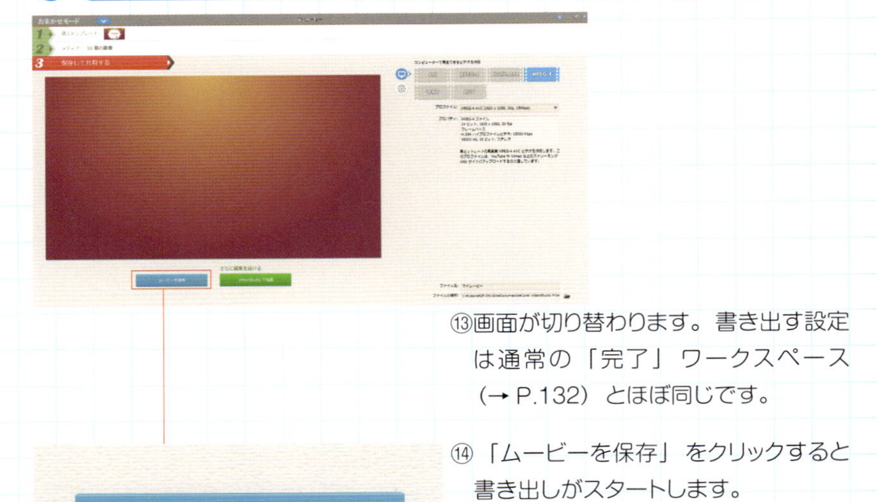

⑬画面が切り替わります。書き出す設定は通常の「完了」ワークスペース（→ P.132）とほぼ同じです。

⑭「ムービーを保存」をクリックすると書き出しがスタートします。

### Point 「VideoStudio で編集」

「VideoStudio で編集」ボタンをクリックすると VideoStudio X8 が起動し、いま「おまかせモード」で編集している内容がそのまま、VideoStudio X8 のタイムラインに反映されます。さらに詳細に編集したいときに使用します。

## 再生して確認します

⑮できあがったムービーを再生して内容を確認します。

### Point プロジェクトの保存

「おまかせモード」を終了するときに、「プロジェクトを保存しますか」というアラートが表示されます。保存する場合は「はい」をクリックします。拡張子が VideoStudio X8 のプロジェクトは .VSP ですが、「おまかせモード」は .vfp となっているので、ファイルのアイコンをクリックすると「おまかせモード」が起動します。また途中で保存したい場合は図のメニューをクリックして保存します。

「おまかせモード」アイコン

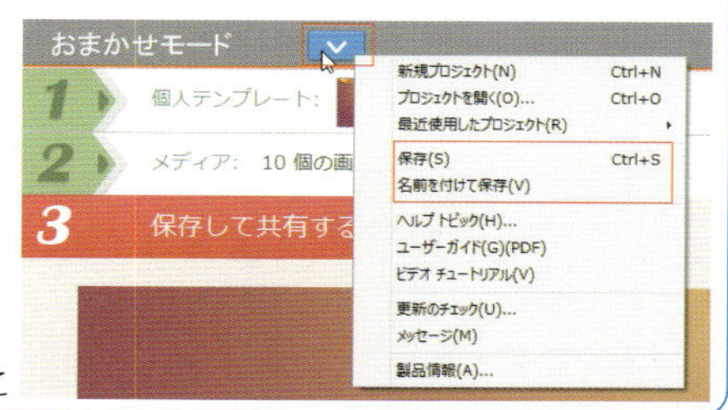


途中で保存したいときはここ

CHAPTER-5-2

# インスタントプロジェクトでさらに凝る

「おまかせモード」よりもっと凝ったビデオを簡単に作成したいのなら「インスタントプロジェクト」がおすすめです。

## 起動する

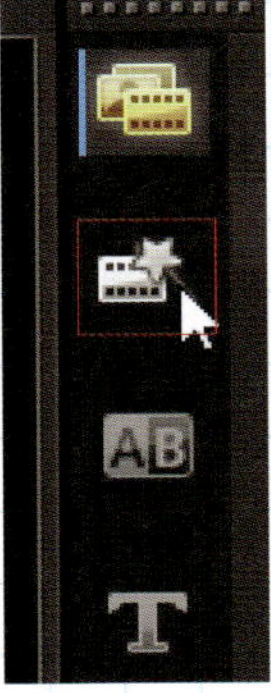


①ツールーバーから「インスタントプロジェクト」を選択、クリックします。「インスタントプロジェクト」の機能は VideoStudio X8 を起動した状態で利用します。

②ライブラリの表示が変わりました。

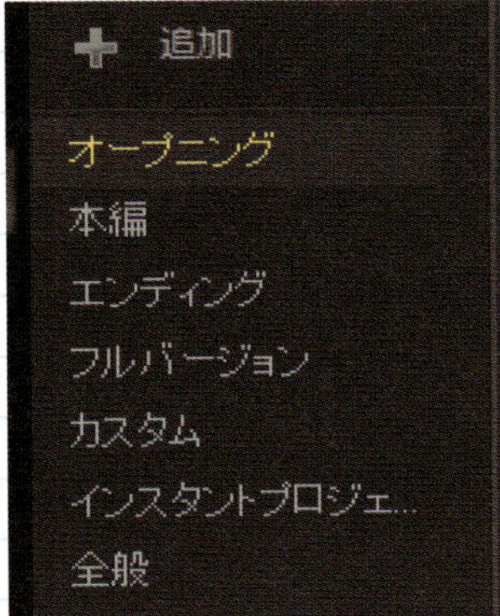


③「フォルダー」も表示が変わります。フォルダーごとに以下の内容のテンプレートが用意されています。

| フォルダー名 | 内容 |
|---|---|
| オープニング | オープニングタイトル |
| 本編 | 本編 |
| エンディング | エンディングタイトル |
| フルバージョン | オープニング→本編→エンディング |
| カスタム | カスタマイズしたテンプレートを登録する。 |
| インスタントプロジェクト | 「おかせモード」のテンプレート |
| 全般 | |

Hint テンプレートを選択して「Clip」モードで再生すれば内容が確認できます。

## タイムラインに配置する

①テンプレートを選択して、タイムラインにドラッグアンドドロップします。ここではフルバージョンの「IP-002」というテンプレートを使用しています。

②各トラックに配置されました。

### Point 画面にタイムラインが納まらない場合

「すべての可視トラックを表示」ボタンや「ズーム スライダー」で調整しましょう。

「すべての可視トラックを表示」ボタン

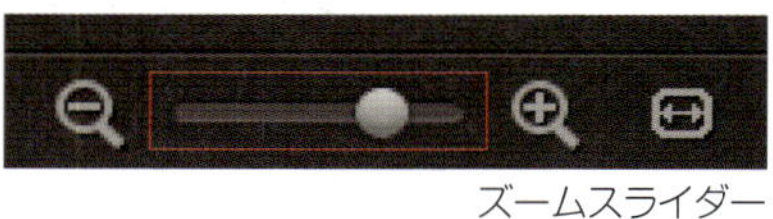

ズームスライダー

③数字が表示されているのが、交換するクリップです。

## Point 数字がダブっている

タイムラインを見ると「1」のクリップがビデオトラックとオーバーレイトラックに表示されています。これは同じクリップということではなく、別々のクリップとして扱われます。つまりビデオトラックの「1」に配置しても、オーバーレイトラックの「1」に同じクリップが反映されるということではありません。

## 画像を交換する

④ツールバーの「メディア」ボタンをクリックして、ライブラリを切り替えます。

⑤クリップを保存しているフォルダーを開き、数字のクリップと交換します。

## Point 交換は「Ctrl」を押して…

クリップを交換する場合、ドロップする前にキーボードの「Ctrl」キーを押して表示が「クリップを置き換え」に変わるのを確認します。

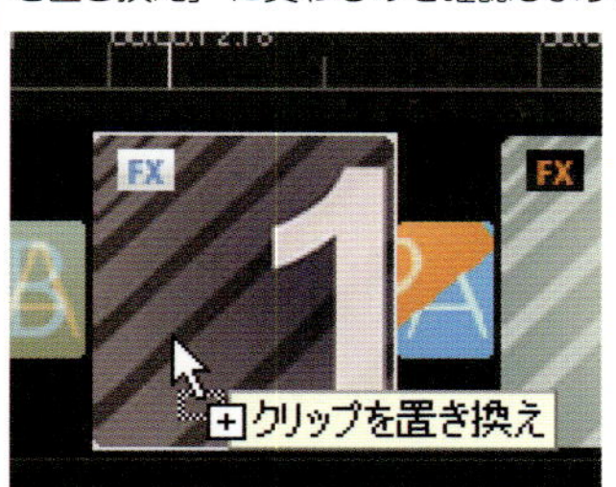


そのままドロップすると数字のクリップの前後に挿入されてしまいます。

「Ctrl」キーを押さなかった場合

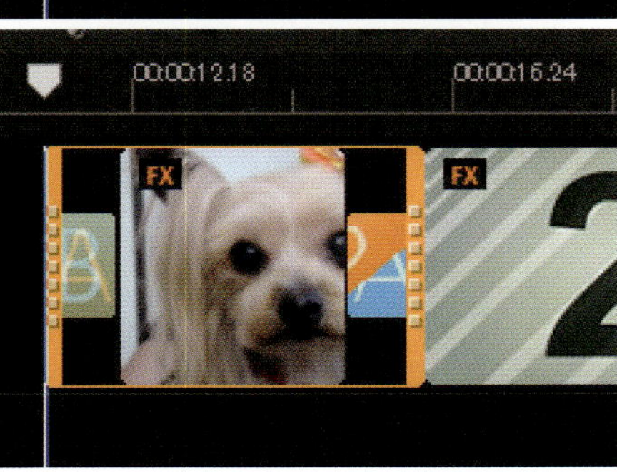


「Ctrl」キーを押した場合

## Point 複数のクリップを一度に交換する

①タイムラインのクリップをキーボードの「Shift」キーを押しながら選択します。

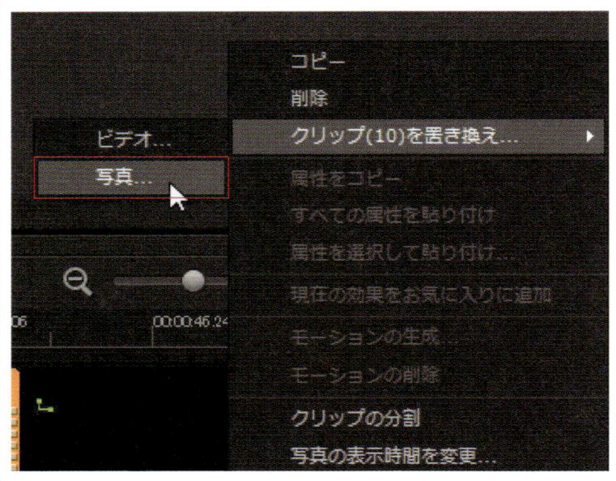


②選択したクリップ上で、右クリックして表示されたメニューからクリップの種類を選択します。ここでは写真を選択しています。

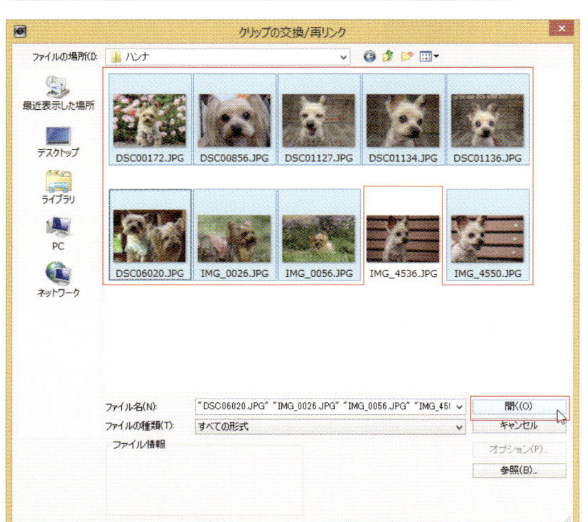


③「クリップの交換 / 再リンク」ウィンドウが開くので、必要な数のクリップを選択して、「開く」をクリックします。

Hint クリップを選択するとき、「Shift」キーや、「Ctrl」キーを利用すると効率的です。

④完了のメッセージが表示されます。

⑤ 10 枚を交換しようとしたのに、9 枚の写真しか指定しなかったので、最後の 1 枚が交換されていません。

⑥ [9] の画像も追加してすべてのクリップを交換しました。

## 表示時間を変更する

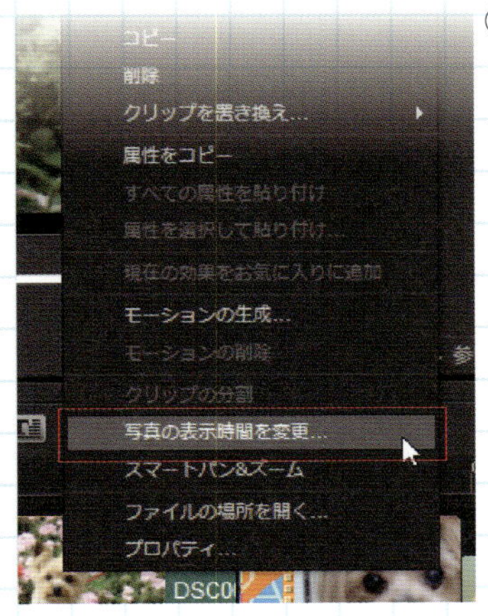


①クリップの表示される時間を変更したいときは、クリップ上で右クリックして、表示されるメニューから「写真の表示時間を変更」選択、クリックします。

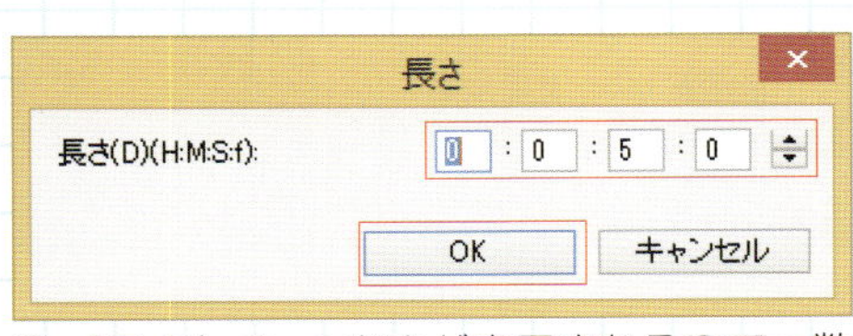


② 「長さ」ウィンドウが表示されるので、数字を変更して、「OK」ボタンをクリックします。

## ＋ タイトルを変更する

タイトルクリップをダブルクリック

タイトルトラックのタイトルクリップをダブルクリックして、タイトルを変更します。くわしい操作はChapter3-11「タイトルを作成する」（→P.87）を参照してください。

## ＋ プレビューウィンドウで確認する

プレビューウィンドウで再生します。ファイルを書き出す場合は「完了」ワークスペースに移動して作業を進めます。

Hint インスタントプロジェクトでは交換するクリップとしてビデオも利用できます。

## テンプレートとして出力する

表示する時間や文字を変更したテンプレートを、また使用したいときなどのためにテンプレートとして保存します。

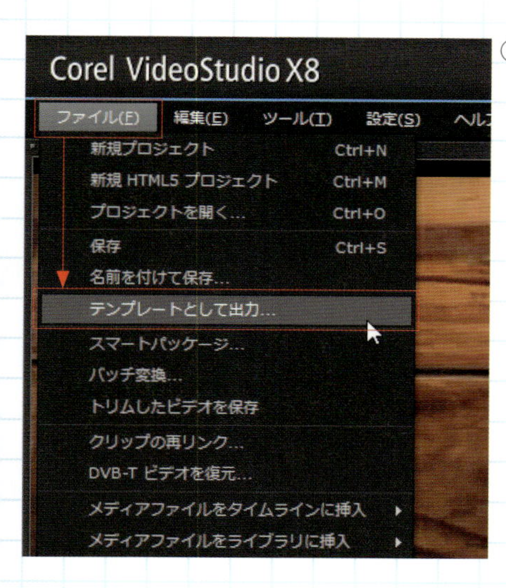


①メニューバーから「ファイル」を選択し、「テンプレートとして出力」選択クリックします。

### Point プロジェクトとして保存する

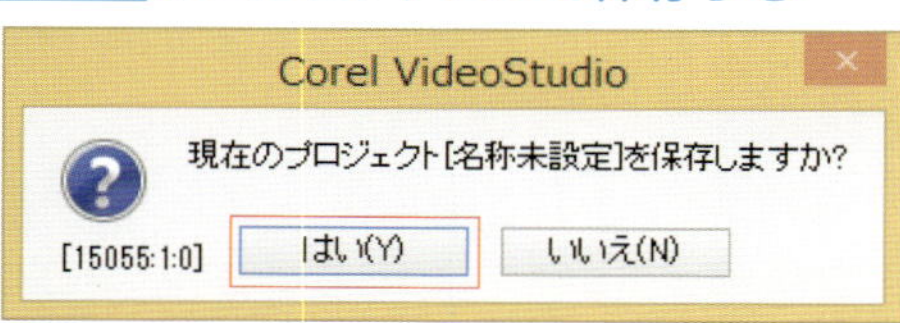


操作を開始してから一度もプロジェクトを保存していない場合は、図のような確認のウィンドウが開くので、「はい」をクリックして保存します。

プロジェクトとして保存する

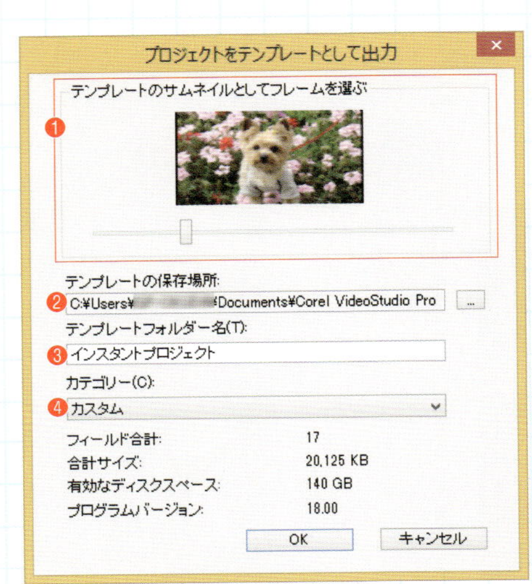


②「プロジェクトをテンプレートとして出力」ウィンドウが開くので、それぞれ設定して、「OK」ボタンをクリックします

1. スライダーを移動して、ライブラリに表示する画像を変更できる。
2. 保存場所
3. テンプレートのフォルダー名
4. インスタントプロジェクトのフォルダーを選択する。

③インスタントプロジェクトの「カスタム」フォルダーに表示されました。

## フォルダーの保存場所

「テンプレートとして出力」を使用して保存すると、プロジェクトといっしょに使用した画像や設定ファイルが、フォルダーとして保存されます。

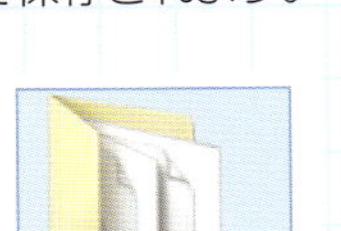


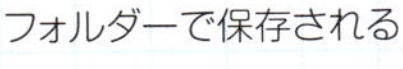
フォルダーで保存される

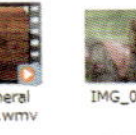

使用している画像ごと保存される

CHAPTER-5-3

# オリジナルなフォトムービーをつくる

テンプレートを利用せずにオリジナルなフォトムービーを作ります。

タイムラインにライブラリからクリップを配置します。

Hint タイムラインには動画も写真も混在して配置できます。

## アスペクト比を調整する

ビデオカメラとデジタルカメラではアスペクト比が異なる場合が多いので、調整します。

### Point アスペクト比とは…

アスペクト比とは縦と横の辺の長さの比率です。AVCHD カメラなどのフルハイビジョンは 16:9、昔のアナログテレビなどは 4：3 です。デジタルカメラも大概の機種は 4：3、一眼レフのカメラでも 3:2 が主流なので、ビデオと同時に配置すると写真のほうには黒い部分ができてしまいます。

①写真をプレビューウィンドウに表示すると、画面に黒い部分がある。

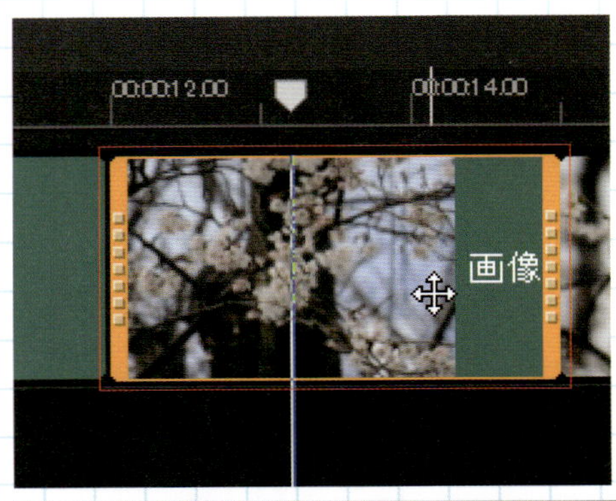


②タイムライン上のクリップをダブルクリックして、オプションパネルを開きます。

クリップをダブルクリック

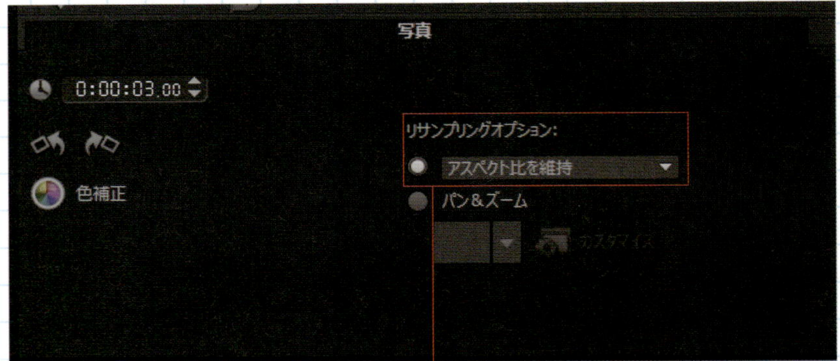


オプションパネル

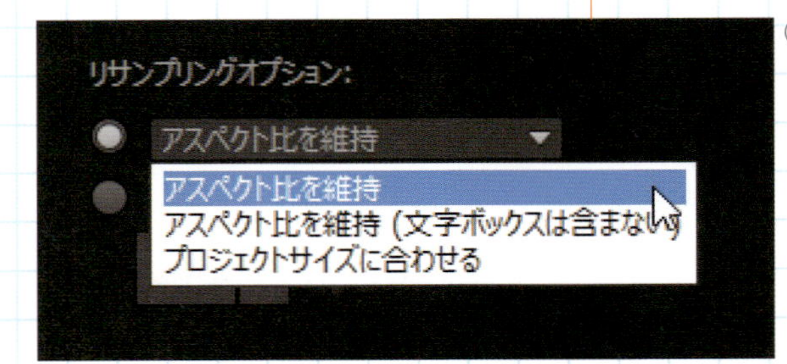


③プレビューウィンドウで確認しながら、「リサンプリングオプション」の「アスペクト比を維持」のプルダウンメニューから選択します。

●画像比較

アスペクト比を維持

現状のまま

アスペクト比を維持
（文字ボックスは含まない）

両側の黒い部分が取り除かれ、花に寄った。

プロジェクトに合わせる

プロジェクトの比率 16：9 に合うように左右に引き伸ばされた。

## ＋ 表示時間を変更する

写真をタイムラインに配置したときは初期設定で、表示する時間が 3 秒に設定されます。時間を変更するときは 3 つの方法があります。

①タイムラインのクリップを選択してタイムコードで、変更する。

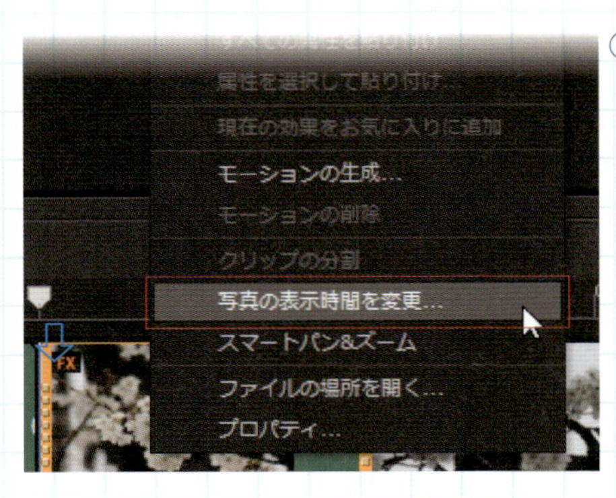


②タイムラインのクリップ上で右クリックをして、表示されるメニューから「写真の表示時間を変更」を選択します。つづけて「長さ」ウィンドウが開くので、時間を変更します。

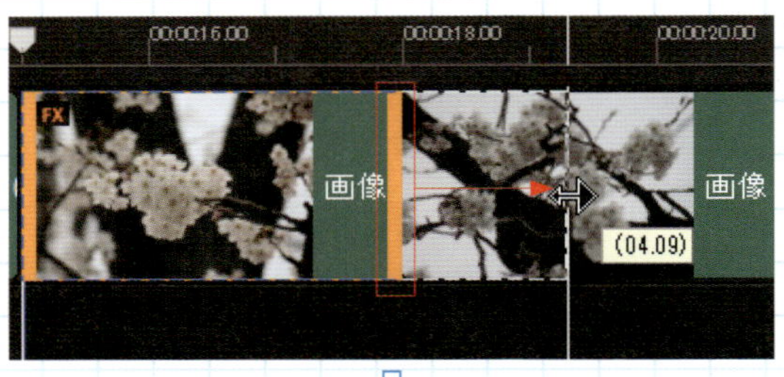


③タイムラインのクリップをドラッグして、表示時間を延ばすことも可能です。

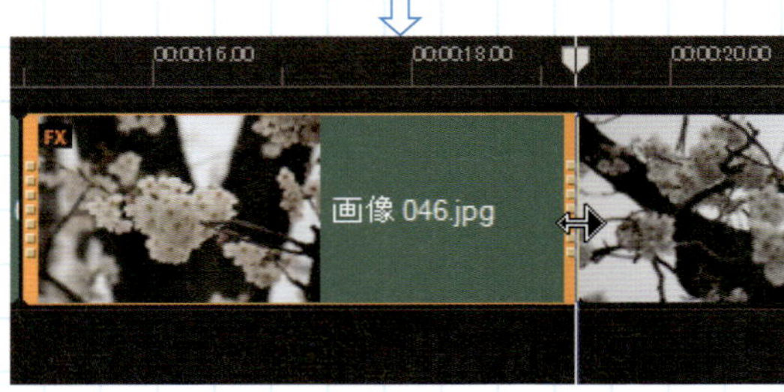

## 色を補正する

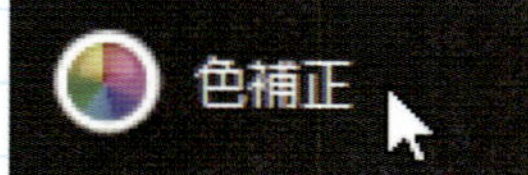


①「色補正」ボタンをクリックします。

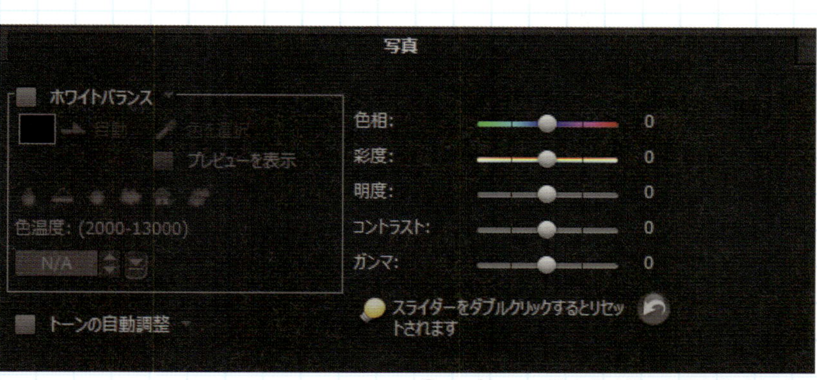


②オプションパネルが切り替わりました。

## ホワイトバランスの調整

ホワイトバランスとは画像の中の白を基調にして、ほかの色を調整する機能です。

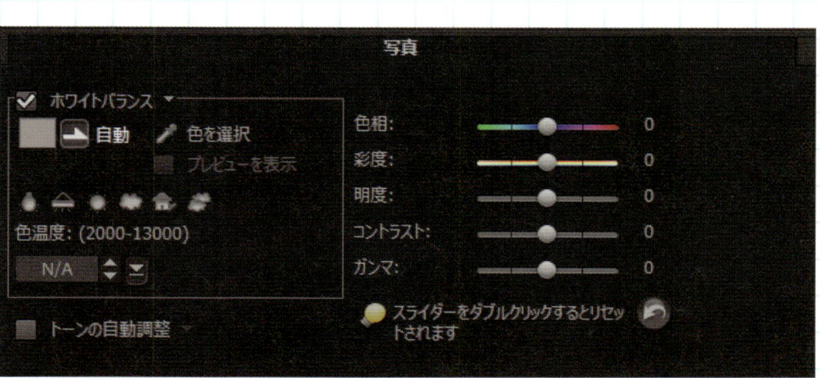


①「ホワイトバランス」のチェックボックスにチェックを入れると、自動で、ある程度は調整されます。

元の画像

自動で調整

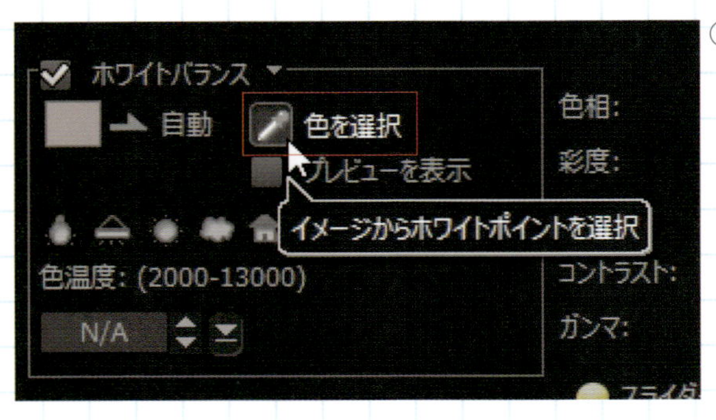


②自分で画像の白い部分を選択することもできます。「色を選択」をクリックします。

③カーソルがスポイトの形に変わるので、プレビューウィンドウに移動して、基調となる白を選択します。

元の画像

④色が変わりました。

手動で調整

## Point 色温度

光源の発する色を基に色を調整します。
左から「電球」「蛍光灯」「日光」「曇り」「日蔭」「厚い雲」で、クリックするとその光源下で撮影された場合の色を計算して色味が変化します。

「電球」

## トーンの自動調整

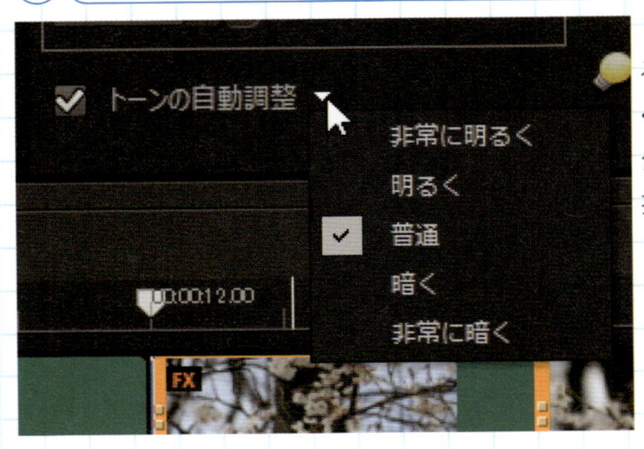


トーンの調整はチェックすると明るさを自動で調整してくれます。また横にあるプルダウンメニューを表示して、指定することが可能です。

## スライダーで調整

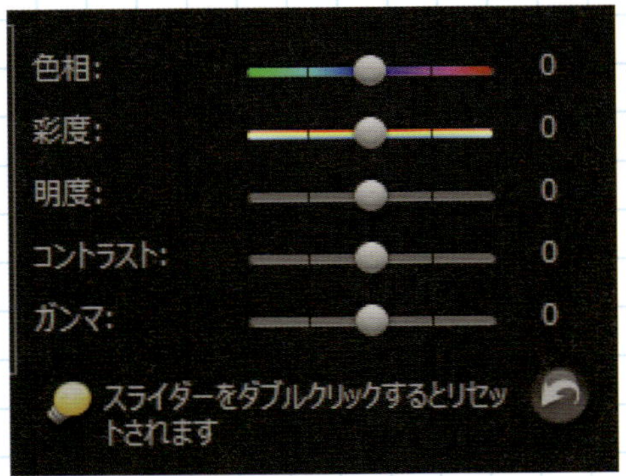


スライダーで詳細に色を調整することも可能です。動かしたスライダーはダブルクリックすればリセットされます。

## パン＆ズーム

撮影用語でパンは固定したカメラを左右に振ること、ズームは被写体を拡大することをいいます。写真はそのままでは動きがないので、パンやズームを設定してビデオのように動きをつけます。

①パン&ズームのボタンをクリックして、有効にします。

②有効にすると、▼をクリックしてテンプレートが選択できるようになります。

③選択するだけで、適用されます。

## Point スマートパン&ズーム

もう一つ簡易的に設定する方法があります。タイムライン上のクリップを右クリックし、表示されるメニューから「スマートパン&ズーム」を選択します。

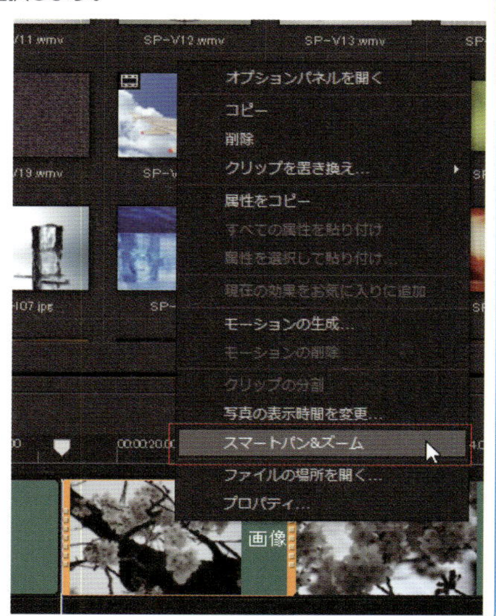

## パン＆ズームをカスタマイズする

パン&ズームをもっと詳細に設定することができます。

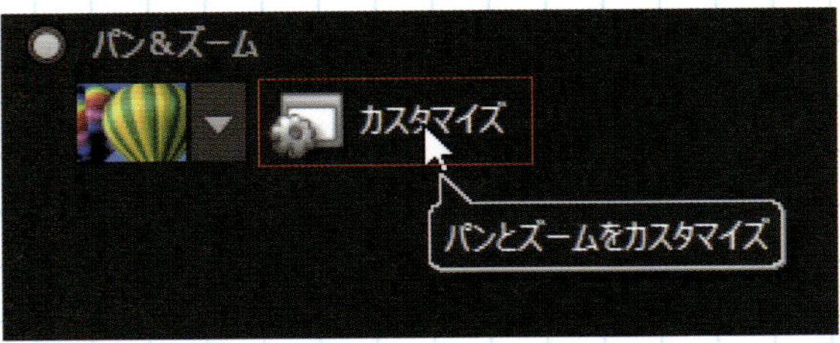


① 「カスタマイズ」ボタンをクリックします。

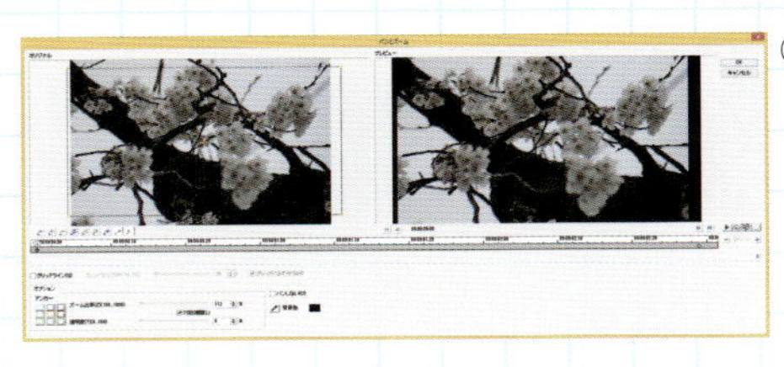

② 「パンとズーム」ウィンドウが開きます。

## 主な機能

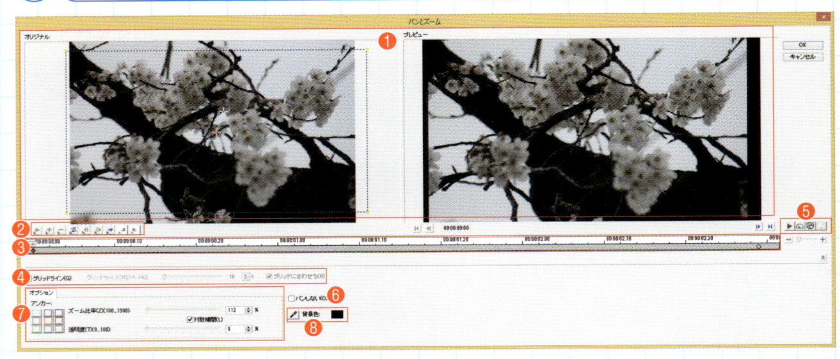


1. プレビュー画面。左がオリジナルで右が適用後の画面。
2. キーフレームの設定ボタン。
3. ジョグ スライダーとバー。キーフレームを追加するとバーに表示される。
4. グリッドラインの表示 / 非表示
5. 左から「再生」「再生速度」「デバイスを有効」「デバイスを変更する」
6. 「パンをしない」チェックするとパンが解除される。
7. 画像を 9 分割してすばやく動作する方向を決定できる。
8. 画像がフレームより小さいときに表示される背景色を変更する。

## オリジナルの画面

オリジナルの画面で操作します。

1 ズームを操作する
2 パンを操作する

①図でドラッグして、点線の囲みを小さくするとズームイン（拡大）になり、逆に大きくするとズームアウト（縮小）されます。

### ●ズームイン

### ●ズームアウト

②十字を動かして、パンの方向を指定します。

## キーフレームの設定

キーフレームを指定するとさらに詳細に動作を指定することができます。

**Point キーフレームとは**

キーフレームとは文字通りキー（鍵）となるフレームのことです。その指定した点から効果を適用したり、今までと違った動作をするように指示を出すフレームのことをさします。

①ジョグ スライダーを移動してキーフレームを挿入したい箇所（そこから画像に変化をつけたい箇所）を、見つけ、「キーフレームを追加」ボタンをクリックします。

②オリジナルの画面のズーム、パンを操作します。

③プレビューでズームとパンの動作を確認して、問題がなければ「OK」ボタンをクリックします。

## Point キーフレームの追加

キーフレームの追加は説明の方法以外に、ジョグ スライダーのバーを直接クリックしても追加できます。またバー上で左右に動かして位置を移動させることもできます。

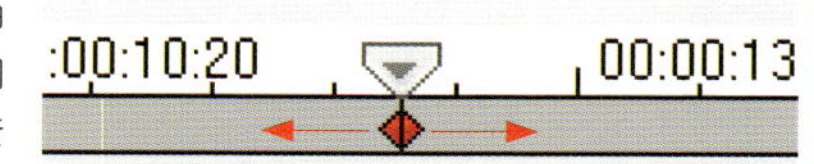


キーフレームは選択しているときは赤く表示されます。

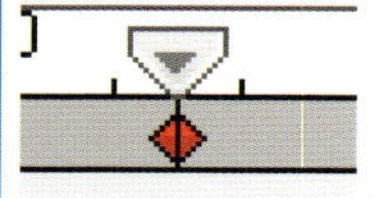

選択しているとき

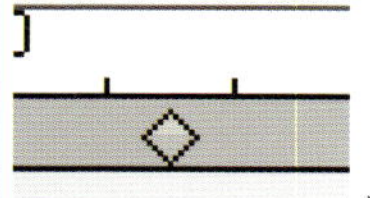

選択していないとき

また削除したいときはキーフレームを選択して「キーフレームを除去」ボタンをクリックします。

## 写真の回転

スマホのカメラなどで撮影すると縦位置（長辺が縦の写真）の画像が多くなったりしますが、VideoStudio X8 はタイムラインに配置したときに自動で判断して縦位置の写真として扱ってくれます。もし横に表示されたときは写真を回転します。

## 写真を回転する

①縦位置で撮影した写真が横に表示されたので、写真を回転します。

②タイムライン上の回転したいクリップをダブルクリックしてオプションパネルを開き、「右に回転」をクリックします。

③縦位置で表示されました。

## そのほかの要素

これで画像に関する設定は完了したので、画像と画像をきれいにつないでくれるトランジションをはじめ、タイトルや、BGM を設定します。これらの設定につては第3章をご覧ください。

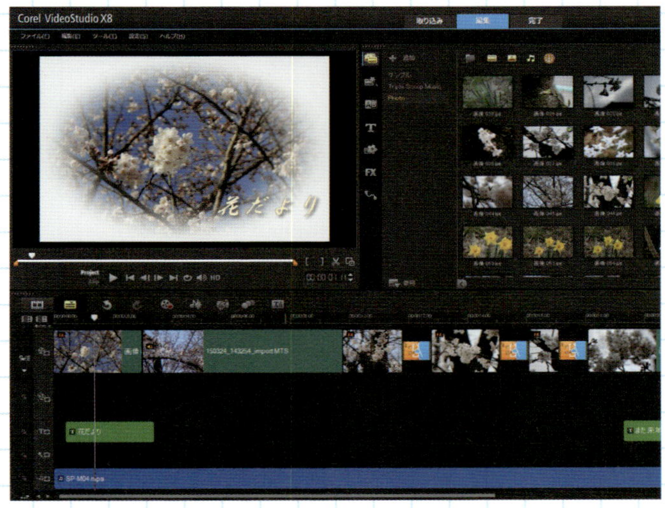


すべての設定が終わったら「完了」ワークスペースに切り替えて、書き出します。

CHAPTER-5-4

# 属性について

クリップの属性について説明します。

## 属性とは

クリップに設定した「フィルター」や「パン&ズーム」などの効果を属性といいます。

写真の属性パネル

ビデオの属性パネル

属性はオプションパネルのタブで切り替えます。

## 属性のコピー

属性はその設定をコピーして、ほかのクリップに適用することができます。写真に設定した「パン&ズーム」の複雑な動きなどをコピーして、別の写真に適用すればまったく同じ動作をさせることが可能になるので、とても便利です。

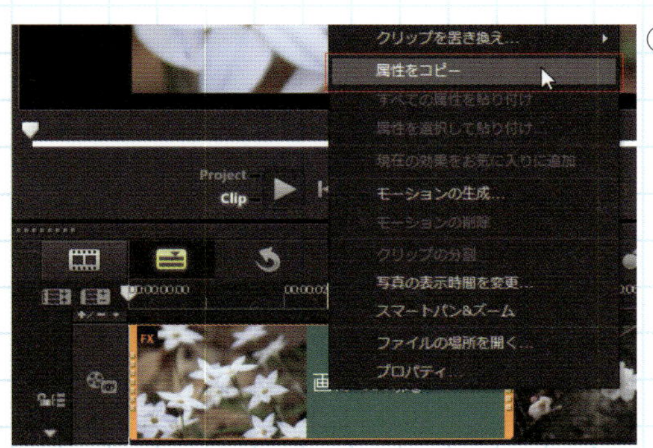


①属性をコピーしたいクリップ上で右クリックし、表示されるメニューから「属性をコピー」を選択、クリックします。

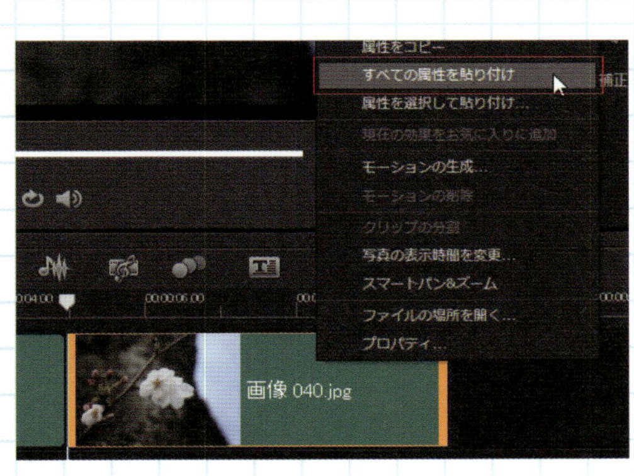


②属性を適用したいクリップ上で、右クリックし、表示されるメニューから「すべての属性を貼り付け」を選択、クリックします。

## 属性を選択して貼り付け

①属性のタイプを選択して貼り付けることもできます。右クリックで表示されるメニューで「属性を選択して貼り付け」を選択、クリックします。

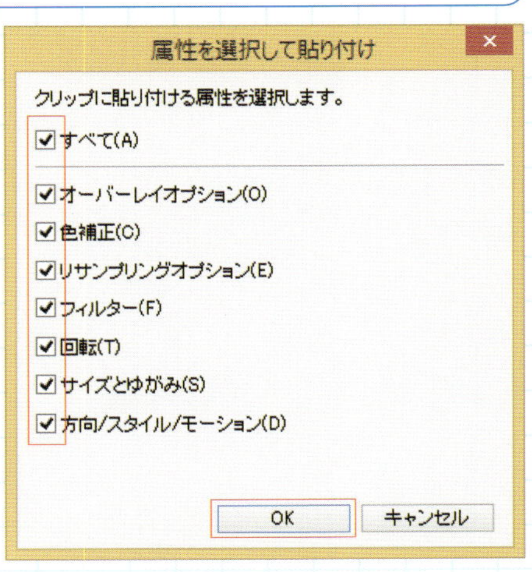


②「属性を選択して貼り付け」ウィンドウが開くので、「すべて」のチェックをはずし、コピーしたい項目をチェックして、「OK」をクリックします。

CHAPTER-5-5

# Corel ScreenCap X8 で画面を録画する

パソコンの画面をキャプチャーできるのが「Corel ScreenCap X8」です。

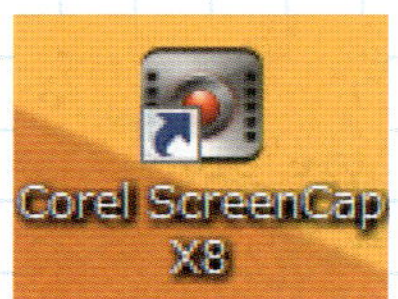


デスクトップのアイコン

アプリ一覧のアイコン

CorelScreenCap X8 を起動します。起動はデスクトップのアイコンをダブルクリックするか、スタート画面のアプリ一覧のアイコンをクリックします。

## 操作画面

起動すると操作画面が開きます。「設定」をクリックすると、詳細設定画面が開きます。

## 詳細設定画面

| | | |
|---|---|---|
| ❶ | 「録画開始」 | クリックして録画を開始する。 |
| ❷ | 「停止」 | 録画を停止する。 |
| ❸ | 録画領域 | 録画領域の指定をする。 |
| ❹ | ファイル名 | 録画するファイルの名前を指定する。 |
| ❺ | 保存先 | ファイルの保存先を指定する。 |
| ❻ | ライブラリへ取り込み | VideoStudio X8 から起動した場合のみ選択できる。( 後述) |
| ❼ | 取り込み形式 | WMV 形式で取り込まれる。( 変更不可) |
| ❽ | フレームレート | 1 秒何コマで録画するかを指定する。 |
| ❾ | オーディオ設定 | 音声、システムの音 (キーボード音など) の有効/無効を切り替える。 |
| ❿ | マウスクリックアニメーション | マウスのクリック動作などをアニメーションで記録する。(後述) |
| ⓫ | F10 / F11 ショートカットキー | キーボードの F10 で録画停止。F11 で一時停止/再開できる。 |
| ⓬ | モニターの設定 | サブモニターがある場合、録画する画面を切り替えることができる。 |

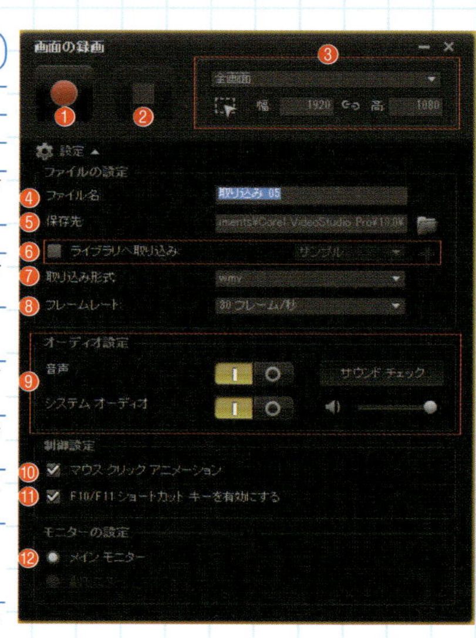

## 録画開始

実際に画面を録画してみましょう。

①「録画開始」ボタンをクリックします。

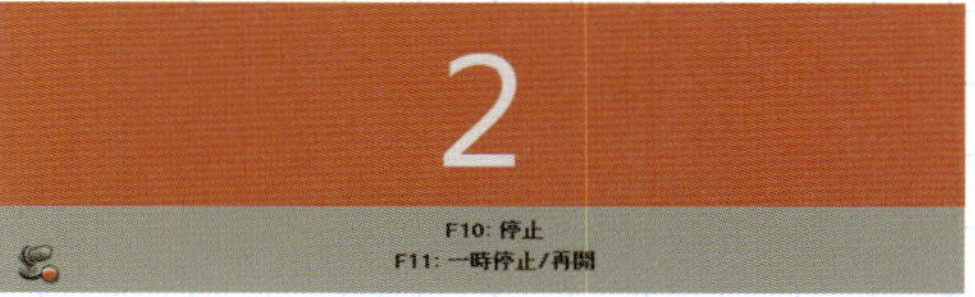


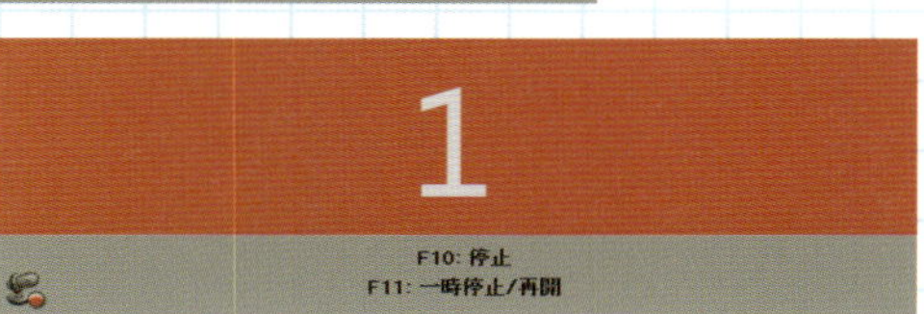


②開始の 3 秒前からカウントダウンが始まります。

一時停止したときのウィンドウ

③一時停止するときはキーボードの「F11」を押します。録画を停止するときは「F10」を押します。一時停止したときは図のようなウィンドウが開くので、再び録画ボタンをクリックするか、「F11」を押すと録画を再開します。

④録画を停止すると保存したファイルのある場所のウィンドウが開きます。

## Point VideoStudio X8 から起動する

先に VideoStudio X8 を起動してから、「Corel ScreenCap X8」を開くと録画したムービーをライブラリに自動で登録することができます。

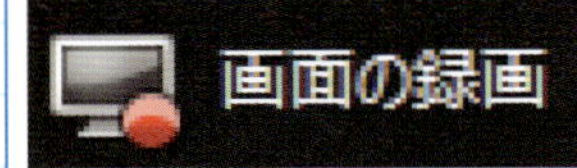

VideoStudio X8 から起動したときのみ選択できる

VideoStudio X8 から起動する方法は「取り込み」ワークワークスペースから「画面の録画」ボタンをクリックするか、「編集」ワークスペースのツールバーにある「記録／取り込みオプション」をクリックして表示されるメニューから同じく「画面の録画」を選択、クリックします。

「取り込み」ワークワークスペースのボタン

「編集」ワークスペースの「記録／取り込みオプション」

## 録画領域の設定

画面の録画する領域を指定することができます。初期設定では画面全体を録画するように設定されています。

①モニター画面の隅の 8 か所に□が表示されているので、これにカーソルを合わせてドラッグします。

②明るい部分しか録画されません。

## Point カーソルのクリックアニメーション

「マウスクリックアニメーション」にチェックを入れると、録画中にカーソルをクリックしたときに図のようなアニメーションの輪が表示されます。

青い輪が広がる

この機能を利用すればパソコンのモニター上で表示される映像はすべて記録することができます。

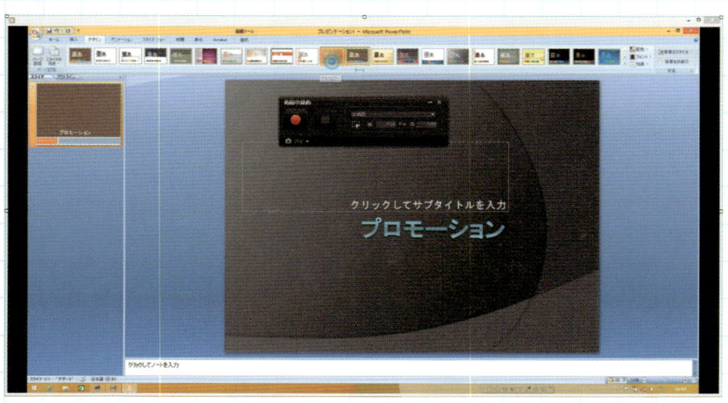


ソフトの使い方を録画して動画マニュアル製作中

CHAPTER-5-6

# ペインティング クリエーターで手書きする

編集中のビデオをキャンバスに見立てて、自由に絵や文字を描いたりできるのが「ペインティング クリエーター」です。

タイトルの文字も手書きにすると、それだけでひと味違った味わいのある作品になります。

## 起動する

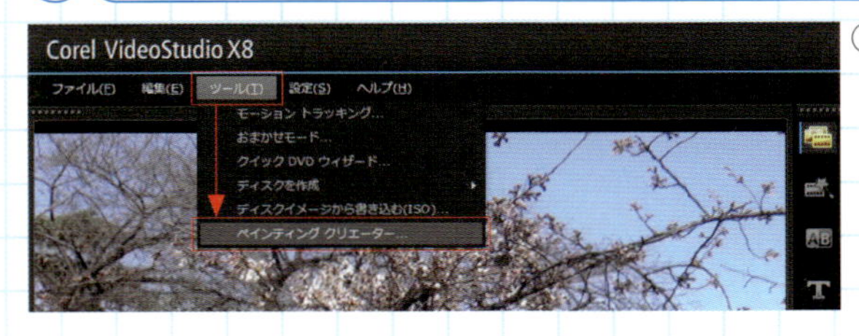


①「ペインティング クリエーター」の起動はメニューバーの「ツール」から実行します。

②起動しました。背景にはタイムラインにあるクリップが表示されています。

## 主な機能

各ボタンの主な機能を説明します。

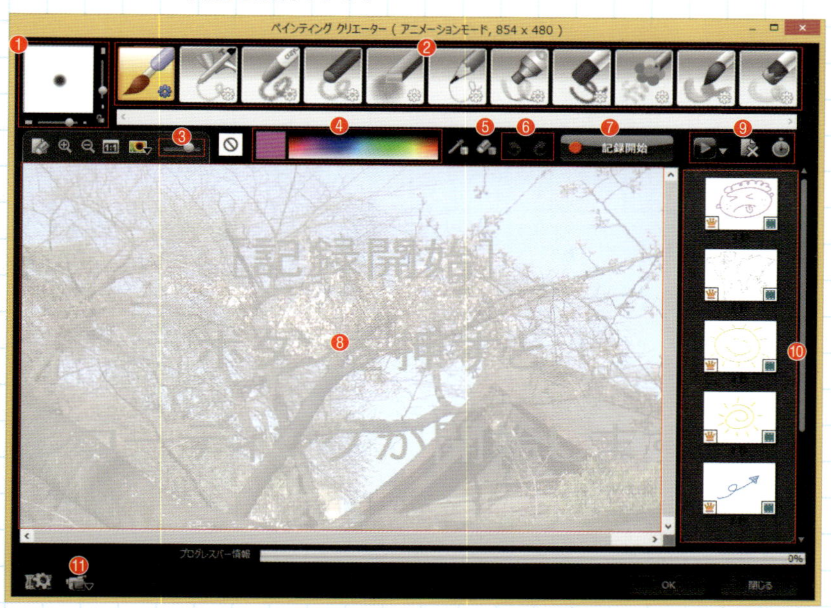


❶ 筆の太さを指定する。

❷ 筆の種類を選べる。

❸ 背景の透明度を調整する。

❹ 描写色を指定する。

❺ 消しゴム

❻ 「元に戻す」「やり直し」ボタン。

❼ 「記録開始」ボタン。クリックすると「記録停止」に変わる。

❽ ここに描く。

❾ ギャラリーの再生や削除、時間の変更をおこなう。

❿ ギャラリー。保存するとここに表示される。

⓫ 「アニメモード」「スチルモード」を切り替える。

## 絵や文字を描いていく

①筆の種類や描写色、太さなどを指定します。

②「記録開始」ボタンをクリックします。

③描いていきます。

Hint 描いている途中の筆の種類や色などは自由に変更でき、その間は記録されません。描画を再開すればその続きから記録も再開されます。

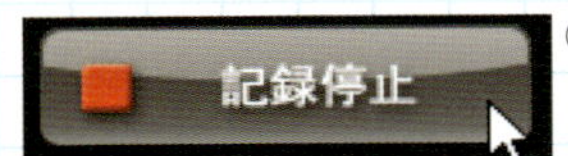


④描き終えたら「記録停止」をクリックします。

⑤ギャラリーに保存されます。

### Point 描画したものを確認

描画したものを確認したいときは、ギャラリーで該当のものを選択し、再生ボタンをクリックします。

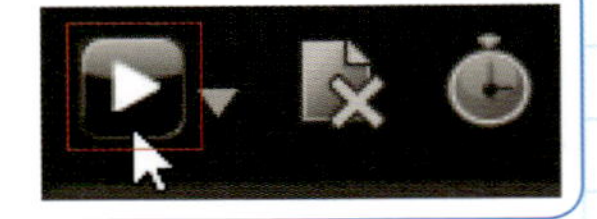

⑥下段にある「OK」ボタンをクリックします。

⑦描画したものが再生されながら、アニメーションとして生成されます。

⑧生成されたアニメーションはクリップとして、ライブラリに追加されます。

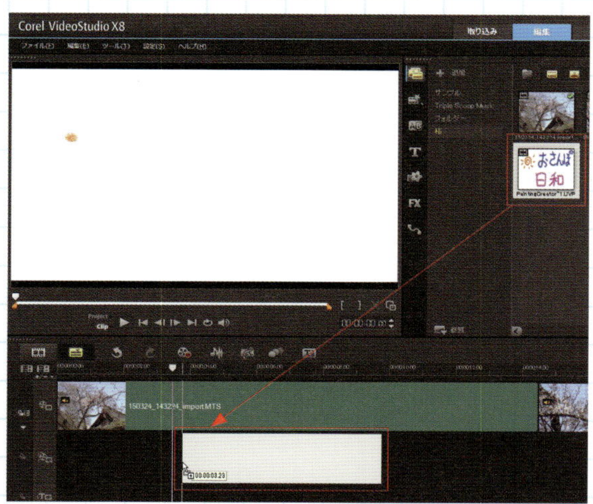


⑨ライブラリからオーバーレイトラックに配置して、利用します。

## Point 時間を変更する

初期設定ではアニメーションの時間は 3 秒です。時間は上段にある「ストップウォッチ」ボタンをクリックして、表示されるウィンドウで変更します。

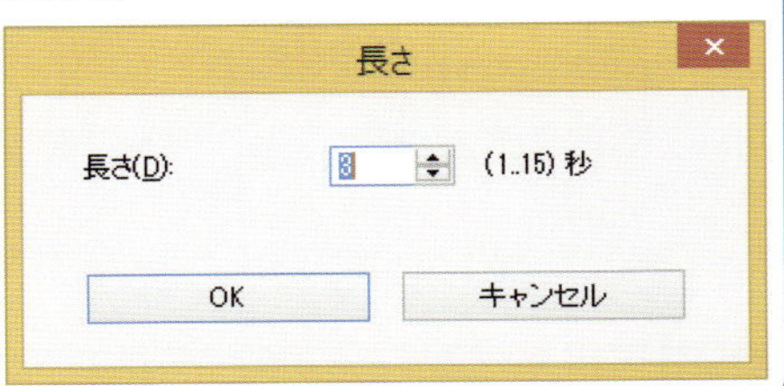


## Point スチル（静止画）に転送する

記録されるのは描画している間だけなので、描き終えた瞬間にアニメーションが終了してしまいます。もう少し画面に表示しておきたい場合は、完成したアニメーションをスチル（静止画）として保存しておくと便利です。アニメーションの後にこの画像を配置すれば、違和感なくしばらくの間、描画の完成形を表示することができます。

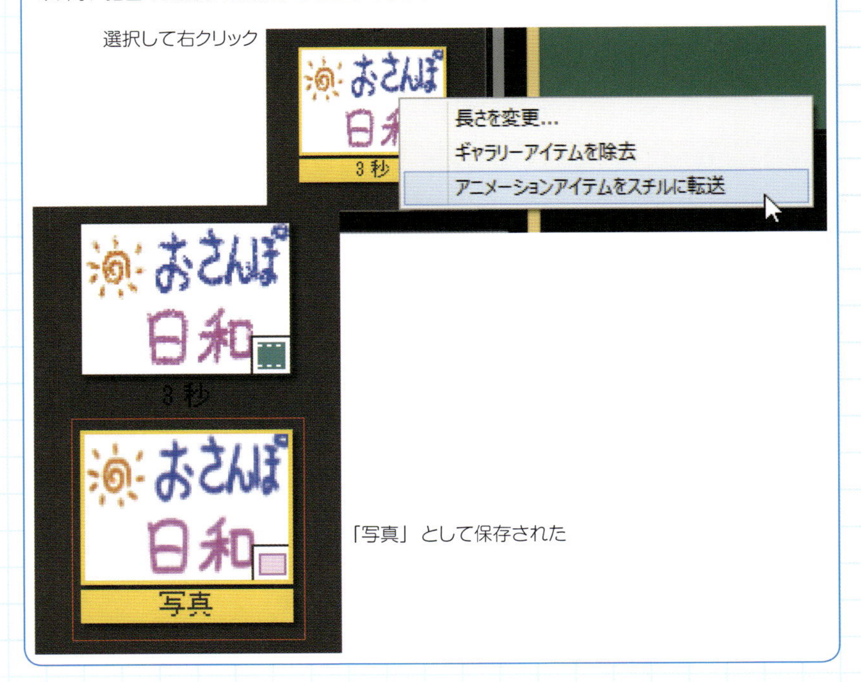

CHAPTER-5-7
# 変速コントロールと再生速度変更

劇的な臨場感を演出するためによく用いられる手法としてスローモーションがあります。動画の流れの一部分のテンポに緩急をつけて動画を盛り上げます。

## 「変速コントロール」ウィンドウを開く

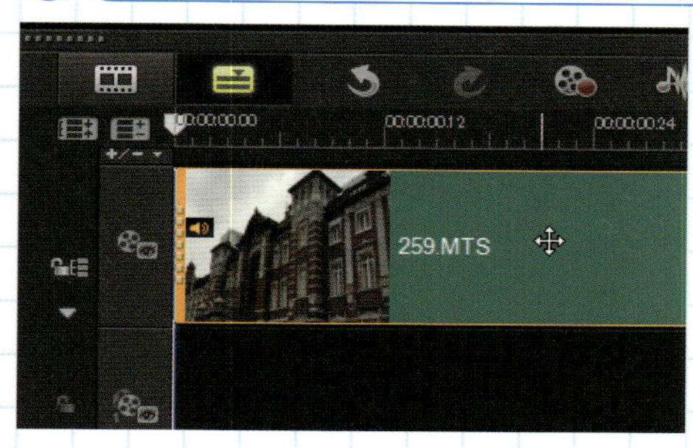


①ビデオトラックのクリップをダブルクリックしてオプションパネルを表示します。

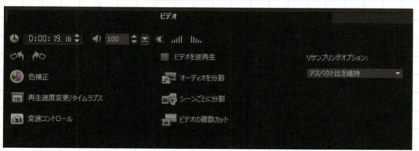


②オプションパネルが開きました。

### Point 再生速度変更との違い

「変速コントロール」と似た機能に「再生速度変更／タイムラプス」というものがあります。後者は「変速コントロール」と違い、ビデオ全体の再生速度を早くしたり、遅くしたりできる機能です。また音声もそれに合わせて変化します。「変速コントロール」の場合は効果を適用した時点で音声はカットされます。

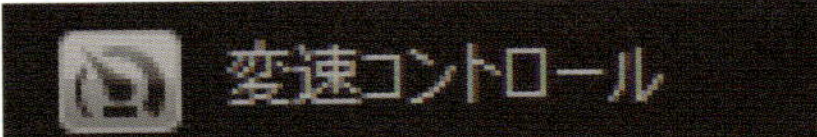


③「変速コントロール」をクリックします。

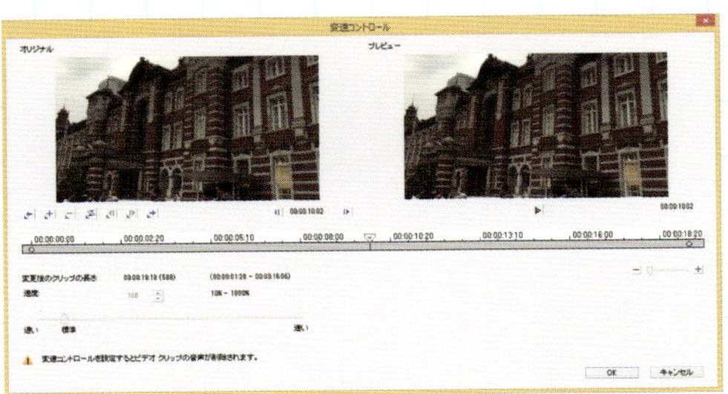


④「変速コントロール」ウィンドウが開きます。

## 主な機能

各ボタンの主な機能を説明します。

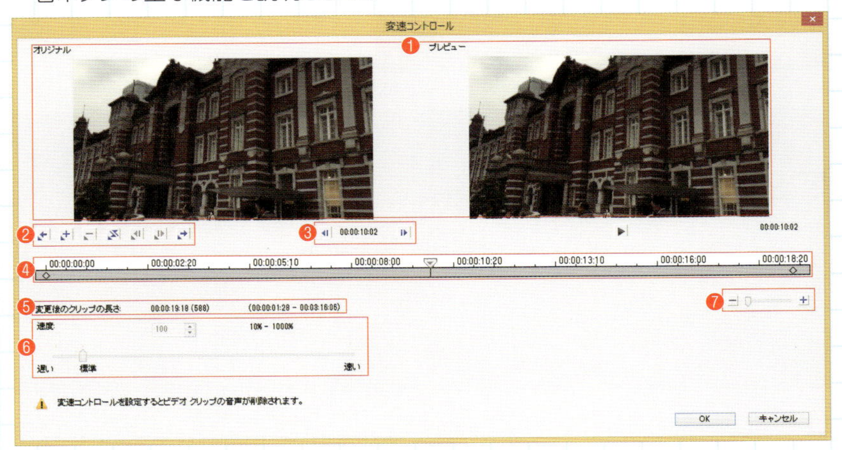


❶ プレビュー画面。左がオリジナルで右が適用後の画面。

❷ キーフレームの設定ボタン

❸ コマ送りボタン。左右のボタンで 1 フレームずつ前後に移動する。

❹ ジョグ スライダー。目的の場所をすばやく見つけられる。

❺ 変更後のクリップの長さ

❻ 速度の調整

❼ ❹のスケールを拡大・縮小する。

## キーフレームの設定

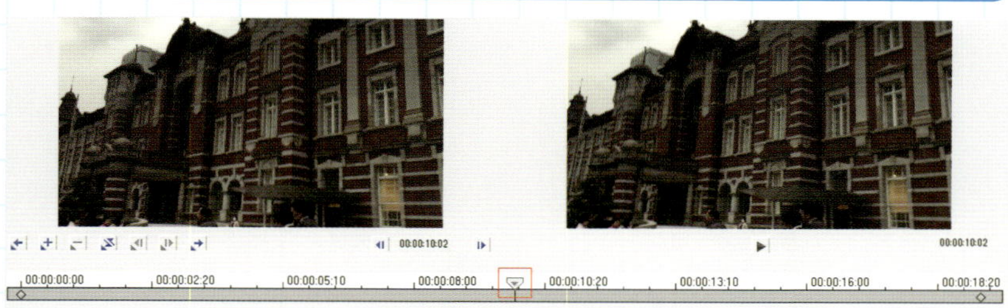


①ジョグ スライダーを操作して、速度の変更を開始したい点を探し出します。

②「キーフレームを追加」ボタンをクリックします。

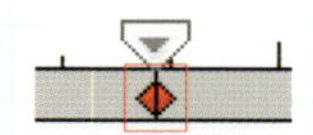

キーフレームが追加された

### Point キーフレームとは

キーフレームとは文字通りキー(鍵)となるフレームのことです。その指定した点から効果を適用したり、今までと違った動作をするように指示を出すフレームのことをさします。

③同様にジョグ スライダーを操作して、速度の変更を終了したい点を探し出し、キーフレームを追加します。

遅い　標準　速い

④再生速度を変更します。ここでは開始点のキーフレームから終了点のキーフレームまでスローモーションにしています。

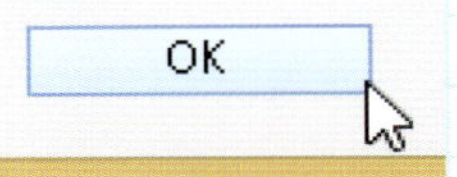


⑤プレビュー画面の下にある再生ボタンで効果を確認して、満足する結果なら「OK」ボタンをクリックします。

## Point キーフレームの追加

キーフレームの追加は説明の方法以外に、ジョグ スライダーのバーを直接クリックしても追加できます。またバー上で左右に動かして位置を移動させることもできます。

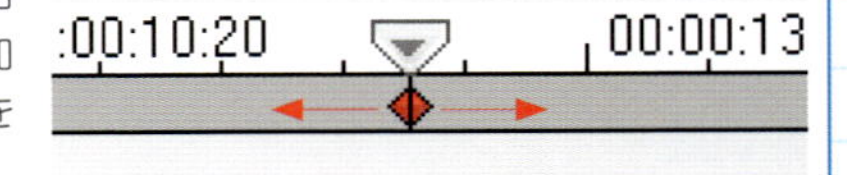


キーフレームは選択しているときは赤く表示されます。

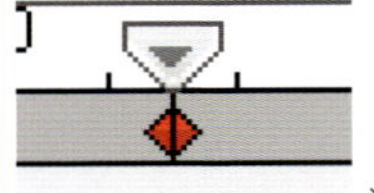

選択しているとき

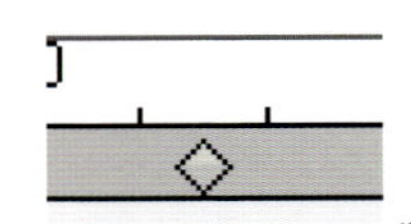

選択していないとき

また削除したいときはキーフレームを選択して「キーフレームを除去」ボタンをクリックします。

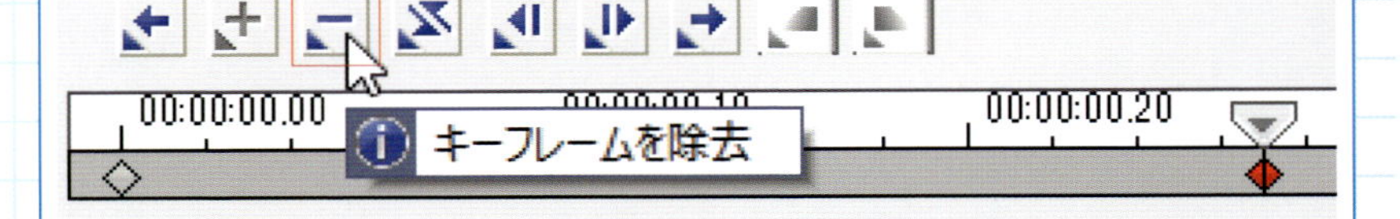

CHAPTER-5-8

# モーショントラッキングで追いかける

動画内のあるポイントを画像が追随して、追いかけていく。ユニークな演出が可能です。

## 起動する

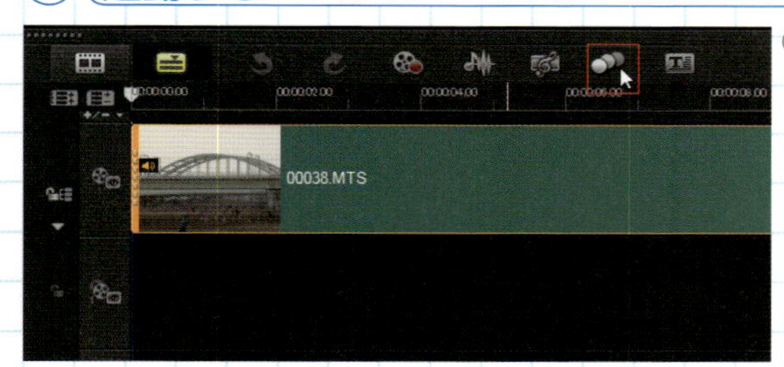


①ビデオトラックにあるクリップを選択して、ツールメニューから「モーショントラッキング」ボタンをクリックします。

②「モーショントラッキング」ウィンドウが開きます。

Hint 開いた直後にはプレビューウィンドウに使い方の説明が表示されます。

## 動画の範囲を指定する

③まず、「モーショントラッキング」を実行したい動画の範囲を指定します。開始点を見つけ、「トラックイン」ボタンをクリックします。続けて終了点を決めて、「トラックアウト」ボタンをクリックします。

Hint　キーボードの「F3(トラックイン)」、「F4（トラックアウト）」を押しても指定できます。

## 適用範囲を指定する

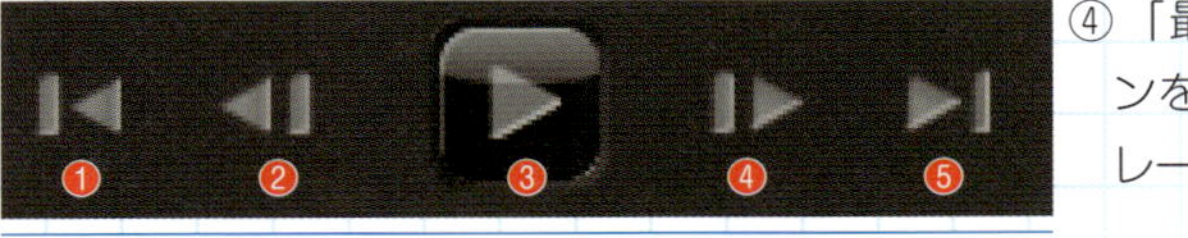

❶ 最初のフレーム
❷ 前のフレーム
❸ 再生
❹ 次のフレーム
❺ 最後のフレーム

④「最初のフレーム」ボタンをクリックして先頭のフレームに戻ります。

⑤図の赤いターゲットマークを追いかけたい対象の部分にドラッグしてドロップします。ここでは列車の車両の窓に合わせています。

周辺が拡大される

## Point エリアで指定する

ここではピンポイントで追いかけたい部分を指定していますが、もっと広い範囲（エリア）で指定したい場合はトラッカーのタイプを切り替えます。

❶ ピンポイントで設定
❷ エリアで設定
❸ モザイクの設定

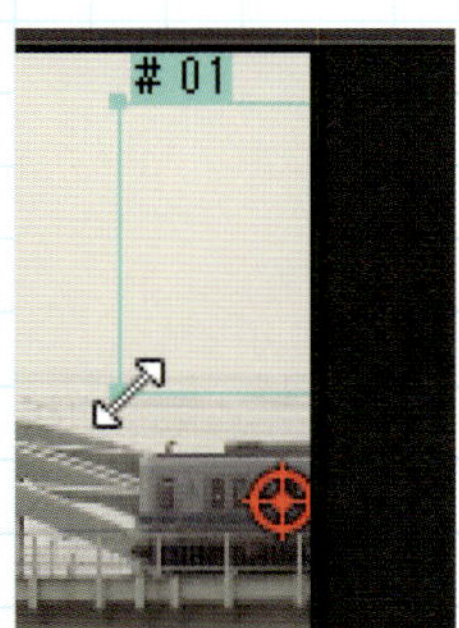


⑥追随する画像エリア（#01）の大きさを調整します。

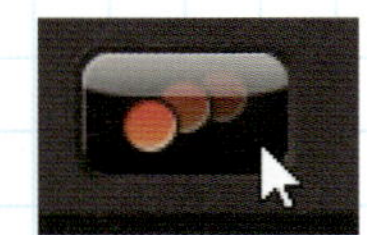

⑦「モーショントラッキング」ボタンをクリックします。

⑧図のように設定したポイントを追いかけて、軌跡が記録され、追随する画像エリア（#01）もいっしょに移動します。

モーショントラッキングを実行するとオレンジ色のバーが水色に変わる

**Hint** トラッカーの設定を何か変更した場合、必ず「モーショントラッキング」ボタンをクリックしてください。

## Point トラッカーは複数設定できる

トラッカーは一つの動画に複数設定することも可能です。増やす場合は「+」ボタンをクリックします。

トラッカー01
新しいトラッカーを追加
トラッカー

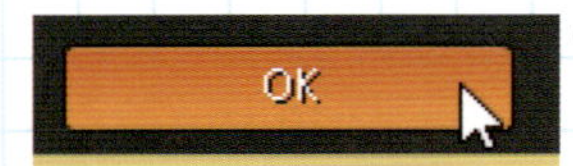


⑨「OK」ボタンをクリックして、ウィンドウを閉じます。

## オーバーレイトラックの画像を交換する

⑩タイムラインのオーバーレイトラックにクリップが追加され、ビデオトラックのクリップ上部にモーショントラッキングを設定したという印の青いラインと冒頭の画像にもマークが表示されます。

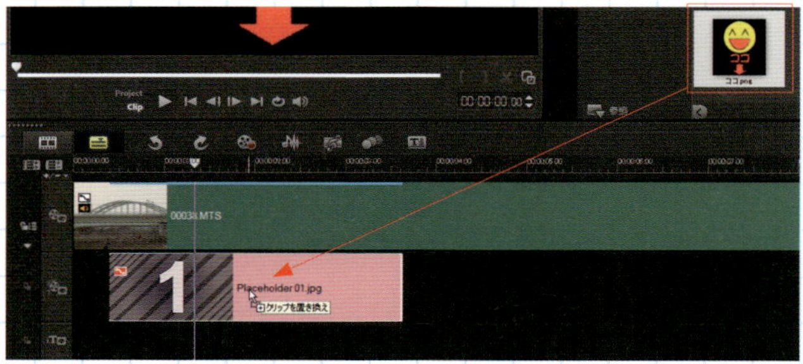


⑪オーバーレイトラックの画像を交換します。ライブラリにあらかじめ用意した画像をドラッグしてドロップする前にキーボードの「Ctrl」キーを押して図のように「クリップを置き換え」という文字を確認してから、マウスの指を離します。

Hint 「Ctrl」キーを押さずにドロップすると、置き換えにならずオーバーレイトラックにあるクリップの前後に挿入されます。

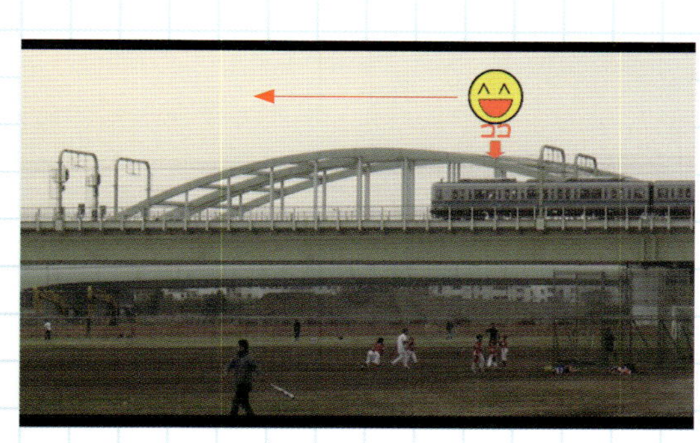


⑫「Project」モードで再生して確認します。

列車の進行に合わせて画像も移動

## モーショントラッキングを削除する

①「モーショントラッキング」ウィンドウを開きます。

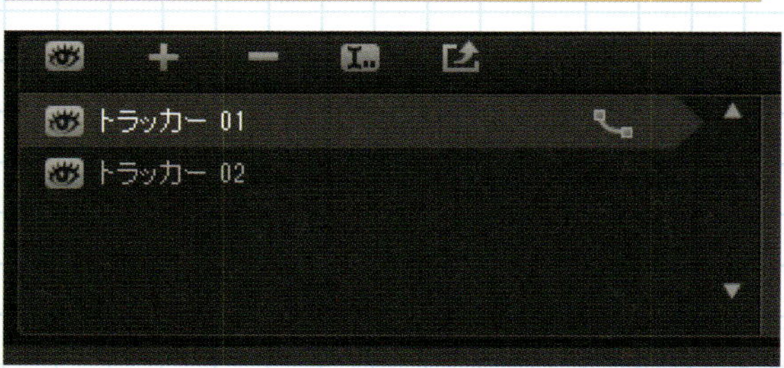


②新しいトラッカーを追加します。

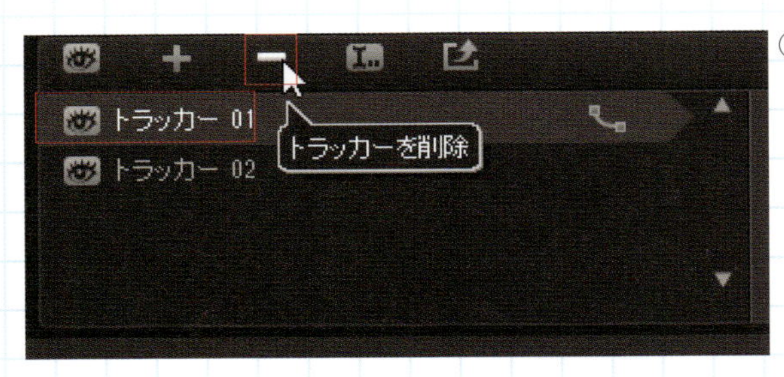


③トラッカー 01( 削除したいトラッカー）を選択して「−」ボタンをクリックして削除して、「OK」ボタンをクリックします。

④クリップのマークが消える。

Hint トラッカーが 1 個しかないと、「−」ボタンがアクティブにならず削除すことができないので、新しいトラッカーをあえて足して、元のトラッカーを削除しています。

## Point モザイクをかける

モザイクをかける場合も手順はほぼ同じです。

モザイクの大きさは数字で指定します。20 を最大値として小さくするほど細かいマスになります。

またX8 からはモザイクの形を長方形か円形かを選べるようになりました。新機能

モザイクを適用した映像

CHAPTER-5-9

# 「モーション」の生成でクリップに動きをつける

クリップにモーション(動き)をつけて、斬新な映像をつくります。

## ツールバーの「パス」を利用する

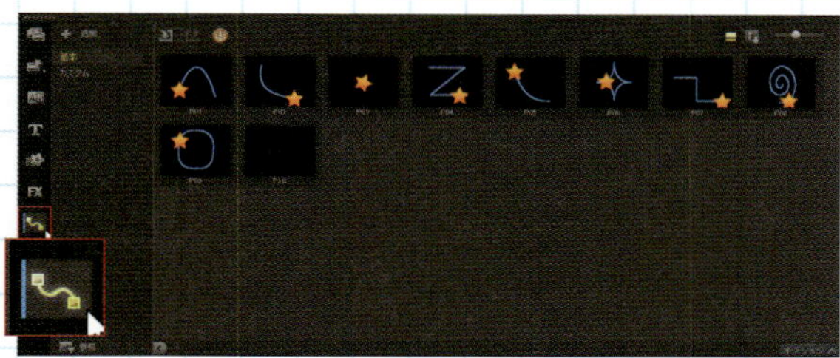

①ツールバーの「パス」を選択すると、ライブラリパネルにテンプレートが表示されます。

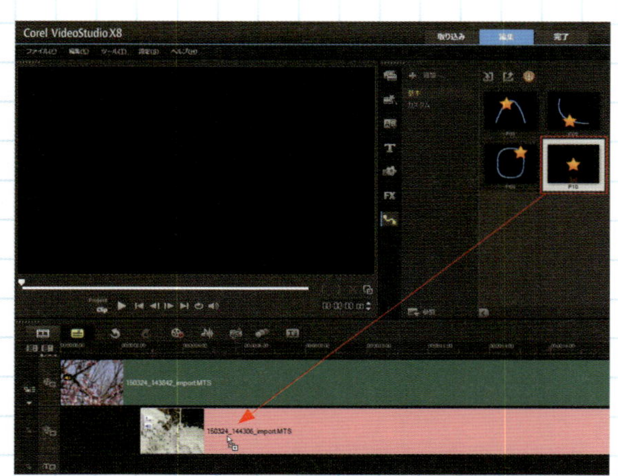


②気に入ったテンプレートを選択してクリップにドラッグアンドドロップします。ここでは「P10」を選択しています。

③「Project」モードで再生して、効果を確認します。

Hint 「P10」は画面奥からクリップが回転しながら現れて、クリップの下には水面に反射して、クリップが映りこんでいるように見えます。

## カスタマイズする

これらの効果をカスタマイズすることができます。

①「パス」を適用したクリップ上で右クリックし、表示されるメニューから「モーションの生成」をクリックします。

Hint すでにモーションのチェックが入っていますが、もう一度選択します。

②すると「モーションの生成」ウィンドウが開きます。

## 「モーションの生成」ウィンドウ

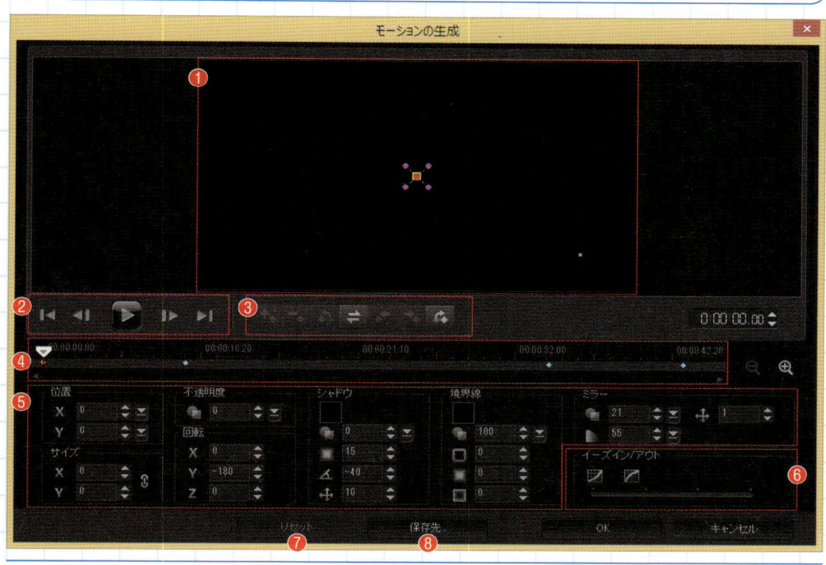


| | | |
|---|---|---|
| ❶ | プレビューウィンドウ | 再生して効果を確認する。 |
| ❷ | ナビゲーション | 再生やフレームを移動する。 |
| ❸ | キーフレーム | キーフレームを操作する。 |
| ❹ | ジョグ スライダーとバー | バーを見るとキーフレームの位置が分かる。 |
| ❺ | 設定項目 | 位置やサイズ、透明度などを設定する。 |
| ❻ | イーズイン／アウト | イーズイン（徐々に加速）イーズアウト（徐々に減速）を指定できる。 |
| ❼ | リセット | 自分が加えた変更をリセットする。 |
| ❽ | 保存先 | 自分の設定したモーションを名前をつけて保存する。 |

### Point グレーアウトしたボタン

「リセット」や❸のボタンなどが薄いグレーで表示されているときは、操作の対象から外れている状態です。必要なとき、または操作可能なときのみアクティブ（明るく）になります。

## モーションを削除する

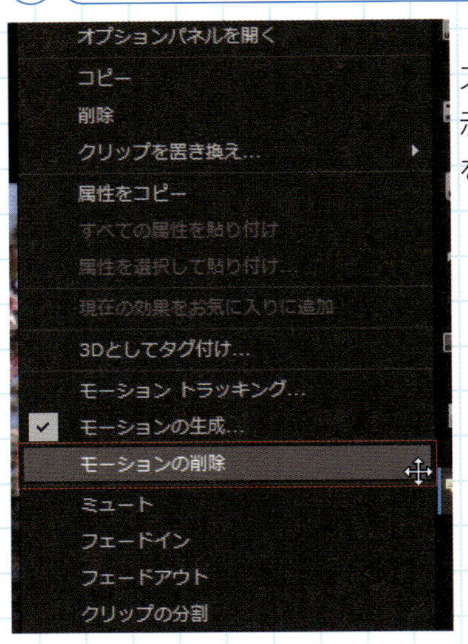


設定したモーションを削除する場合は「パス」を適用したクリップ上で右クリックし、表示されるメニューから「モーションの削除」をクリックします。

### Point 最初から自分でモーションを生成

テンプレートを利用せず、最初から自分でモーションを生成することも可能です。その場合も同じくクリップ上で右クリックし、表示されるメニューから「モーションの生成」をクリックします。

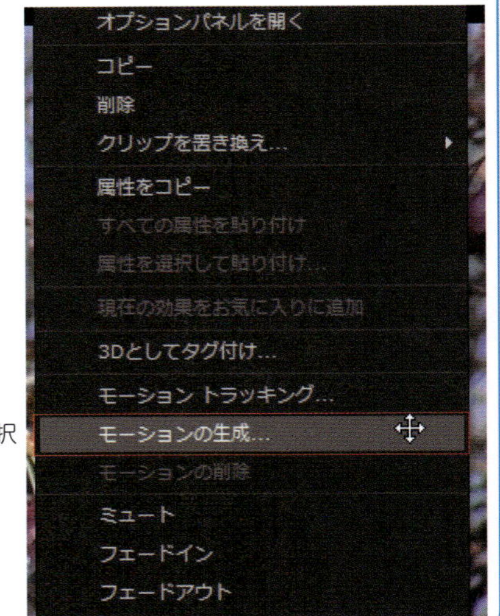


「モーションの生成」を選択

CHAPTER-5-10

# サウンドミキサーでオーディオの調整

オーディオをもっと本格的にアレンジしてみましょう。

## 起動する

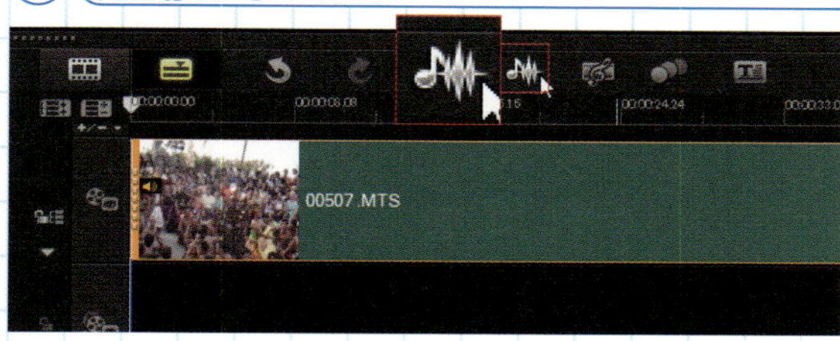


①ツールメニューからサウンドミキサーを起動します。

②ライブラリのオプションパネルに「サラウンドサウンドミキサー」が表示され、タイムラインにあるクリップもオーディオ編集モードに変わります。

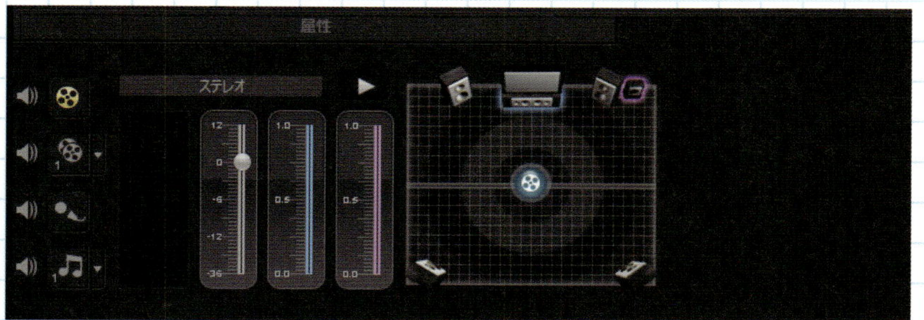


サラウンドサウンドミキサー

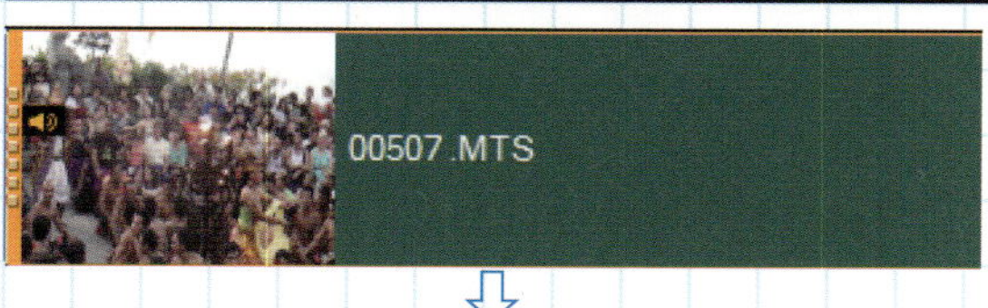


オーディオのウェーブデータが表示される

## サラウンドサウンドミキサー

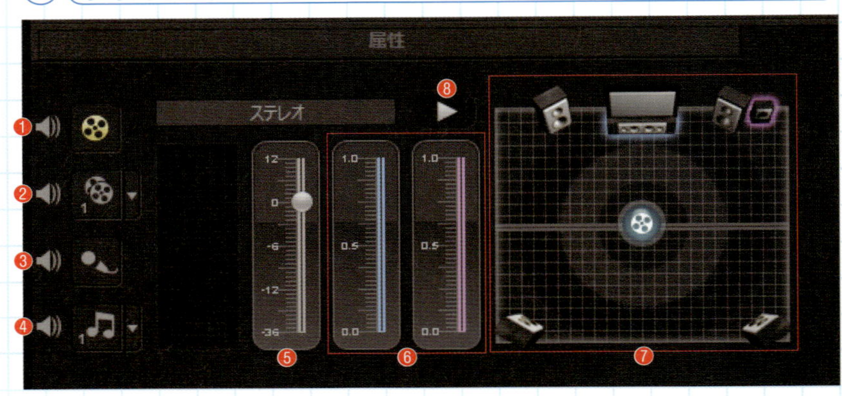


❶ ビデオトラックの音量を調整する。
❷ オーバーレートラックの音量を調整する。
❸ ボイストラックの音量を調整する。
❹ ミュージックトラックの音量を調整する。
❺ 音量
❻ 左右のスピーカーの音量
❼ バランス
❽ 再生ボタン

## ビデオトラックの音量を調整する

①オプションパネルの再生ボタンをクリックします。

Hint プレビューウィンドウの再生ボタンでも同様です。

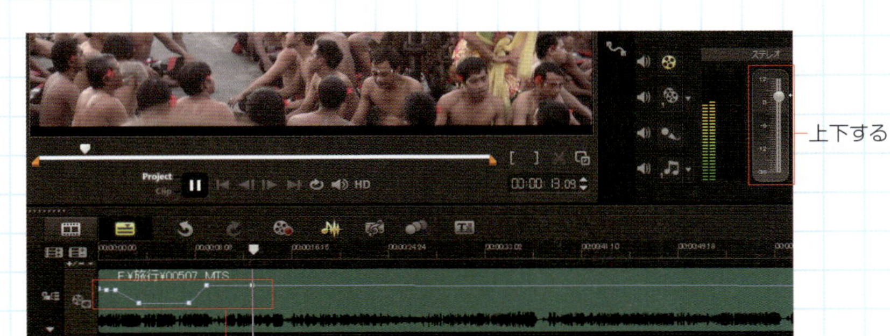


②音量を上下すると、リアルタイムにビデオトラックの音量も変化します。

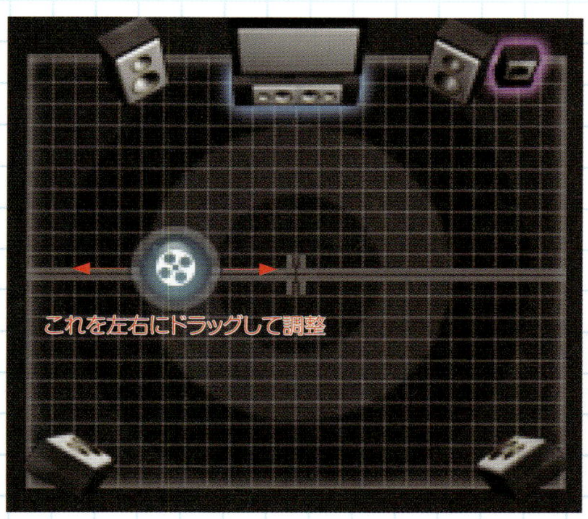


③スピーカーの再生バランスを変えたい場合は図のようにします。



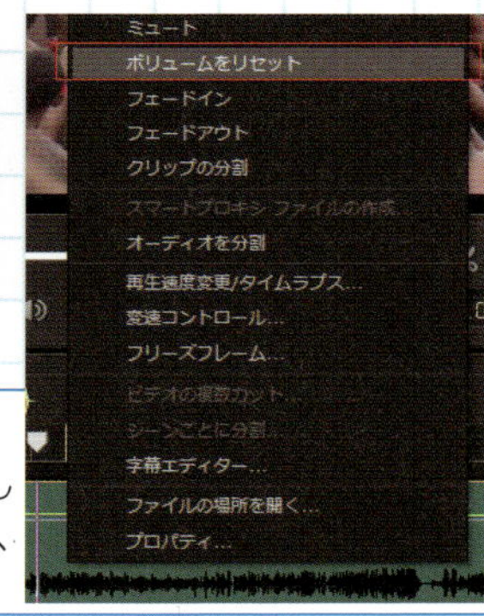


**Point 変更をリセットする**

タイムラインにある音量を変更したクリップ上で右クリックして、表示されるメニューから「ボリュームをリセット」を選択、クリックします。

## 5.1ch サラウンドを設定する

最近のビデオは画質の向上とともに音響も進歩を遂げています。家庭でも手軽に映画館のようなサラウンドシステムを構築できるようになっています。

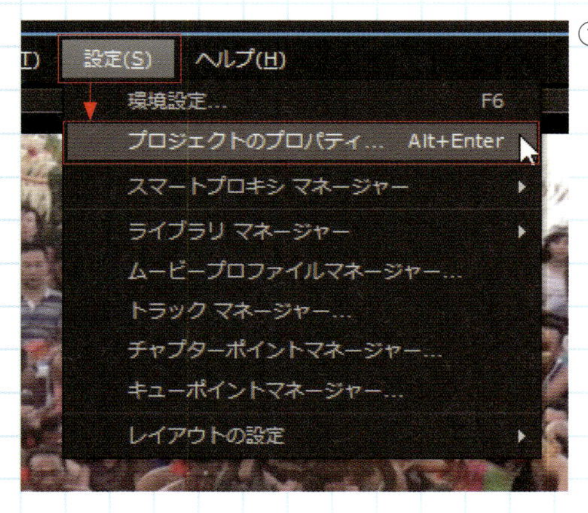


①サウンドミキサーを起動して、メニューバーの設定から「プロジェクトのプロパティ」を選択します。

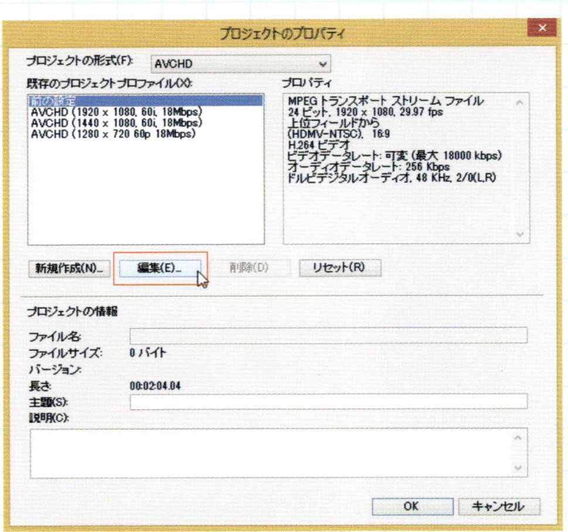


②「プロジェクトのプロパティ」ウィンドウが開くので、「編集」をクリックします。

③開いた「プロファイル編集オプション」ウィンドウのタブを「圧縮」に切り替えます。

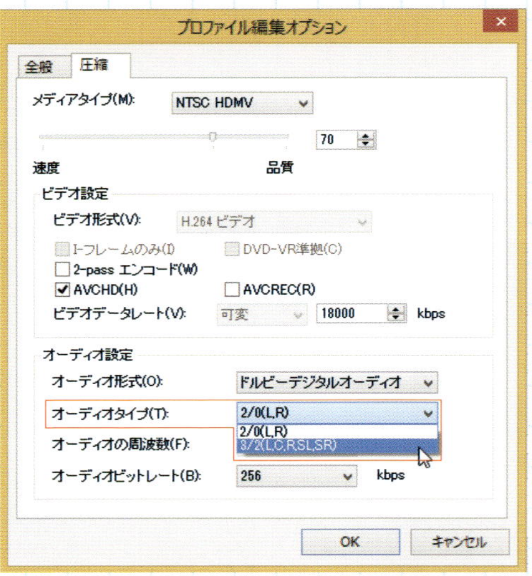


④「オーディオタイプ」のプルダウンメニューから「3/2(L.C.R.SL.SR)」を選択します。

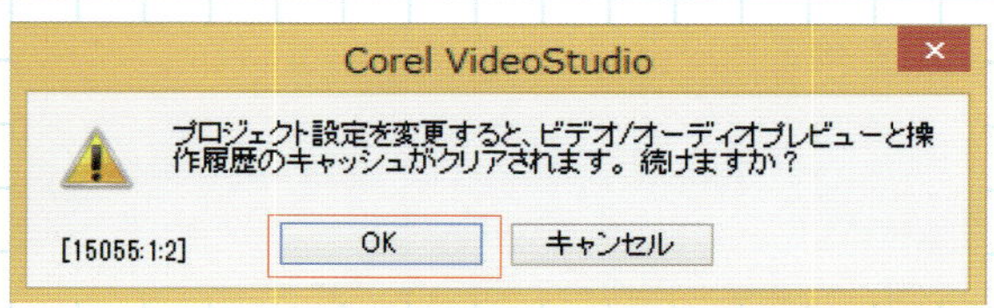


⑤チャンネルを変更すると今までのキャッシュが削除されるという旨のアラートが表示されますが、かまわず「OK」をクリックします。

⑥オプションパネルの「ステレオ」が「サラウンド」に変わります。

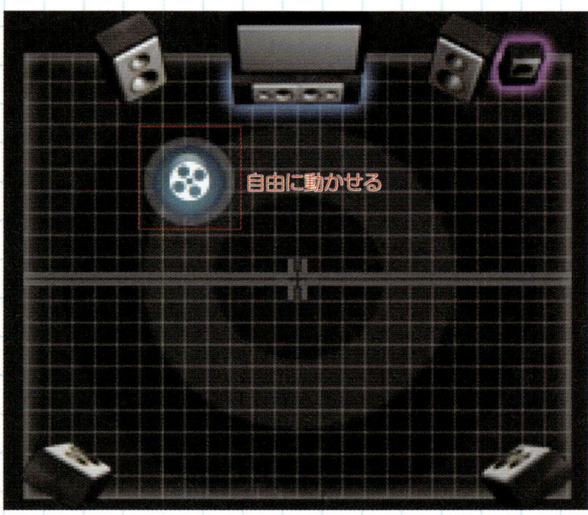


⑦自由に動かせるようになります。

## 視覚的に音量を調整する

①サウンドミキサーを起動して、オーディオ編集モードにします。

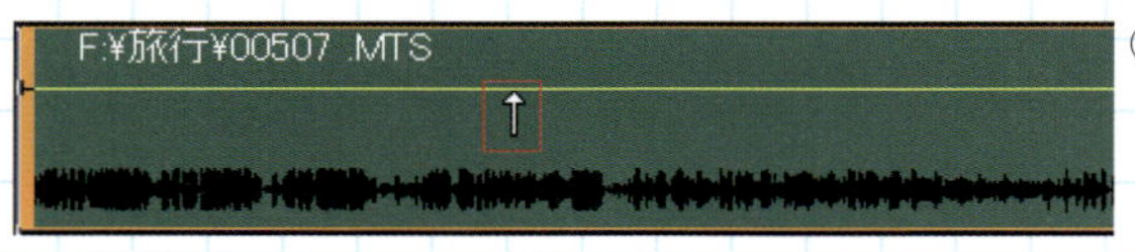


②黄色いライン上にカーソルを持っていくと、カーソルの形が変化するので、その場所でクリックします。

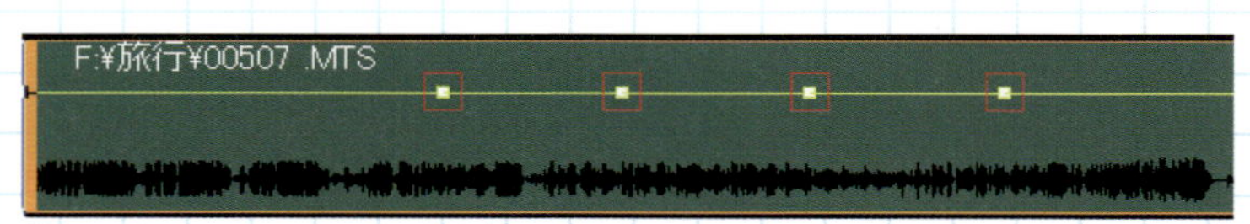


③コントロール用の□が追加されます。同じようにここでは 4 か所クリックして□を追加しました。

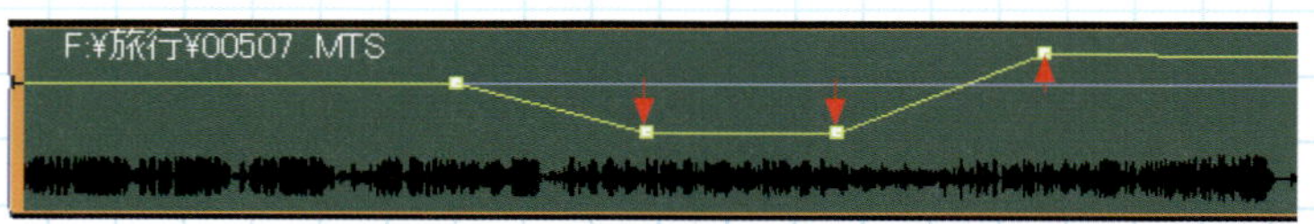


④□をドラッグするとラインが動きます。下に引っ張るとその部分のオーディオの音量が下がり、上に引っ張ると音量が上がります。青いラインが元の音量です。

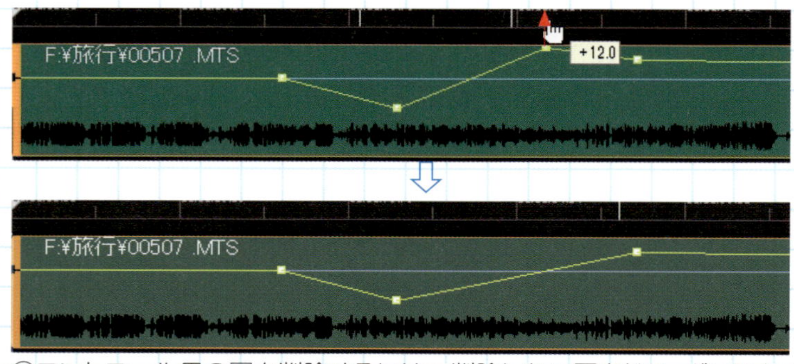


⑤コントロール用の□を削除するには、削除したい□をドラッグしてタイムラインの外へ持っていき、ドロップします。

CHAPTER-5-11

# タイムラプスのような動画をつくる

**時間の経過を短時間で楽しむことができるのがタイムラプスです。**

「タイムラプス」は本来、一定間隔で撮影した静止画をつなげて1本の動画にして楽しむものです。天体や花の開花の様子を映した動画などをよく見ますが、VideoStudio X8では長時間撮影した動画を簡単にタイムラプスのような動画に仕立ててくれます。

①タイムラインに長時間撮影したクリップを置きます。ここでは列車の車窓から撮影した約80分の動画を使用しています。

Hint AVCHDカメラで撮影したビデオはファイルサイズが2GB（標準画質で25分前後）を超えると、自動で分割されます。タイムラプスは一度に1つのクリップにしか適用できないので、AVCHDカメラで撮影した動画は先に1本にまとめておく必要があります。

オプションパネルを開く

②タイムラインにあるクリップをダブルクリックして、オプションパネルを開きます。

③「再生速度変更 / タイムラプス」をクリックします。

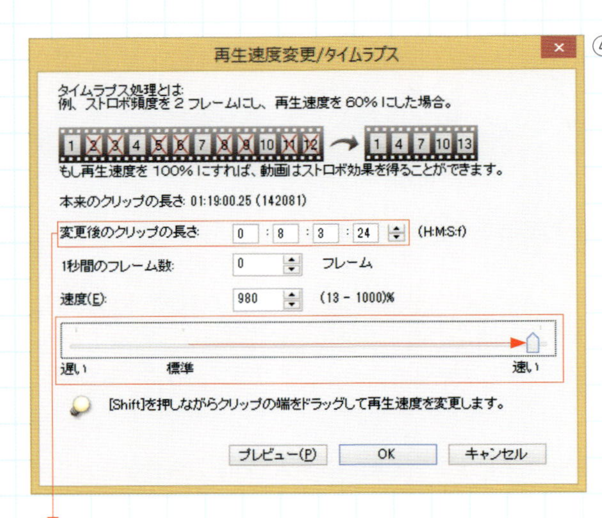


④「再生速度変更 / タイムラプス」ウィンドウが開くので、もっとも効果が上がるよう「速い」を一番右側まで移動して、「OK」をクリックします。

Hint 「変更後のクリップの長さ」の項目を見ると約 8 分に短縮されることがわかります。

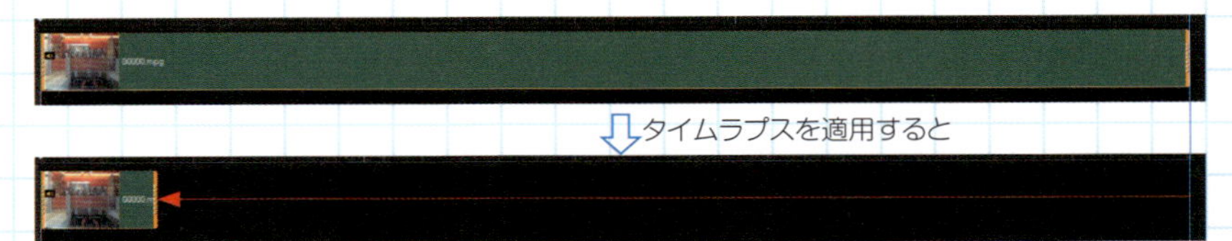


⑤タイムラインにあるクリップの表示が短くなりました。

⑥「Project」モードで再生して確認します。

⑦「完成」ワークスペースに切り替えて、書き出します。

Hint タイムラプスは「速い」を MAX で適用すると、元の約 60%の長さになります。もっと短くしたい場合は書き出した動画を再びタイムラプス適用します。

## Point 連続写真を取り込む

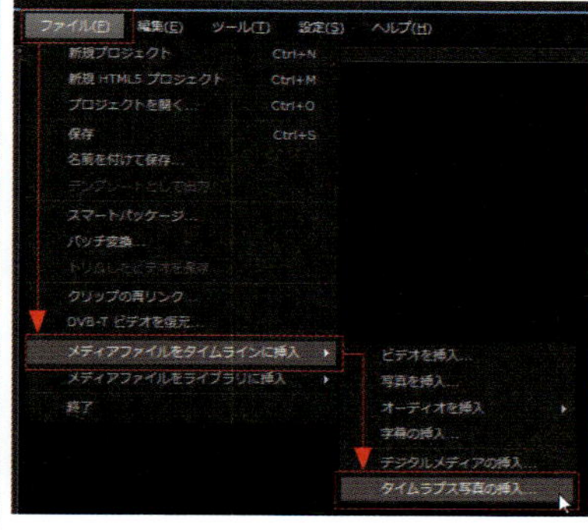


連続写真を取り込む場合はメニューバーから「ファイル」→「メディアファイルをタイムラインに挿入」→「タイムラプス写真の挿入」を選択します。そうすれば必要な写真を一度にタイムラインに取り込め、続けてタイムラプスの設定ができます。

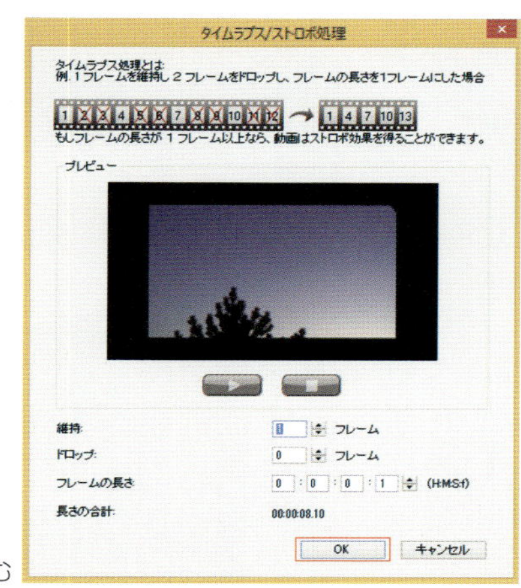


「OK」で取り込む

CHAPTER-5-12

# 「ストップモーション」でつくるコマ撮りアニメ

対応したデジタル一眼カメラや Web カメラ、DV カメラを使用してコマ撮りアニメをつくります。

## 起動する

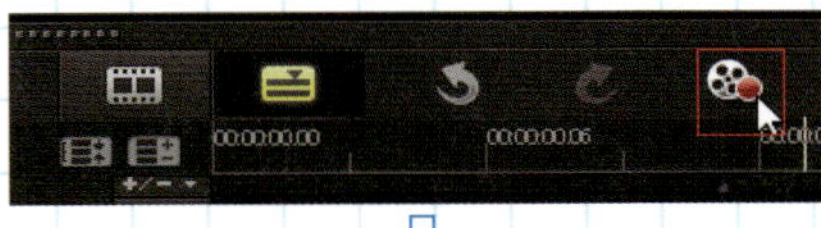

「編集」ワークスペースから起動

①「編集」ワークスペースのツールバーの「記録 / 取り込みオプション」または「取り込み」ワークスペースから「ストップモーション」を起動します。

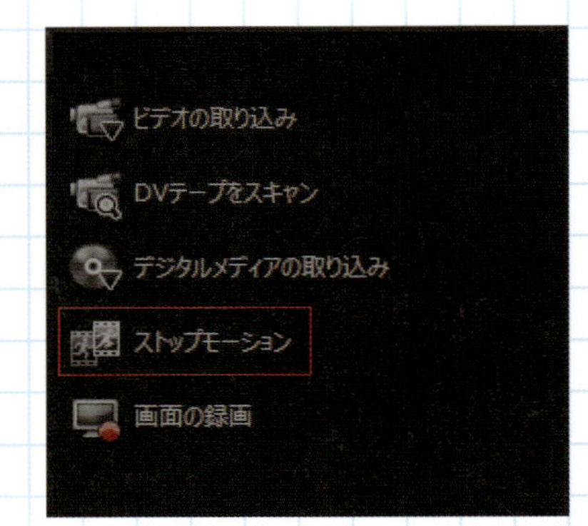


「取り込み」ワークスペースから起動

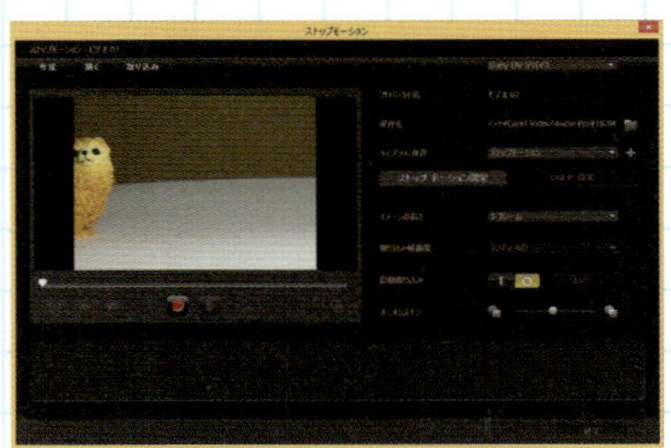


②起動しました。

## 「ストップモーション」ウィンドウ

ここでは撮影用に DV カメラをつないでいます。つないだカメラによって若干表示が異なります。

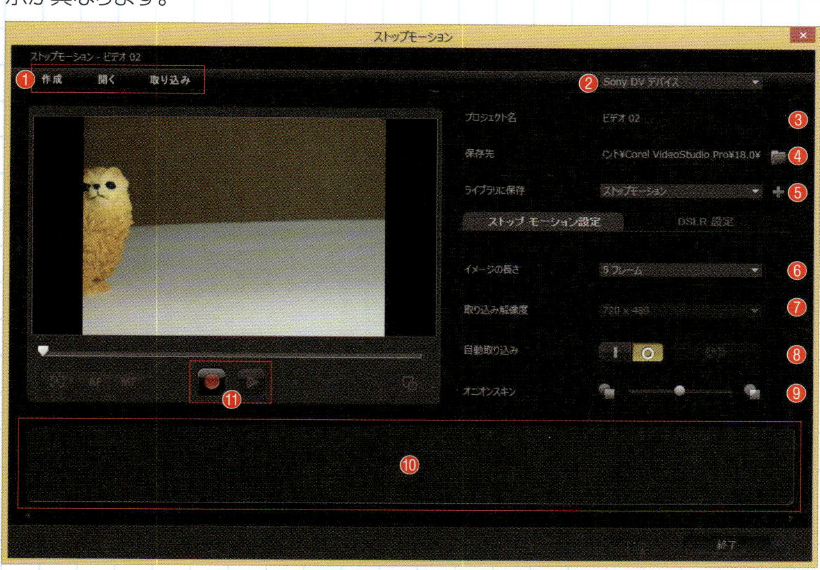


| | |
|---|---|
| ❶ メニューバー | 新規プロジェクトを作成したり、既存の写真などを取り込む。 |
| ❷ デバイスの種類 | つないでいるカメラの種類が表示される。 |
| ❸ プロジェクト名 | 保存するプロジェクトの名前。 |
| ❹ 保存先 | ファイルの保存先（変更可）。 |
| ❺ ライブラリに保存 | ライブラリへの保存先のフォルダー名（「+」で追加可） |
| ❻ イメージの長さ | 1 枚の画像を何フレームとして取り込むかを指定する。初期設定は 5 フレーム。 |
| ❼ 取り込み解像度 | つないでいるカメラによって解像度は異なる。プルダウンメニューで選択。 |
| ❽ 自動取り込み | どのくらいの間隔で取り込むか、それをどのくらいの時間継続するかを指定する。 |
| ❾ オニオンスキン | 次の画像を半透明にして、前の画像を確認でき、作業を容易にするオニオンスキンの透明度を変更できる。 |
| ❿ 撮影画像 | 撮影した画像が表示される。 |
| ⓫ イメージを取り込み / 再生ボタン | 左が撮影、右が再生ボタン |

## コマ撮り撮影

①被写体を撮影します。「イメージを取り込み」ボタンをクリックします。

②撮影した画像が下段に表示されます。

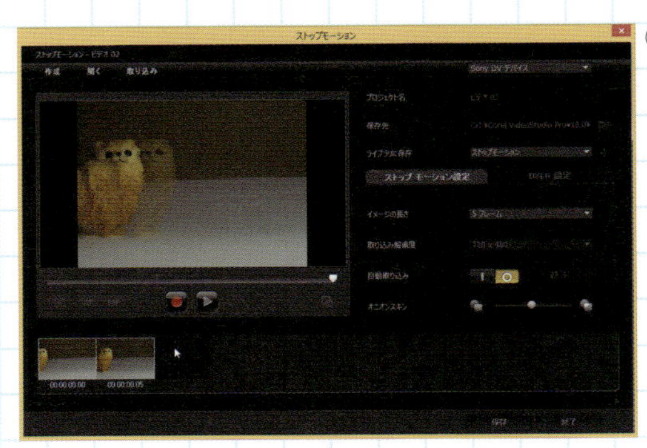

③プレビューウィンドウで前の画像を確認しながら、被写体を少しずつ動かして、イメージの取り込みをくり返します。

保存　終了

④撮影が終わったらまず「保存」ボタンをクリックし、つづけて「終了」ボタンをクリックします。

ライブラリに保存されている

⑤「終了」ボタンをクリックすると、自動的に「編集」ワークスペースに切り替わります。

## ファイルの保存場所

ファイルは撮影した画像といっしょに、初期設定では「ドキュメント」→「Corel VideoStudio Pro」→「18.0」内のプロジェクト名のフォルダーに保存されています。

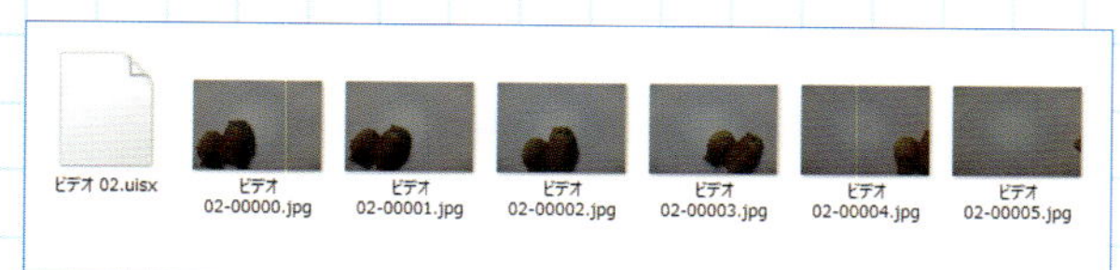


Hint 拡張子 .uisx は Corel 社の独自のアニメーションファイルで、VideoStudio X8 では通常の動画と同じように扱えます。

## 自動取り込み設定

「自動取り込み設定」はどのくらいの間隔で取り込むか（取り込み頻度）、それをどのくらいの時間つづけるか ( 合計取り込み時間）を指定します。

①「自動取り込み設定」を有効にします。

②設定画面を開きます。「時間を設定」ボタンをクリックします。

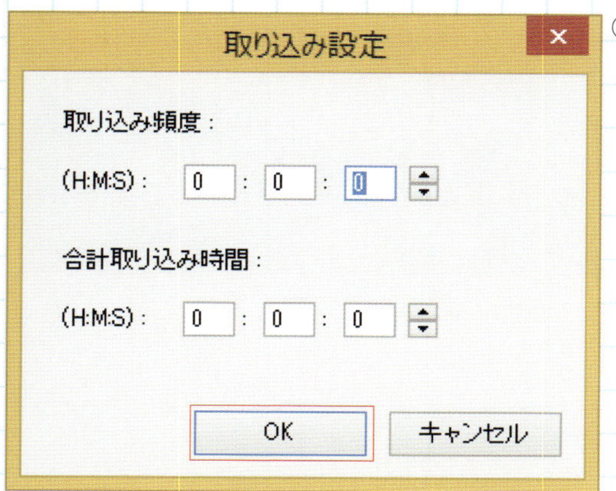


③それぞれ時間を設定します。設定が終了したら「OK」をクリックします。

④「イメージ取り込み」ボタンをクリックすると、撮影がスタートします。

## 撮影途中に再生して確認する

①撮影している途中に、状況を確認したいときは、「再生」ボタンをクリックします。

②すると「イメージ取り込み」ボタンが図のように変化します。確認が終わって、ボタンをクリックすると、そのまま撮影が再開され、つづきの画像を撮ることができます。

### Point DSLR 設定

対応した一眼レフカメラを利用していれば「DSLR 設定」ができます。

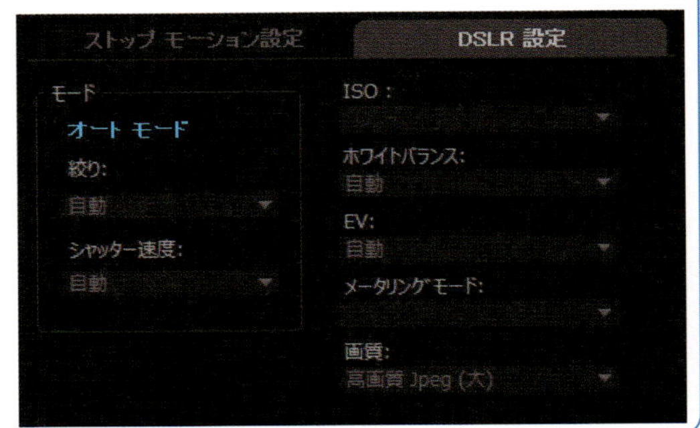

CHAPTER-5-13

# 字幕エディターを活用する

動画をスキャンして会話を抽出します。

VideoStudio X8 には動画をスキャンして、会話部分を抽出する機能が搭載されています。

## 起動する

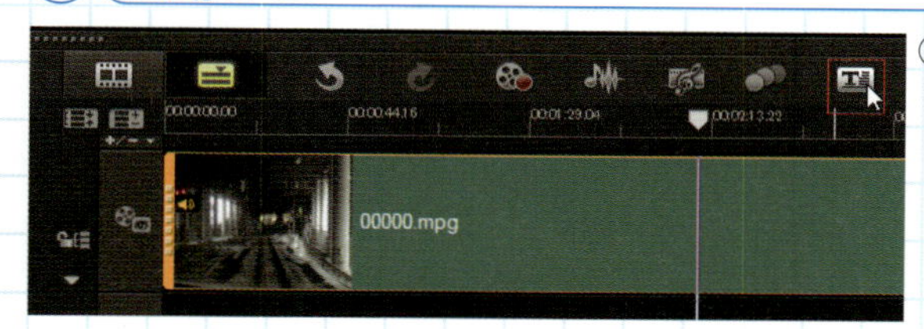


①「字幕エディター」はツールバーの「字幕エディター」ボタンをクリックします。

Hint タイムラインにあるクリップを右クリックして、表示されるメニューからも起動できます。

②解析するため、動画をスキャンします。

③スキャンが終わるまで、待ちます。

# スキャン完了後

スキャンが完了した画面で機能を説明します。

❶ プレビュー画面

❷ 音声があると思われる箇所が囲まれている。下にあるバーの白い部分も音声があると思われる箇所。

❸ 波形の表示を画像に切り替える。

❹ プレビュー画面をコントロールできる。

❺ 音声検出の設定ができる。

❻ 選択した部分のみ再生できる。

❼ 字幕を追加（音声検出をした場合は使用不可）

❽ 不要な字幕を削除できる。

❾ 字幕を結合する。

❿ 音声と映像のタイミングを調整する。

⓫ 字幕ファイルのインポート（左） エクスポート（右）

⓬ フォントの設定を調整する。

⓭ 字幕を入力するエリア

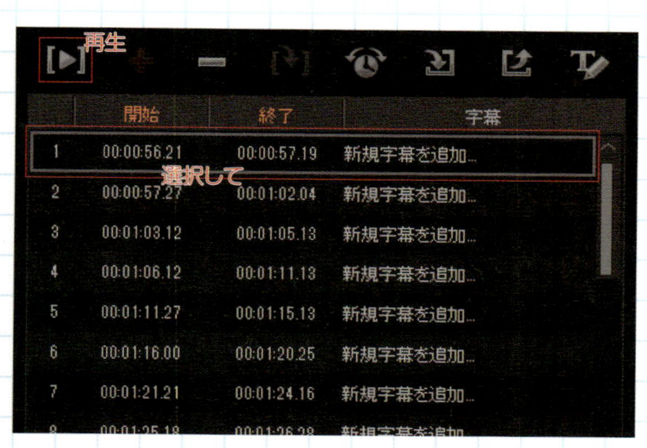


①字幕入力エリアの１を選択して、再生ボタンをクリックします。

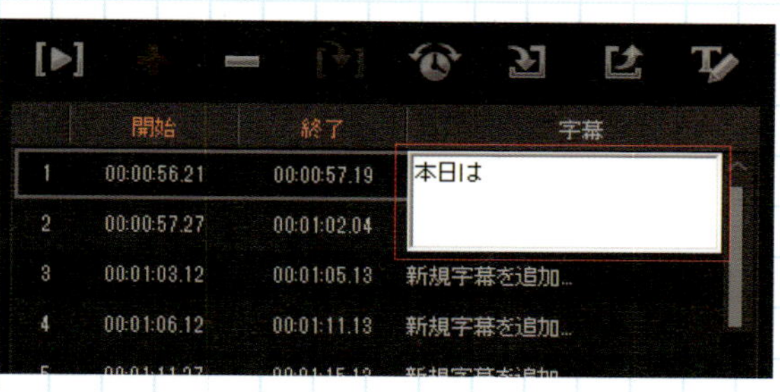


②音声を聞き取り、「新規字幕を追加 ...」をクリックして、文字を入力します。

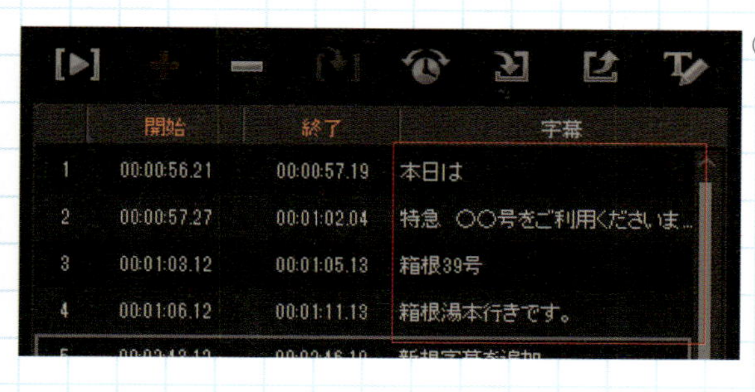


③同様の作業をくりかえし、順次入力していきます。

④音声ではないところがピックアップされている、あるいは字幕が必要ない箇所は上段にある「ー」ボタンをクリックして削除します。

⑤入力を終えたら「OK」をクリックします。

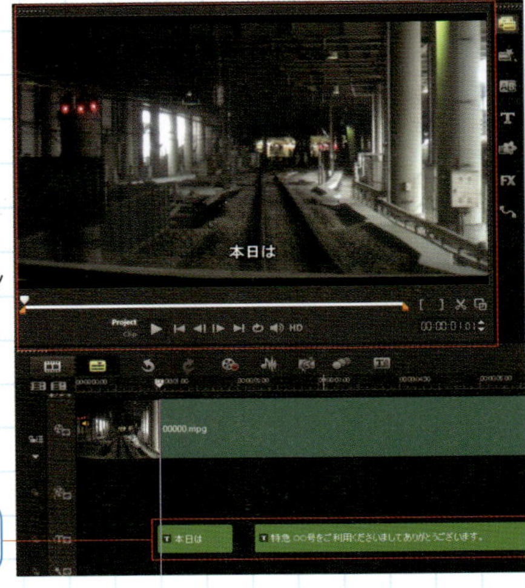


⑥結果をプレビューウィンドウで確認します。

Hint

タイトルトラックに入力した文字のクリップが配置されています。

## Point フォントや文字色を修正する

フォントの設定を変更する場合は、「テキストオプション」 ボタンをクリックするか、タイトルトラックにあるクリップをダブルクリックしてオプションパネルを開いて設定します。

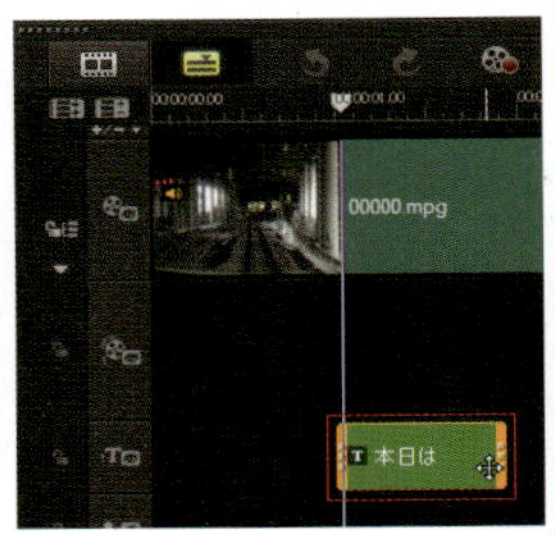


## Point スキャンは利用せず、再生しながら入力する

スキャンはせずに、動画を確認しながら入力する場合は、再生したり、ジョグ スライダーを使用して、字幕を入力したい箇所を見つけ、「新規字幕を追加」 ボタンをクリックして、入力していきます。

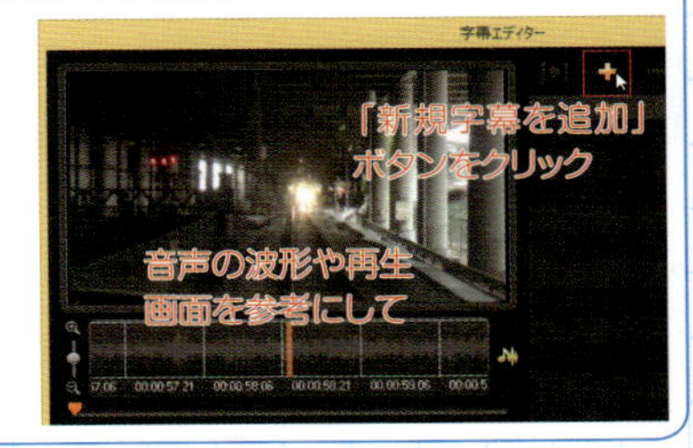

# 第6章
# VideoStudio X8の主な新機能

CHAPTER-6-1

# オーディオダッキングで音声をクリアに

BGMに大事なナレーションや会話の音声がかき消されてしまうことがあります。「オーディオダッキング」は動画を解析して最適なBGMの音量を自動で設定し、ナレーションなどをクリアにしてくれます。

## オーディオのウェーブデータを表示する

効果がよくわかるように、クリップの音声やミュージックのウェーブデータを表示します。

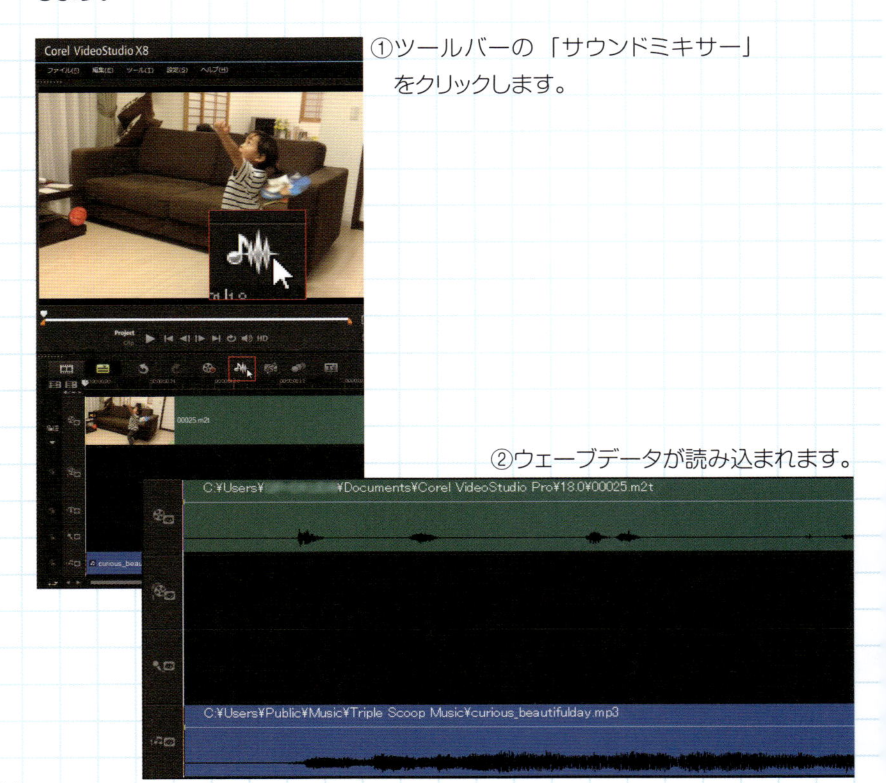


①ツールバーの「サウンドミキサー」をクリックします。

②ウェーブデータが読み込まれます。

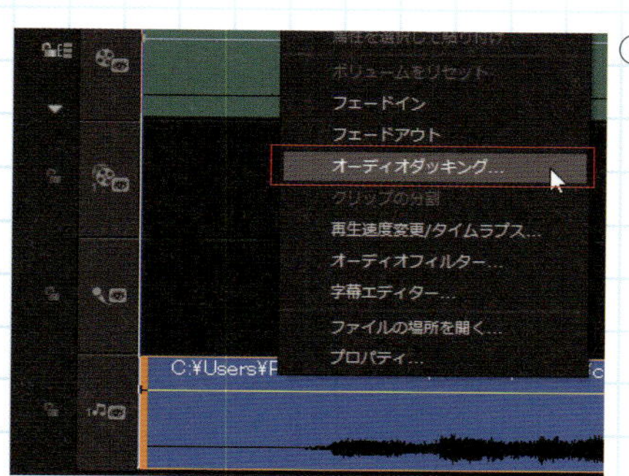


③ミュージックトラックにあるオーディオを選択して、右クリックします。表示されるメニューから「オーディオダッキング」を選択、クリックします。

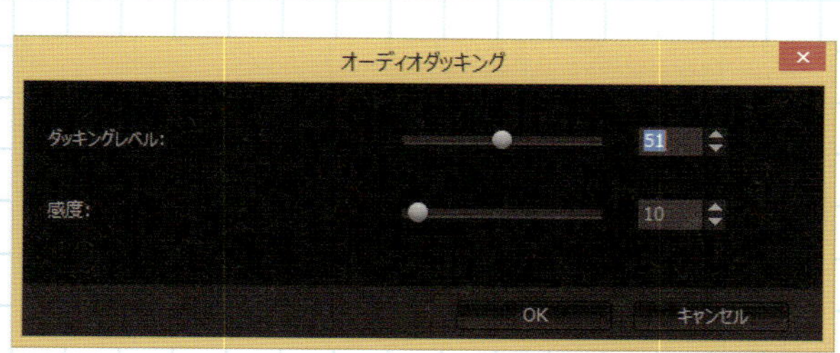


④「オーディオダッキング」ウィンドウが開くので、レベルを調整します。「ダッキングレベル」は0～100の間で指定します。数字が大きいほど、適用する部分のBGMの音量が低くなります。「感度」も0～100の間で指定し、適用のレベルを調整します。

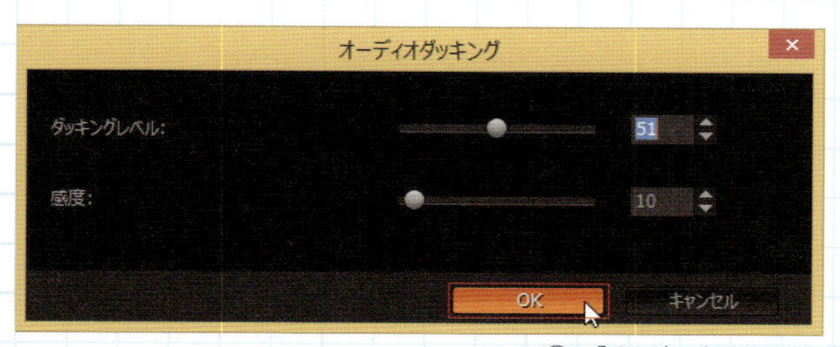


⑤「OK」をクリックすると解析が始まります。

Hint クリップの長さによって、解析時間は変わります。

C:¥Users¥Public¥Music¥Triple Scoop Music¥curious_beautifulday.mp3

⑥ミュージックの一部分の音量が下げられました。この例ではこの部分に子供への掛け声が入っていました。

⑦プレビュー画面で再生して確認します。

**Hint** 適用後の音量を調整したいときは 5-10「サウンドミキサーでオーディオの調整」を参照してください。

### Point ボイストラックの音声にも有効

例ではボイストラックにクリップがありませんでしたが、ナレーションなどのクリップがある場合などは、ボイストラックの音も解析の対象になります。

### Point ダッキング（ducking）とは…

本来は「ひょいと身をかがめる」という意味で、DTM（パソコンを使ってつくる音楽）の世界では、転じて何かを目立たせるために、一時的に BGM の音量をさげることをさすようになりました。

CHAPTER-6-2

# 進化したオーバーレイオプション

画像の一部分を隠すことができるマスクなどが簡単に設定できるオーバーレイオプションがさらに高機能になりました。

X7 のメニューと比べてみました。4つの項目が増えています。

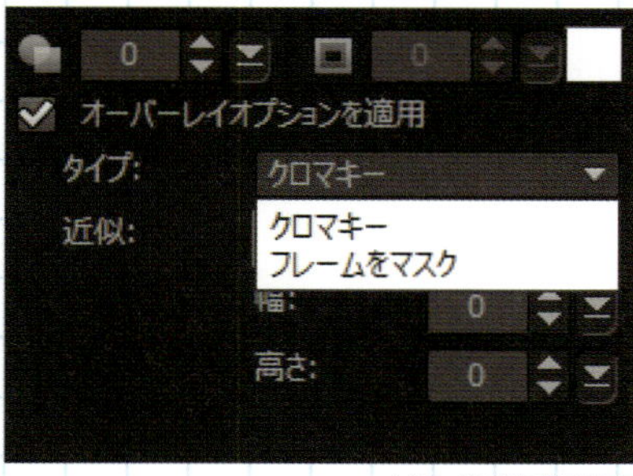


X7 の設定画面

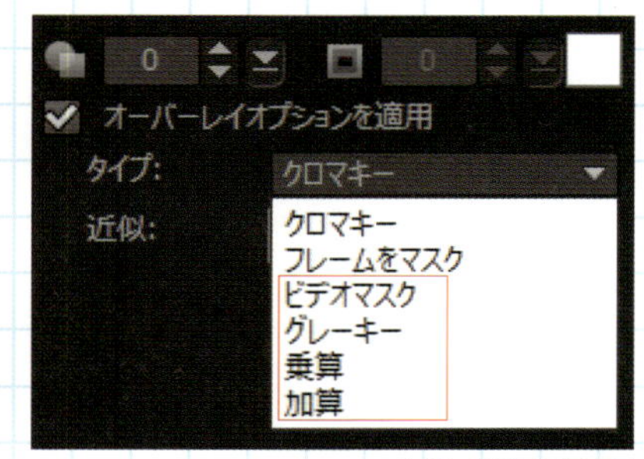


X8 の設定画面

## オーバーレイの設定画面

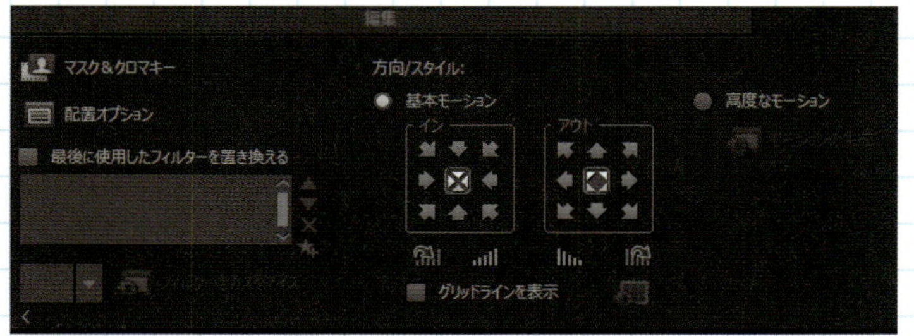


①オーバーレイトラックにクリップを配置してオプションパネルを開きます。

Hint オーバーレイトラックにクリップがないとオプションパネルは表示できません。

マスク&クロマキー

②「マスク&クロマキー」をクリックします。

オーバーレイオプションを適用

③「オーバーレイオプションを適用」をチェックします。

## クロマキー

背景を単一色にして撮影し、そこを透けさせて別のグラフィックと合成します。

## フレームマスク

テンプレートのフレームで、グラフィックの一部をマスク（隠す）します。

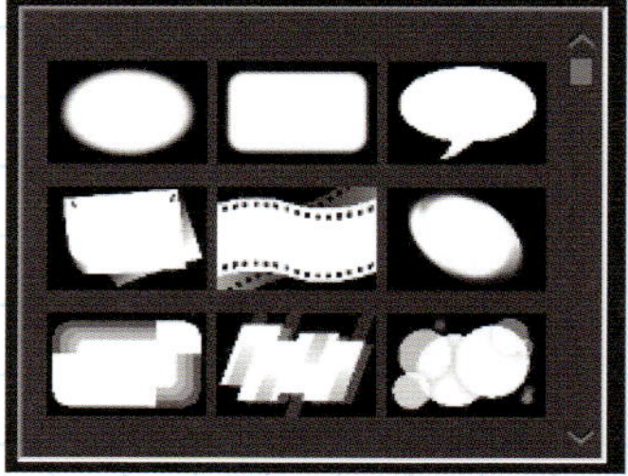

38 種類のフレームが用意されている

## ＋ ビデオマスク　新機能

今回追加された機能でフレームマスク同様、グラフィックの一部を動画でマスクできます。

### Point テンプレートのビデオマスクが消えてしまった

横にある「－」（マスクアイテムを除去）ボタンをクリックすると唯一のテンプレートが一覧から消えてしまい、VideoStudio X8 を再起動しても復活しません。しかしテンプレートのファイルは以下の場所にあるので、「＋」（マスクアイテムを追加）ボタンで再度読み込めば大丈夫です。

ファイルの場所⇨ C:¥Program Files¥Corel¥Corel VideoStudio Pro X8¥Samples¥Video

### Point 自作のビデオマスク

ビデオマスクは MP4 形式の動画ファイルです。黒地に白い模様や字を描き MP4 形式で書き出せば、VideoStudio X8 で活用できます。自作のビデオマスクをつくってみてはいかがでしょうか。

## ⊕ グレーキー／乗算／加算 新機能

これまでのVideoStudioではできなかった、背景に溶け込むようにオーバーレイトラックのクリップの色や透明度を調整してビデオトラックにあるクリップの色とブレンドする機能です。

ビデオトラックのクリップ

オーバーレイトラックのクリップ

### グレーキー

色ではなくトーン（明るさ／暗さの値）を基準にしてオーバーレイクリップの透明度を調整します。

ブレンド／不透明度：50

### 乗算

ビデオトラックのクリップの色とオーバーレイトラックのクリップの色をかけ合わせます。元の色より暗くなります。

オプションパネルの「ブレンド / 不透明度」スライダーで調整できます。

ブレンド / 不透明度 : 50

ブレンド / 不透明度 : 99

## 加算

ビデオトラックのクリップの色とオーバーレイトラックのクリップの色を足します。。元の色より明るくなります。

オプションパネルの「ブレンド / 不透明度」スライダーで調整できます。

ブレンド / 不透明度：50

ブレンド / 不透明度：99

さらに詳細に設定する場合はオプションパネルの以下のボタンを操作します。

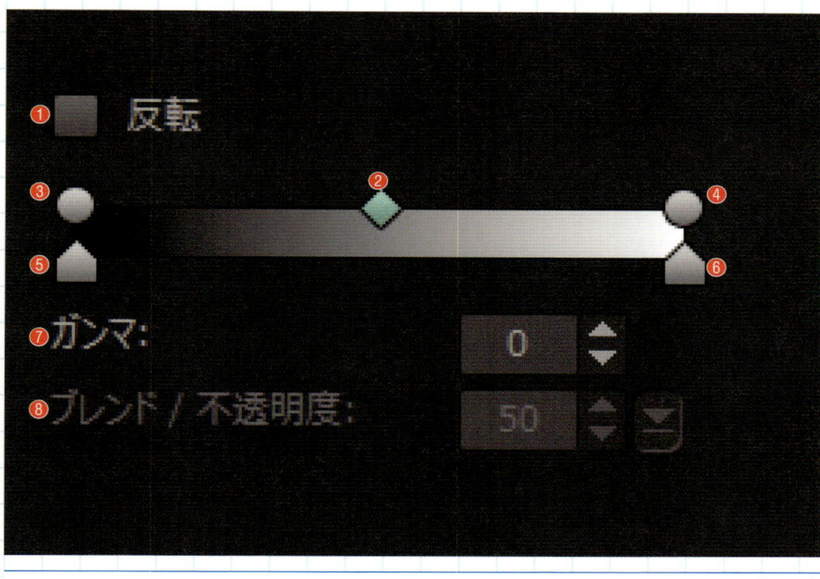


| | | |
|---|---|---|
| ❶ | 反転 | チェックを入れるとブレンド設定を反転する。 |
| ❷ | ガンマ | 画像のコントランストを調整する。 |
| ❸ | 最小値 | 右にスライドすると画像の最も明るいピクセルを暗くする。 |
| ❹ | 最大値 | 左にスライドすると画像の最も暗いピクセルを明るくする |
| ❺ | カットオフ | 右にスライドすると画像の黒が増える。 |
| ❻ | しきい値 | 左にスライドすると画像の白が増える。 |
| ❼ | ガンマ | ❷〜❻をクリックすると連動して表示が変わる。 |
| ❽ | ブレンド / 不透明度 | オーバーレイトラックの透明度を調整する。 |

使用できる設定は選択しているキー（グレーキー / 乗算 / 加算）によって変わります。

さまざまな設定を試してみてください。

**例：**

先のグレーキーを「反転」した場合

Hint しきい値とはその値を境に条件などが変わる境界の値のことです。

CHAPTER-6-3

# フリーズフレームで瞬間を逃さない

動画の中の愛くるしい表情を切り取って、そのまま動画に盛り込むことができます。

　これまでは動画の中で、ある瞬間をストップモーションで一時停止したいという場合は、静止画でそのシーンを保存し、動画を分割してその間に保存した静止画を入れるという手間が必要でした。VideoStudio X8 ではそれをワンクリックでおこなえるようになりました。

## クリップ上で右クリック

①動画を再生します。

②一時停止したいと思ったシーンがでてきたら、クリップ上で右クリックします。表示されたメニューから「フリーズフレーム」を選択、クリックします。

③「フリーズフレーム」ウィンドウが開くので、何秒間表示するかを決定して（初期設定は3秒）「OK」をクリックします。

元のクリップが分割されている

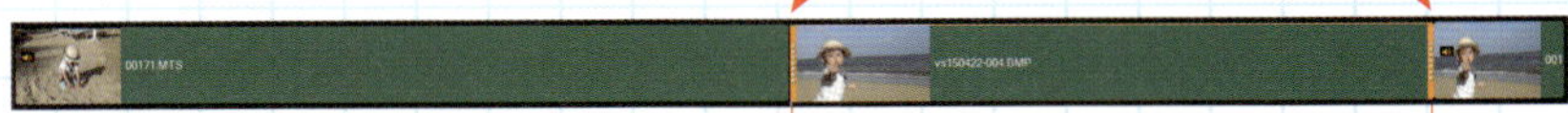

挿入された「フリーズフレーム」

④クリップが分割され、そこに「フリーズフレーム」が挿入されました。

⑤切り取った画像はライブラリに登録されます。またファイル本体は初期設定であれば「ドキュメント」→「Corel　VideoStudio Pro」→「18.0」フォルダーにBMP形式で保存されます。

## Point 静止画にする

単に静止画として切り出すには動画を保存したい画像のところで一時停止し、ツールバーの「記録 / 取り込みオプション」をクリックして、ウィンドウを開き「静止画」をクリックするか、メニューバーの「編集」から「静止画を保存」をクリックします。

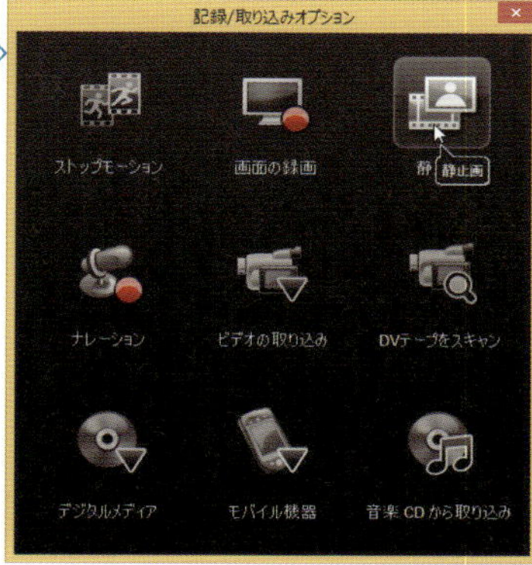


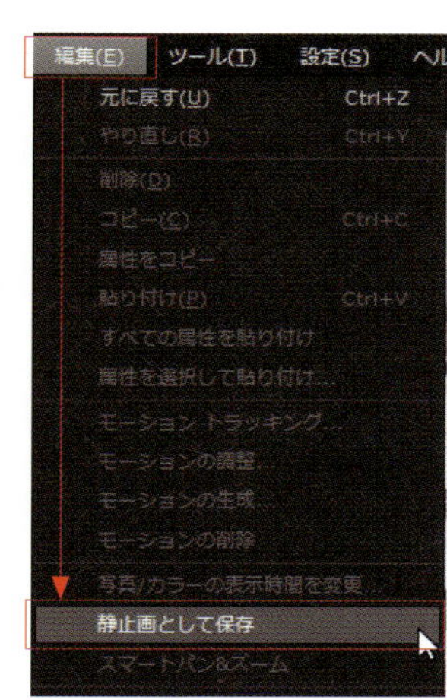


## Point JPEG 形式で保存する

初期設定では「フリーズフレーム」で保存した画像も、「静止画」を利用して保存した画像も BMP 形式で保存されます。これを JPEG 形式で保存するように、環境設定で変更することができます。Video Studio X8を起動中にキーボードの「F6」を押して「環境設定」ウィンドウを開きます。「取り込み」タブに切り替えて、静止画形式を「BITMAP」から「JPEG」に変更します。
最後に「OK」ボタンをクリックします。

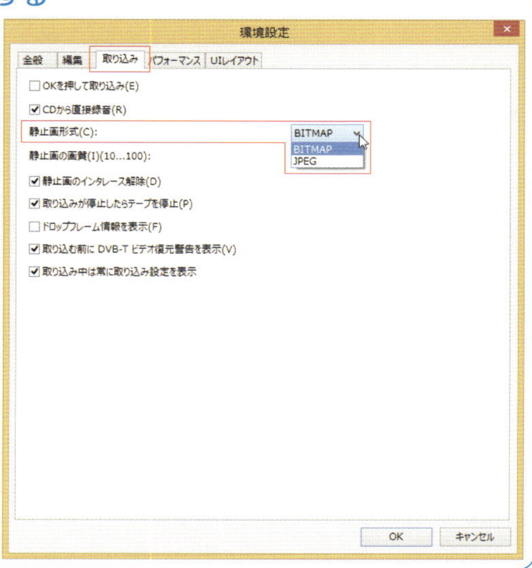

CHAPTER-6-4

# XAVC S に対応

次世代の 4K カメラの XAVC S 形式にも対応しました。

## XAVC S

AVCHD カメラが解像度 1920 × 1080 であるのに対し、4K 映像は解像度 3840 × 2160 を誇ります。XAVC S はプロ向けの XAVC をベースにコンシューマ（家庭用）向けに開発された形式です。VideoStudio X8 はいち早く対応しました。

AVCHD カメラの解像度
（1920×1080）

XAVC S の解像度
（3840×2160）

**Point 機能強化**

そのほかにも対応ファイルの増加、ライブラリのリスト表示の強化などさまざまな機能強化が図られており、ユーザーの使い勝手の向上を実現しています。

# 第7章
# 徹底活用するためのヒント

CHAPTER-7-1

# ライブラリを活用する

ライブラリを使いこなせれば、クリップを自在に扱えるようになります。

## クリップのプロパティを確認する

①ライブラリにカーソルを持っていくと、クリップの種類や撮影日が表示されます。

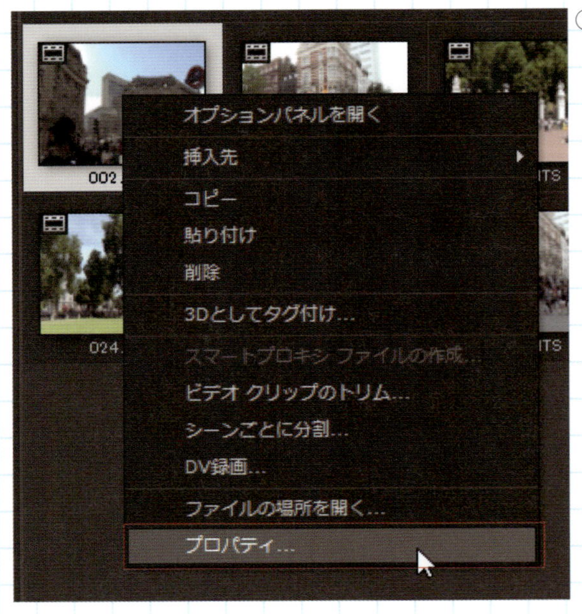


②もっとくわしい内容を知りたいときは、クリップ上で右クリックし、メニューから「プロパティ」を選択、クリックします。

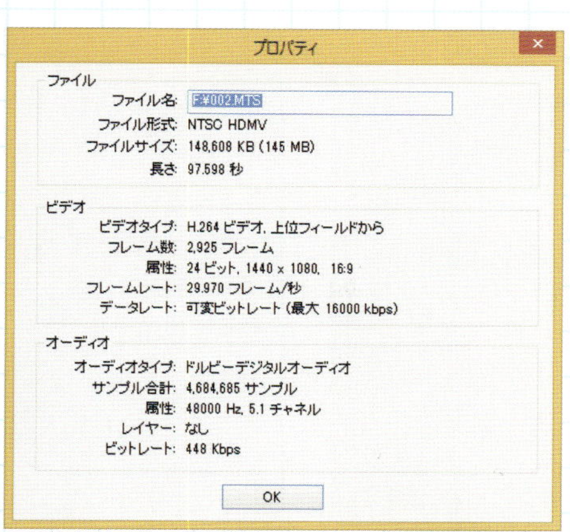


③ビデオ形式やオーディオのタイプなどが表示されます。

## ライブラリ内で移動する

①ビデオをドラッグして並び替えることが可能です。

②同様にフォルダーにも移動できます。

## ＋ クリップをコピーする

①クリップをコピーしたい場合はクリップを選択し、クリップ上で右クリックし、表示されるメニューから「コピー」を選択します。

②カーソルの形が変わります。

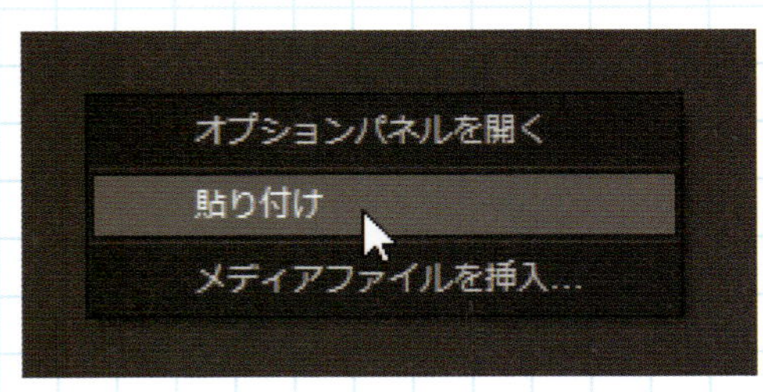


③同じフォルダーにコピーする場合は一度クリックして、カーソルの形を戻し、ライブラリ上で右クリックしてメニューから「貼り付け」を選択、クリックします。

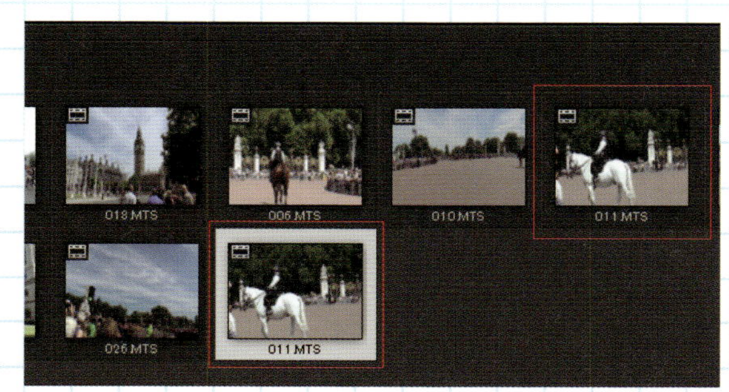


④コピーが完了しました。

## Point 別のフォルダーにコピーする

別のフォルダーにコピーする場合は、②の手順からフォルダーをダブルクリックして開き、ライブラリ上で同じように右クリックをして、「貼り付け」 を選択します。

ダブルクリックでフォルダーを開く

「貼り付け」 をクリック

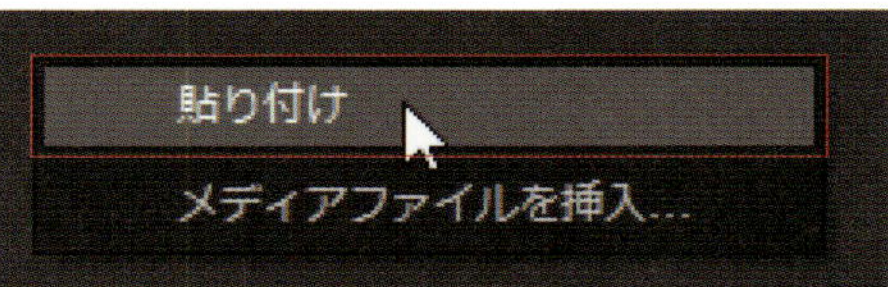


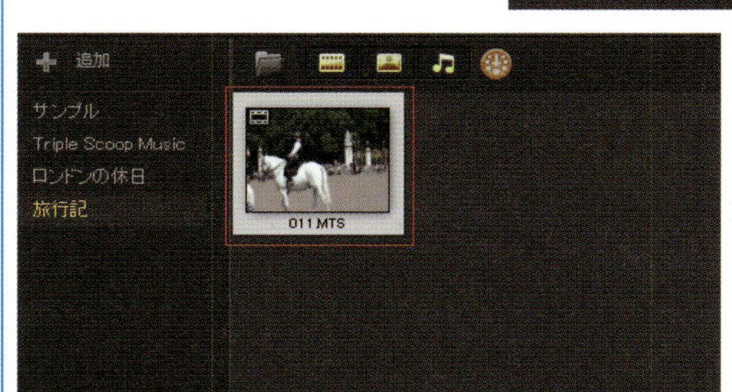


コピー完了

## クリップをライブラリから削除する

①ライブラリから削除したいクリップを選択します。

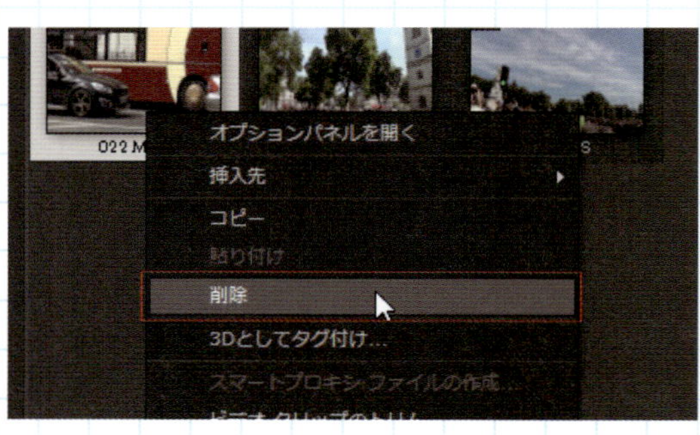


②クリップ上で右クリックして表示されるメニューから削除を選択、クリックするか、キーボードの「Delete」キーを押します。

### Point メニューバーからでも

メニューバーの「編集」→「削除」でも同様に削除できます。

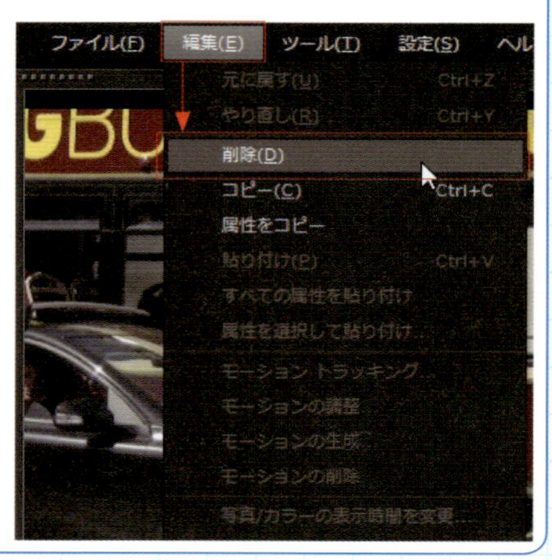

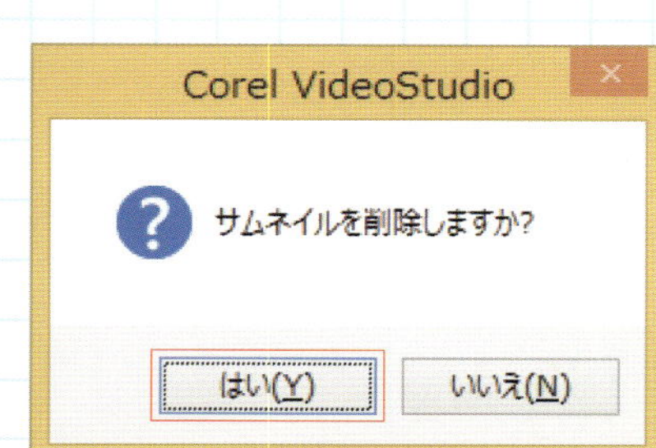


③削除してよいかどうかのウィンドウが表示されます。削除する場合は「はい」をクリックします。

④削除されました。

**Point サムネイルを削除しますか?**

サムネイルとは縮小表示された見本画像のことをいいますが、削除されるのはこのライブラリにあるサムネイルであり、ファイル本体がパソコンからなくなるわけではありません。

## フォルダーを追加する

①「+追加」をクリックします。

②「フォルダー」が追加されました。

③フォルダー名を入力します。

Hint　いま選択しているフォルダーは文字がオレンジ色で表示されます。

## Point 既存のフォルダー名を変更する

既存のフォルダー名を変更する場合は、フォルダーを選択して、右クリックし、「名前を変更」を選択して入力します。

## フォルダーの順番を入れ替える

フォルダーはドラッグアンドドロップで順番を入れ替えることができます。

「ロンドンの休日」を一番下へ

移動しました

## ＋ フォルダーを削除する

①不要になったフォルダーを削除します。

「おさんぽ」を削除します。

②フォルダー上で右クリックして表示されるメニューから削除を選択、クリックするか、フォルダーを選択してキーボードの「Delete」キーを押します。

③削除してよいかどうかのウィンドウが表示されます。削除する場合は「はい」をクリックします。

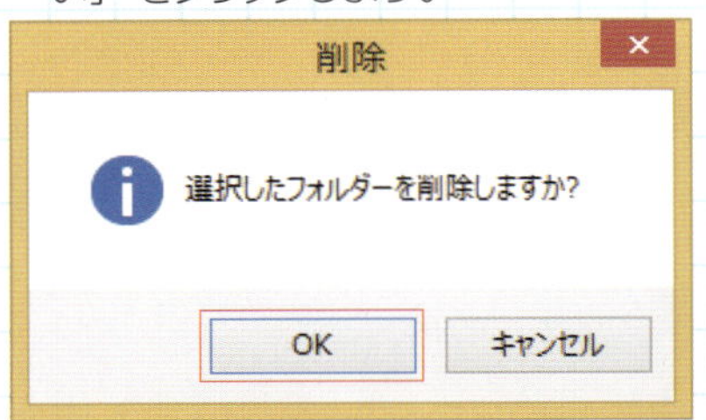


④削除されました。

## ファイルのリンク切れを修正する

元のクリップのファイル名を変更したり、保存場所を移動したりするとVideo Studio X8ではファイルの場所が認識できなくなり、ライブラリやタイムラインのクリップにリンク切れのサインが表示されます。

リンク切れのサイン

タイムラインではこうなる

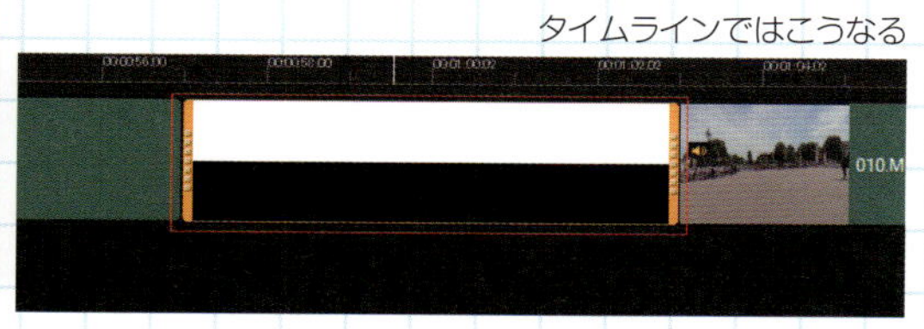

①リンクの切れたファイルを選択します。

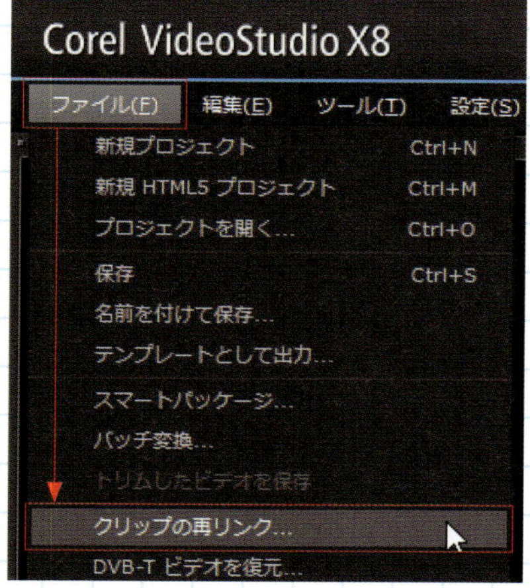


②メニューバーの「クリップの再リンク」をクリックします。

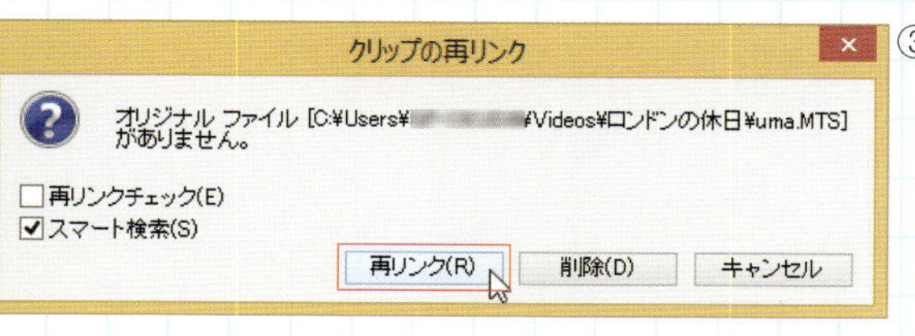


③「クリップの再リンク」ウィンドウが開くので、「再リンク」をクリックします。

**Hint** ここで「削除」をクリックするとライブラリからリンクの切れたサムネイルが削除されます。

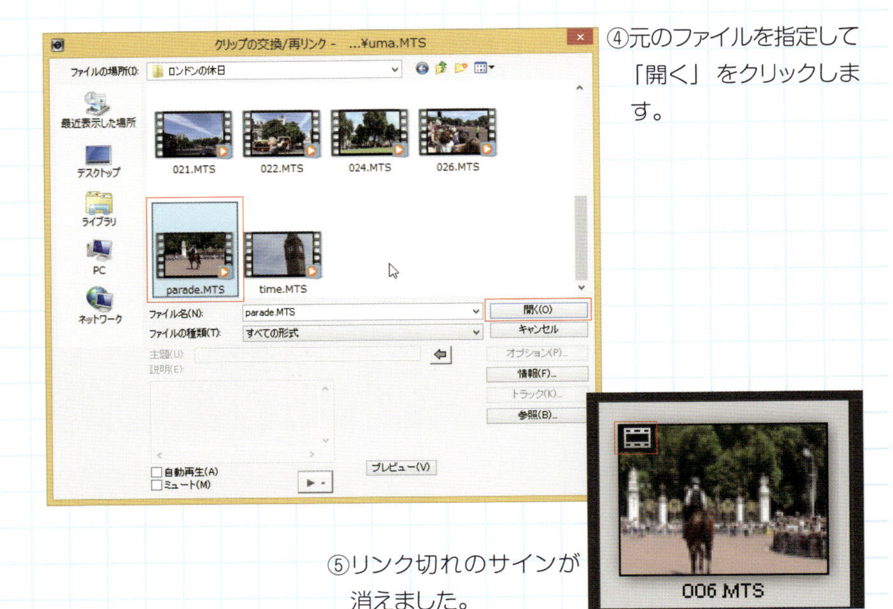


④元のファイルを指定して「開く」をクリックします。

⑤リンク切れのサインが消えました。

## Point タイムライン上のリンク切れ

ライブラリのリンク切れは解消されましたが、このとき編集中でタイムラインにこのクリップが使用されていた場合、タイムラインのほうはリンクが切れたままになっています。そのような場合はこのクリップを再度配置するか、タイムラインのクリップを選択して同じように「再リンク」する必要があります。

### 再度配置する

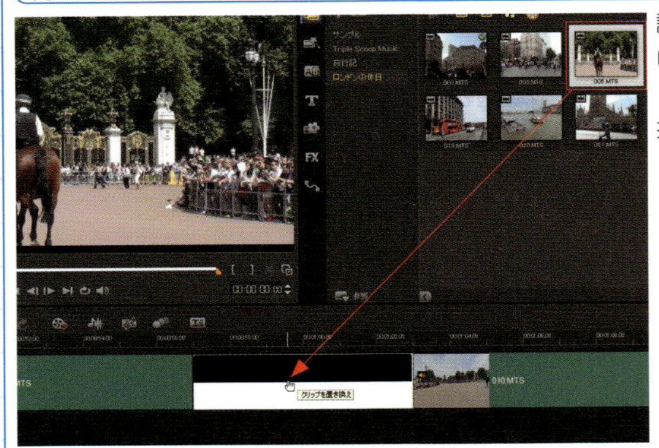


該当のクリップをドラッグし、ドロップする前にキーボードの「Ctrl」キーを押して、置き換えます。

## タイムライン上のクリップを再リンクする

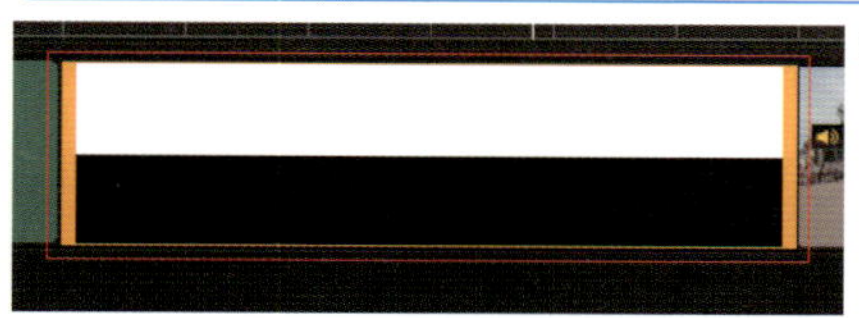

①タイムライン上のクリップを選択します。

②メニューバーの「クリップの再リンク」をクリックします。

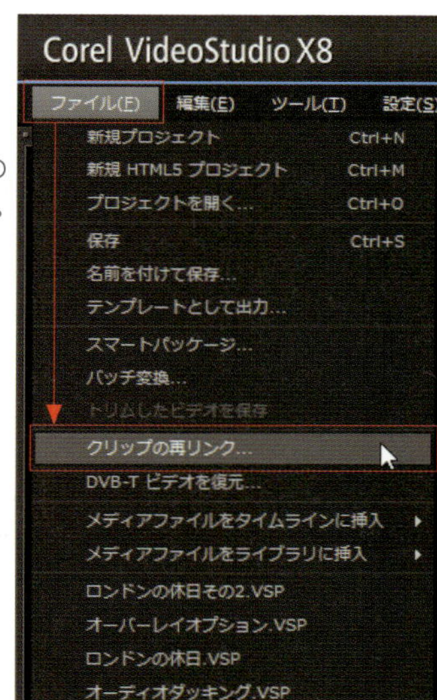


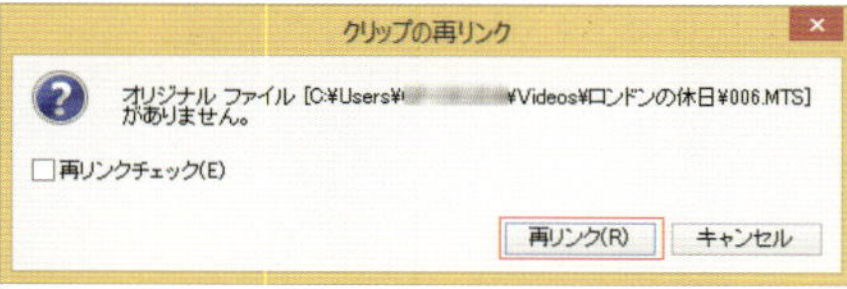


③「クリップの再リンク」ウィンドウが開くので、「再リンク」をクリックします。

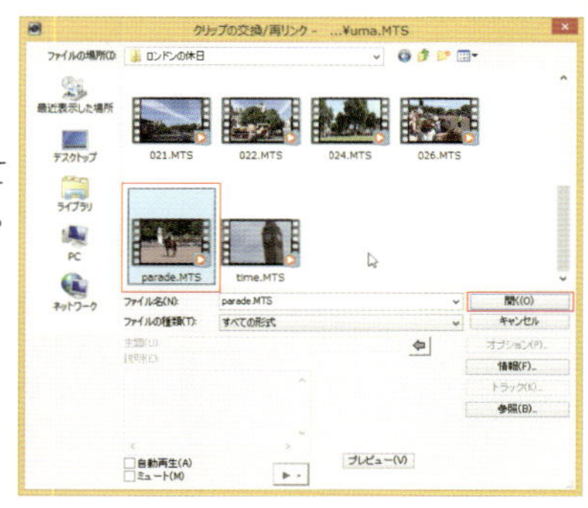


④元のファイルを指定して「開く」をクリックします。

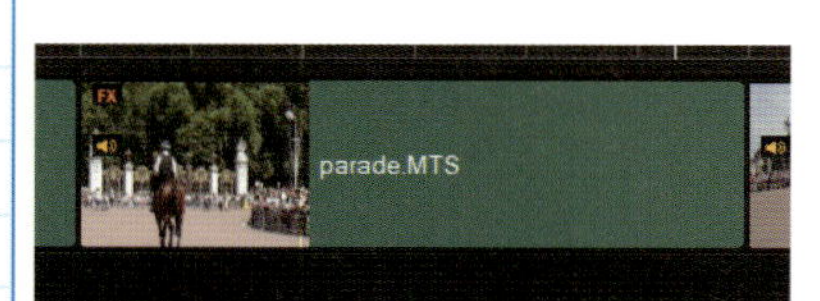


⑤リンク切れが解消されました。

⑥ライブラリのサムネイルにチェックマークが入りました。

## ライブラリ マネージャーを活用する

ライブラリはその状態をまるごと保存することができます。自分が作ったオリジナルタイトルやトリミングしたクリップなどをそのまま保存してくれます。

## ライブラリの出力

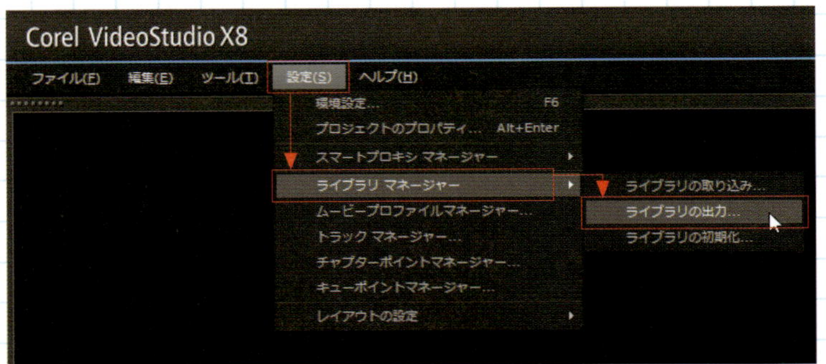


①メニューバーの「設定」から「ライブラリ マネージャー」→「ライブラリの出力」を選択、クリックします。

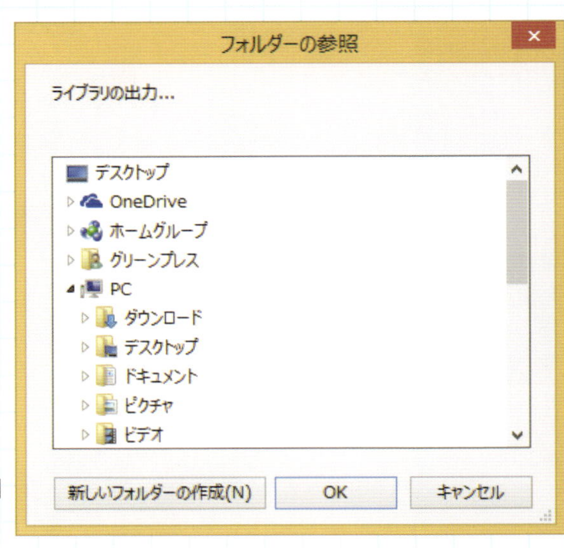


②「フォルダーの参照」ウィンドウが開きます。

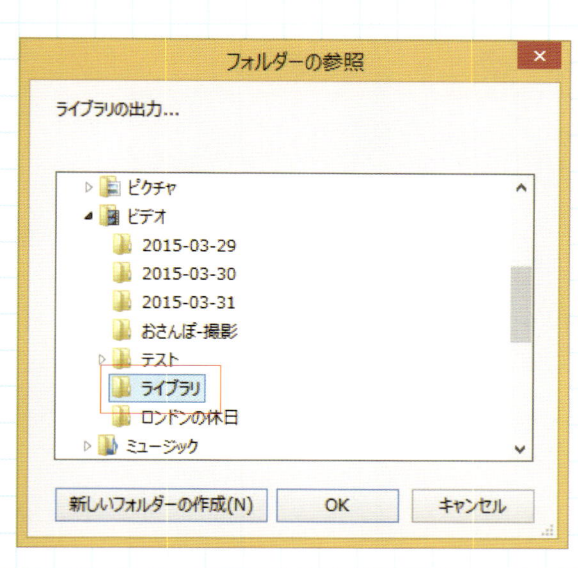


③ファイルは数が多いので、専用のフォルダーを作成することをおすすめします。ここでは「ライブラリ」というフォルダーを用意しました。フォルダーを選択して「OK」をクリックします。

④「完了」のウィンドウが表示されるまで待ち、「OK」ボタンをクリックします。

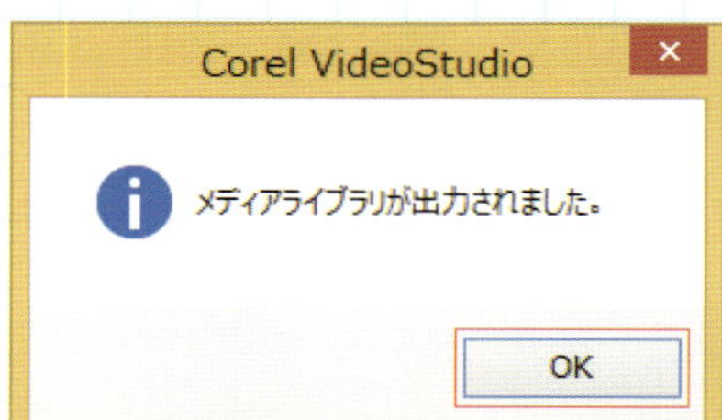


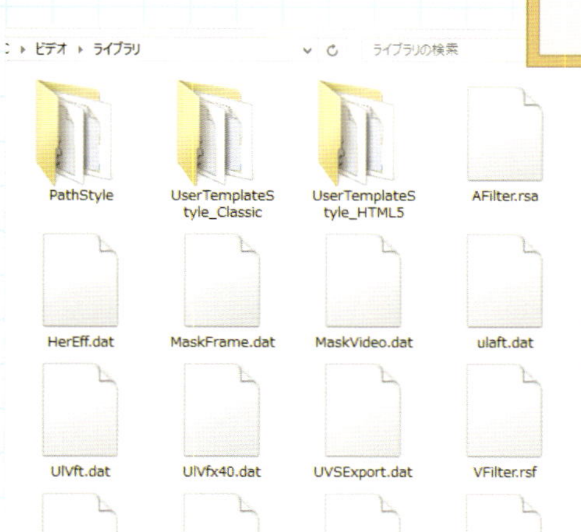


保存されたファイル。

## ライブラリの取り込み

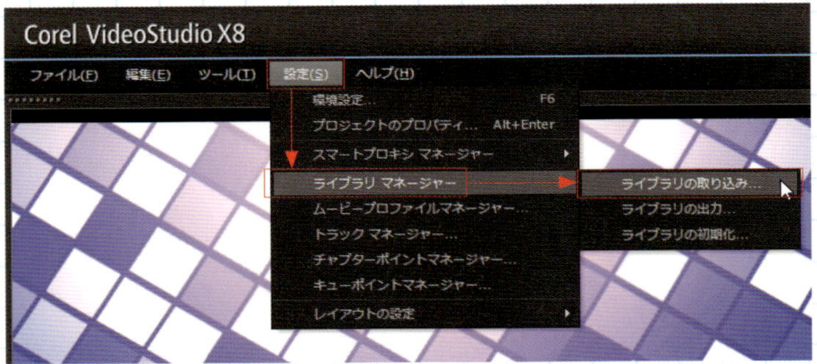


①メニューバーの「設定」から「ライブラリ マネージャー」→「ライブラリの取り込み」を選択、クリックします。

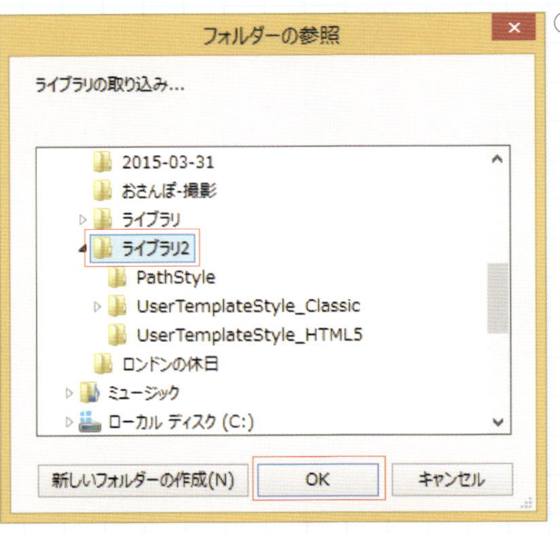


②「フォルダーの参照」ウィンドウが開くので、ライブラリが保存してあるフォルダーを選択して、「OK」ボタンをクリックします。

テンプレートデータベースを更新しています...

③取り込んでいます。

④「完了」のウィンドウが表示されるまで待ち、「OK」ボタンをクリックします。

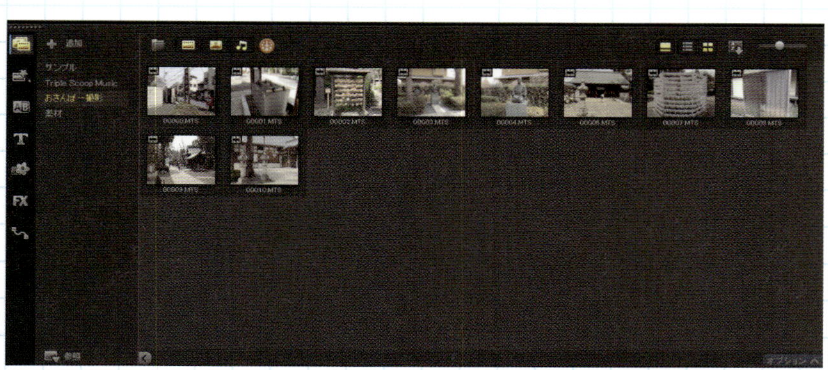


⑤ライブラリが取り込まれました。

## ライブラリを初期化する

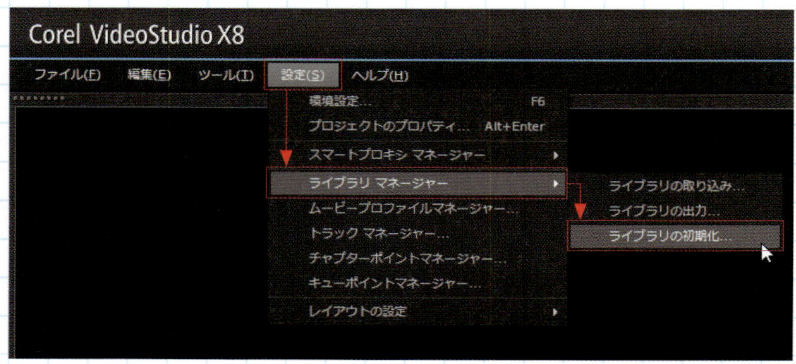


①メニューバーの「設定」から「ライブラリ マネージャー」→「ライブラリの初期化」を選択、クリックします。

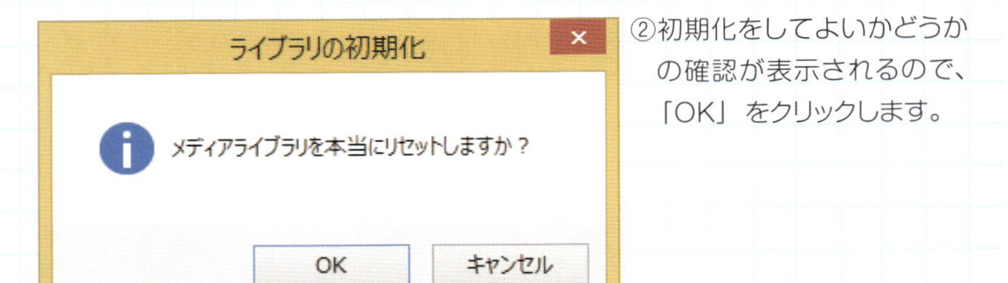


②初期化をしてよいかどうかの確認が表示されるので、「OK」をクリックします。

③完了するとメッセージが表示されるので、「OK」をクリックします。

④初期化された画面。

CHAPTER-7-2

# プロジェクトの管理

VideoStudio X8 では編集作業中および作業が完了したファイルもすべて「プロジェクト」というファイルで管理します。

このプロジェクトファイル（.VSP）のおかげで、編集作業を中断したり、不測の事態でパソコンがシャットダウンして編集結果が失われても、保存しておいたプロジェクトファイルの時点から作業が再開できます。こまめに保存をしておけば、失われた被害も最小限に抑えられます。

## 新規プロジェクトの保存

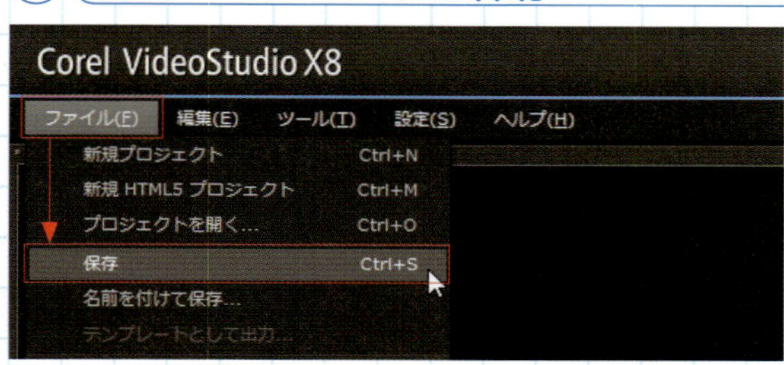


①メニューバーの「ファイル」から「保存」を選択、クリックします。

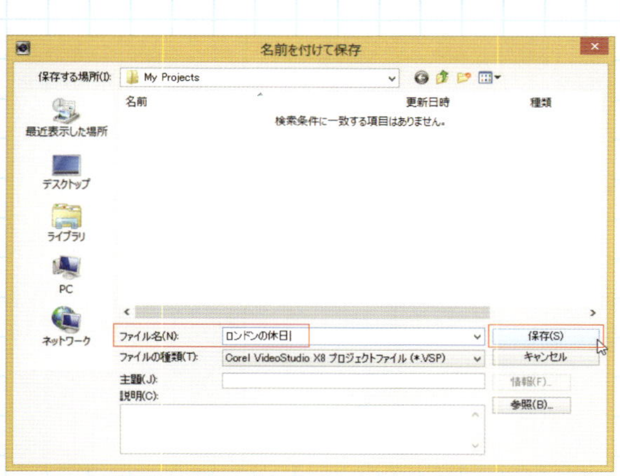


②「名前を付けて保存」ウィンドウが開くので、プロジェクト名を入力して「保存」をクリックします。

Hint 保存先は初期設定では「ドキュメント」→「Corel VideoStudi Pro」→「My Project」フォルダーに保存されます。

編集画面の右上を見ると、いま編集作業中の「プロジェクト名」が表示されています。

Hint 作業中にキーボードの「Ctrl」＋Ｓを押せば、すぐに上書き保存できます。

## プロジェクトを開く

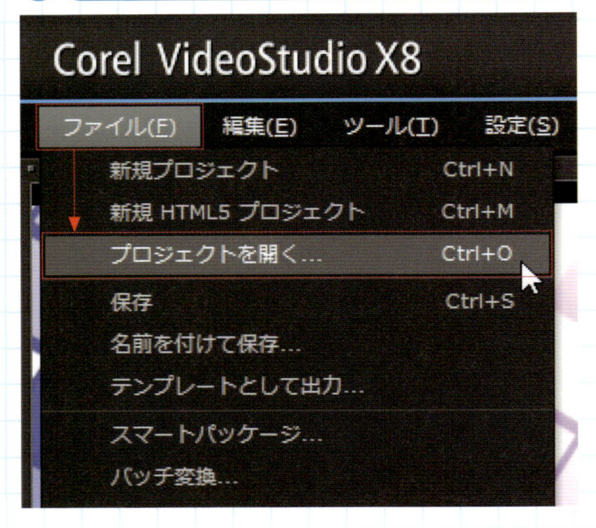

ダブルクリック

保存してあるプロジェクトを開く場合は VideoStudio X8 を起動して、メニューバーの「ファイル」から「プロジェクトを開く」を選択、クリックするか、VideoStudio X8 を起動していなくても、プロジェクトファイルをダブルクリックすれば開くことができます。

## プロジェクトを「入れ子」として活用する

プロジェクトファイルはライブラリに読み込むことが可能です。それをタイムラインに配置すれば、別々に編集した作品をまとめて大作に仕立て上げることも可能です。また以前のバージョンではプロジェクトを配置する場合は1本のムービーという形でしか置くことができませんでした。しかしX8ではプロジェクトのまま（つまりトラックの構造を維持したまま）配置することができるようになり、大幅に操作性が向上しました。

①「メディアファイルを取り込み」をクリックします。

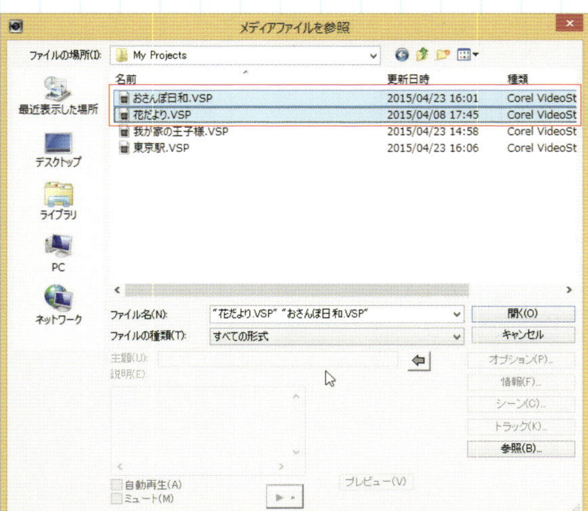


②「メディアファイルの参照」ウインドウが開くので、取り込みたいプロジェクトを選択して「開く」をクリックします。

**Hint** ファイルを指定するときは「Ctrl」キーと「Shift」キーを押しながら操作すると便利です。

③ライブラリにプロジェクトが取り込まれました。

## Point 拡張子に注目

名前がプロジェクト名になっており、拡張子も VideoStudio X8 のプロジェクトファイル（.VSP）になっています。

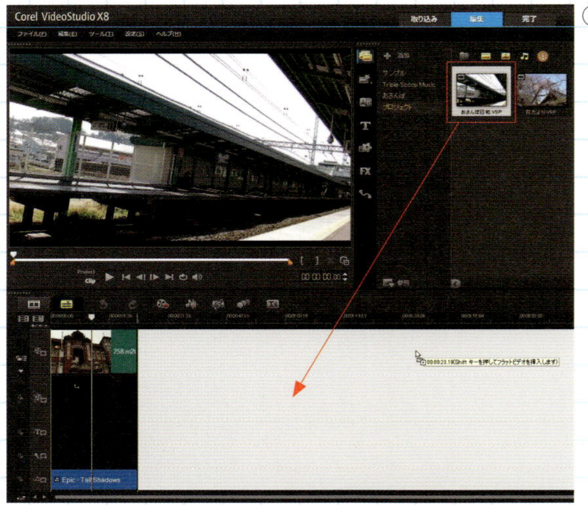


④タイムラインに配置したいプロジェクトファイルをドラッグアンドドロップします。

⑤タイムラインに配置されました。

トラックの構造がそのまま配置されている

## Point 1本のムービーとして配置する

1本のムービーとして配置する場合はドロップする前にキーボードの「Shift」キーを押します。表示が変わるのを確認してドロップします。

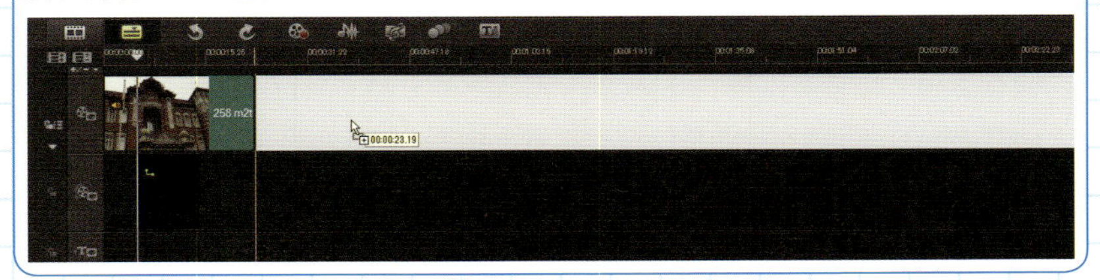

## Point 元のプロジェクトファイルには影響しない

配置したプロジェクトファイルは、ほかのクリップ同様、通常の編集ができます。また取り込んだプロジェクトの元のファイルには一切影響はありません。

CHAPTER-7-3

# スマートパッケージで一括保存する

いろいろ編集や加工をおこなったプロジェクトをまとめて保存する機能です。

## スマートパッケージとは

「スマートパッケージ」はプロジェクトファイルとともに、素材となっているビデオクリップやトランジションやBGMの設定などを一括で保存する機能です。こうして保存すればファイルのリンク切れも起こすことなく、たとえばこれを外部のVideoStudio X8がインストールされたパソコンで開けば、すぐに編集を再開できます。何人かで共同で編集作業している場合でもスムーズにファイルのやりとりができるようになります。

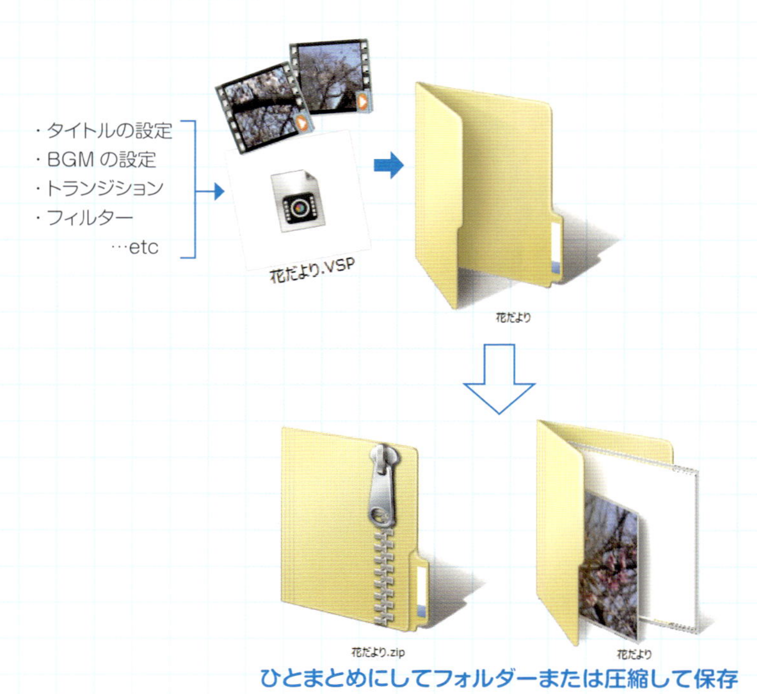


ひとまとめにしてフォルダーまたは圧縮して保存

## スマートパッケージで保存する

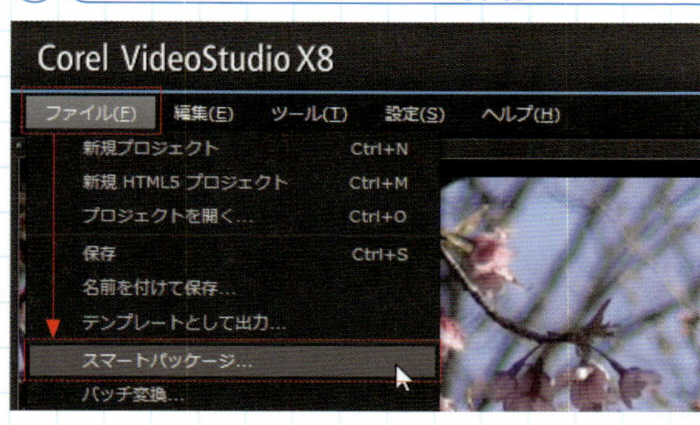


①メニューバーの「ファイル」から「スマートパッケージ」を選択、クリックします。

②確認のウィンドウが開くので、「はい」をクリックします。

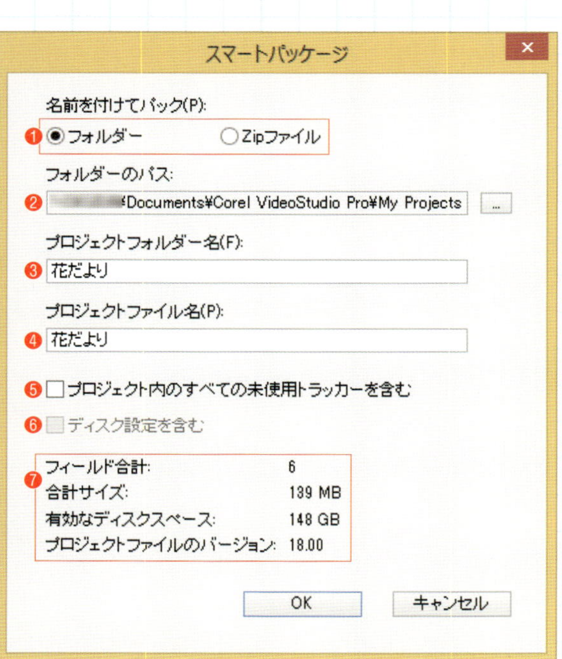


③スマートパッケージウィンドウ

❶ フォルダーで保存するかZip（圧縮）ファイルで保存するかを選択。

❷ 保存先を指定する。「…」ボタンで変更できる。

❸ プロジェクトを収納するフォルダー名（変更可）

❹ プロジェクトファイル名（変更可）

❺ チェックを入れるとモーショントラッキングの設定を含んで保存できる。

❻ DVDビデオを作成中の場合にチェックを入れると、チャプターなどの設定を保存できる。新機能

❼ 情報エリア

### Point プロジェクト内のすべての未使用トラックを含むとは…

この場合の「トラッカー」というのはモーショントラッキング（→ P.185）のトラッカーをさします。そしてそのトラッカーが実際には使われていない状態（具体的には「オブジェクトの追加」のチェックがオフで、かつモザイクの設定がオフのとき）でも、そのトラッカーの情報を保存するかどうかを選択します。

③のつづき
設定を終えたら「OK」ボタンをクリックします。

④「プロジェクトは正常にパックされました。」と表示されるので、「OK」をクリックします。

⑤フォルダーに保存されました。

### Point Zip（圧縮）で保存する場合

保存で Zip を選択すると途中で、圧縮の方法を問われます。
「Zip ファイルを分割」を選択すると CD サイズ（700MB）や DVD サイズ（4.7GB）など、分割のサイズを選択できます。

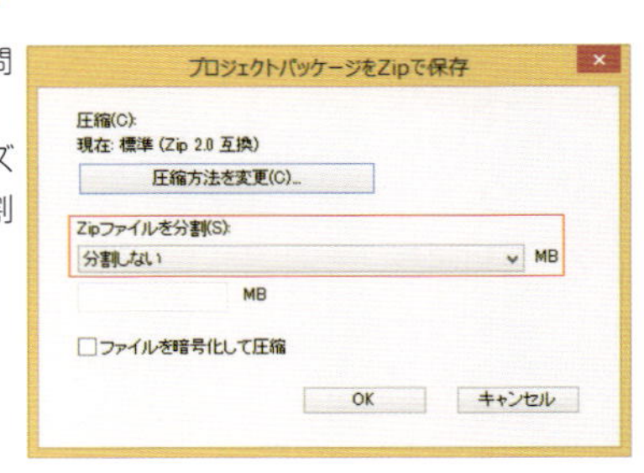

Zip ファイルで保存

# 第8章
# 出力した作品を活用する

CHAPTER-8-1

# Web にアップロードする

作品を Web にアップロードして世界に発信する。

完成した作品を自分だけで楽しむのはもったいない。いろいろな人に見てもらいたい。そういった要望にこたえてくれるのが Web のサービスです。

## 「YouTube」にアップロードする

①編集が終了したら「完了」ワークスペースに切り替えます。

②ツールバーで「Web」を選択、クリックします。

③上部に並ぶサービスから「Youtube」を選択、クリックして、「ログイン」ボタンをクリックします。

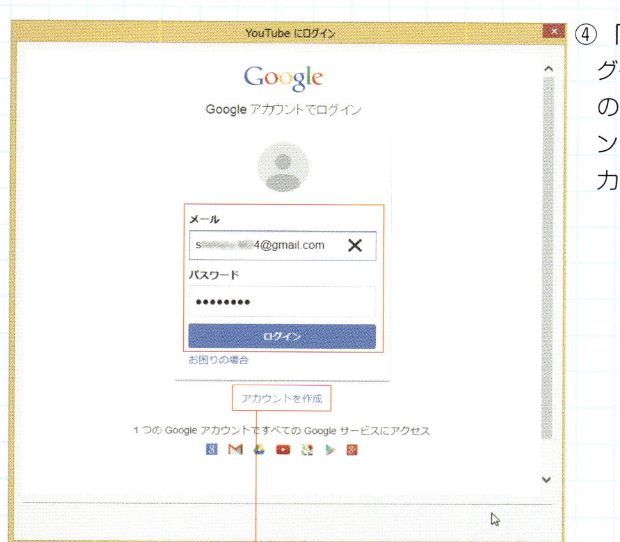


④「Youtube」へのログイン画面が起動するので、Google アカウントとパスワードを入力します。

**Point** **まだアカウントを持っていない人は…**

「アカウントを作成」をクリックして Google アカウントを取得しましょう。

アカウントを作成

⑤「承認」をクリックして進めます。

## 設定画面

設定画面に切り替わるので、各項目を入力または選択していきます。

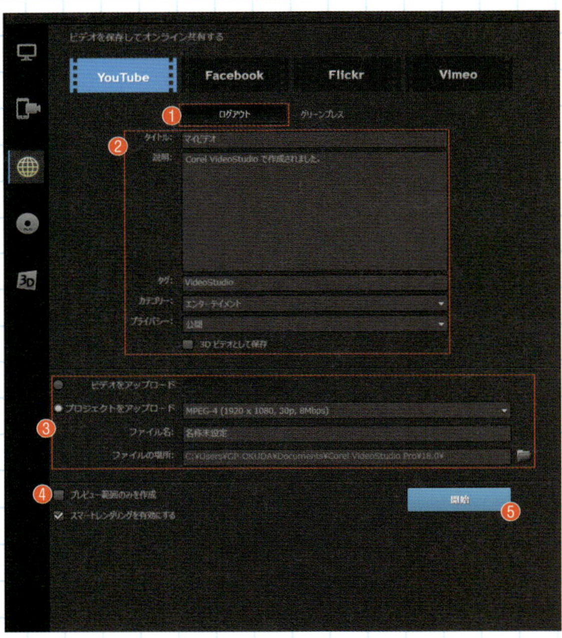


❶ Youtube からログアウトする。

❷ 公開するタイトルや説明などを入力またはプルダウンメニューから選択する。

❸ 「ビデオをアップロード」すでに書き出したビデオをアップロードする。
「プロジェクトをアップロード」書き出しを実行した後にアップロードを開始する。

❹ 書き出す範囲を指定する。

❺ 「開始」ボタン

### Point 「ビデオをアップロード」を選択

すでにパソコンにビデオが保存してある場合は「ビデオをアップロード」を選択します。そうすると「プロファイルを選択」ボタンがアクティブになるので、クリックしてアップロードしたいビデオを選択します。

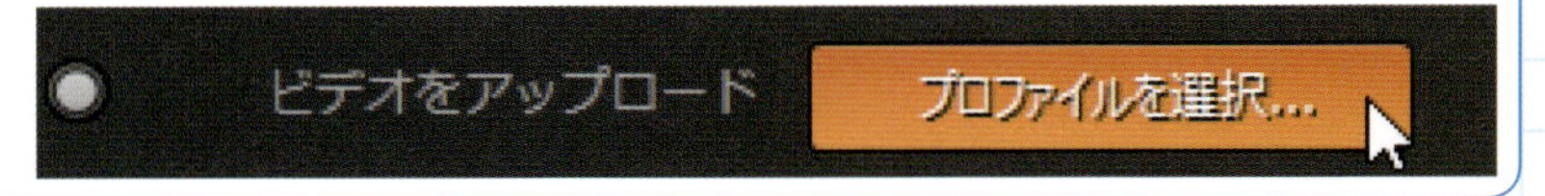

⑥項目の設定が終わったら「開始」ボタンをクリックします。

⑦書き出し後、アップロードされます。

⑧「OK」ボタンをクリックします。

⑨公開されました。

**Point 著作権に注意しましょう**

Web にアップロードする場合は第三者に権利のある画像や音楽を使用していないかなど、著作権に注意しましょう。

# CHAPTER-8-2
# スマホで楽しむ

スマートフォンで撮影した動画を編集したり、それをスマートフォンで見られるようにします。

## iPhone から動画を取り込む

iPhone から撮影した動画を取り込むには「iTunes」というソフトがパソコンにインストールされていなければなりません。

① iPhone とパソコンを接続して開きます。iPhone で撮影した写真や動画データは「DCIM」フォルダーの中にあります。

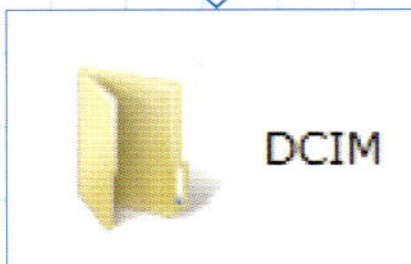


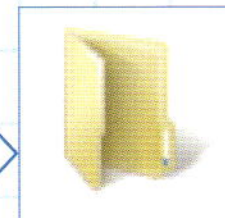


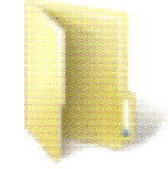

DCMI」内のフォルダー名は iPhone ごとに異なります。

## Point 動画ファイルを検索

iPhone で撮影した動画は .MOV 形式で保存されます。フォルダーをいちいち開いて確認するのが面倒な場合は「DCIM」を表示させてエクスプローラーの検索窓に .MOV と入力してピックアップするのがよいでしょう。

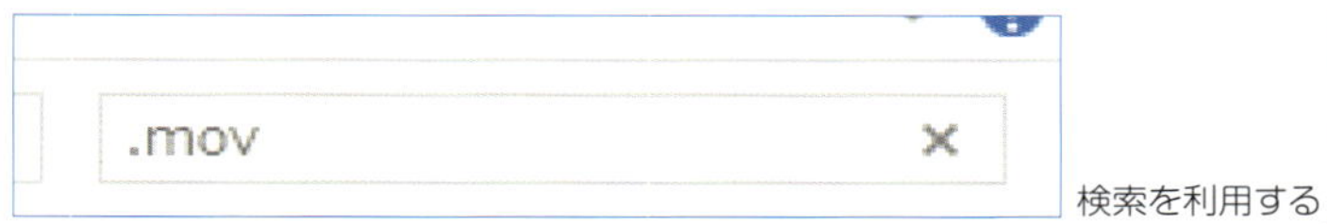


検索を利用する

iPhone撮影動画 へコピー

② iPhone のフォルダーから動画をパソコンにコピーします。ここではパソコンに「iPhone 撮影動画」というフォルダーをつくって、ドラッグアンドドロップでコピーしています。

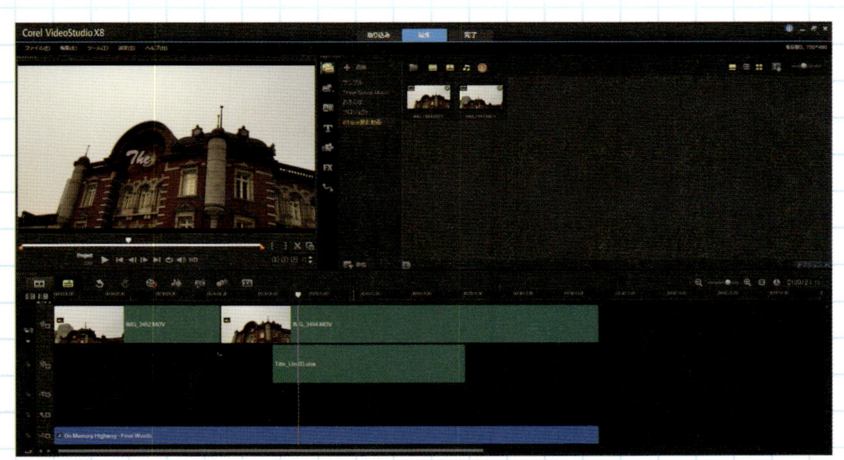


③コピーした動画は VideoStudio X8 に取り込んで通常の編集ができます。

## 動画をスマホ用に書き出す

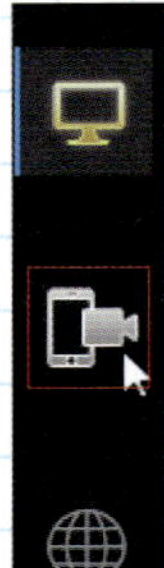

編集した動画を書き出します。

①「完了」ワークスペースに切り替えて、ツールバーからデバイスを選択、クリックします。

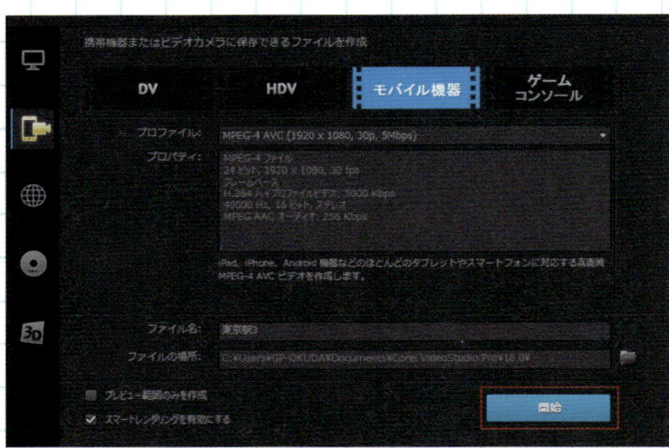


②「モバイル機器」を選択して、プロファイルや保存先を確認して「開始」ボタンをクリックします。

③書き出しが完了しました。

書き出された動画

## iPhone に動画を転送する

iPhone に動画を転送する場合も iTunes に一度取り込んでから転送します。

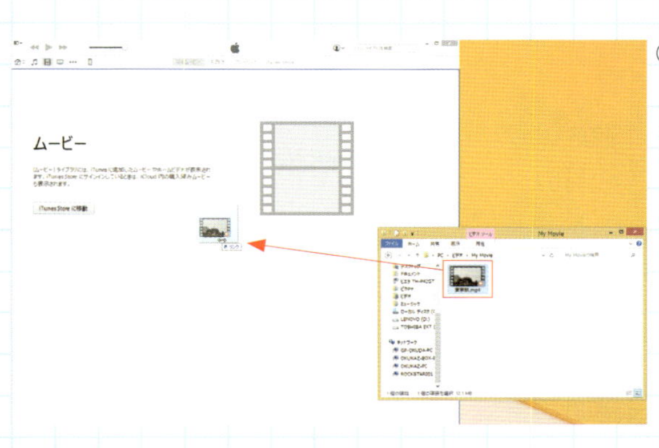


①最初に iTunes に動画をコピーします。iTunes に動画をドラッグアンドドロップします。

② iTunes を「ホームムービー」に切り替えると登録されています。

③ iPhone と同期します。

④ iPhone で再生できました。

## Android 携帯から動画を取り込む

Android の場合は iTunes のようなソフトは特に必要ありません。

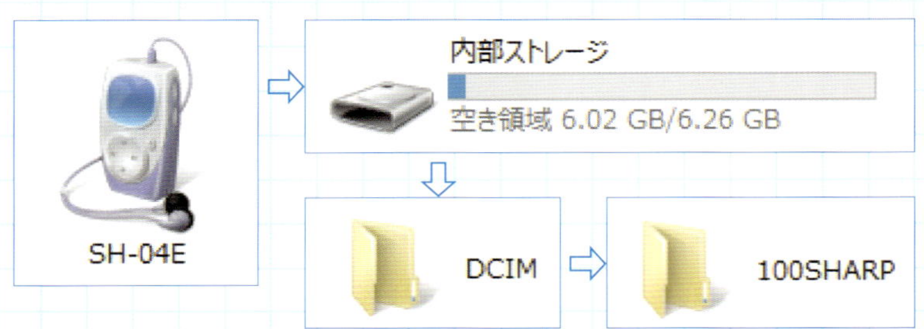


① Android 携帯とパソコンを接続して開きます。Android 携帯も写真や動画データは「DCIM」フォルダーの中にあります。

Hint 今回は AQUOS PHONE（SH-04E）を使用して説明しています。ほかの機種でも同じ手順ですが、くわしくはメーカーの取扱説明書をご覧ください。

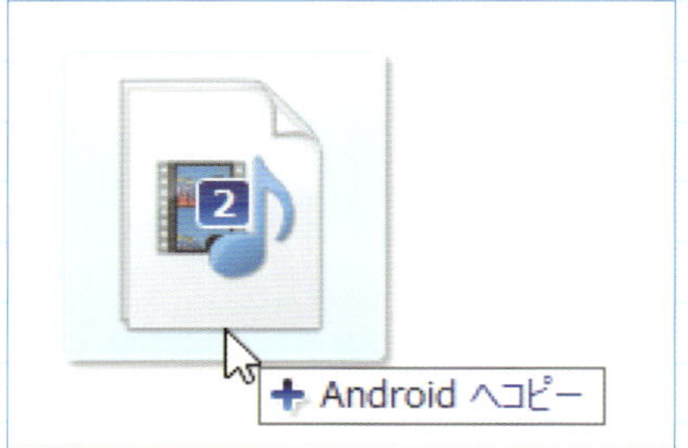


②「DCIM」フォルダーから動画をパソコンにコピーします。ここではパソコンに「Android」というフォルダーをつくって、ドラッグアンドドロップでコピーしています。

③コピーした動画は VideoStudio X8 に取り込んで通常の編集ができます。

## Android 携帯に動画を転送する

取り込んだ動画を書き出す手順は iPhone のときと変わりません。（→ P.262）また Android に転送するのは iPhone より簡単です。

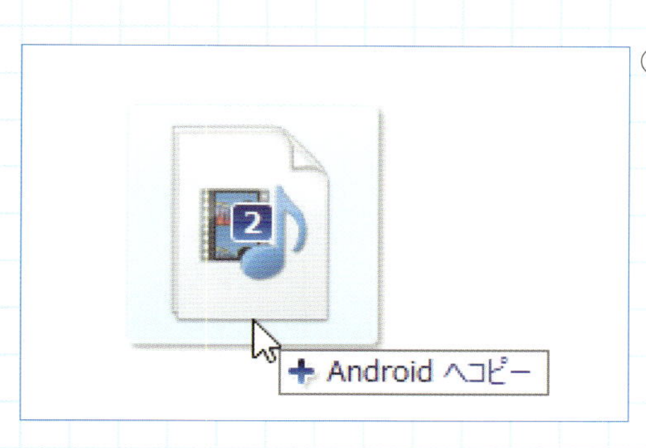


① VideoStudio X8 で作成した動画をAndroid携帯の「DCMI」フォルダーにドラッグアンドドロップでコピーします。

### Point Android は再生できない？

SH-04E ではコピーしようとしたときに図のようなアラートが表示されました。しかし Android は MP4 形式の動画に正式に対応しているので、まず心配はいりません。かまわず「はい」でコピーしてみましょう。

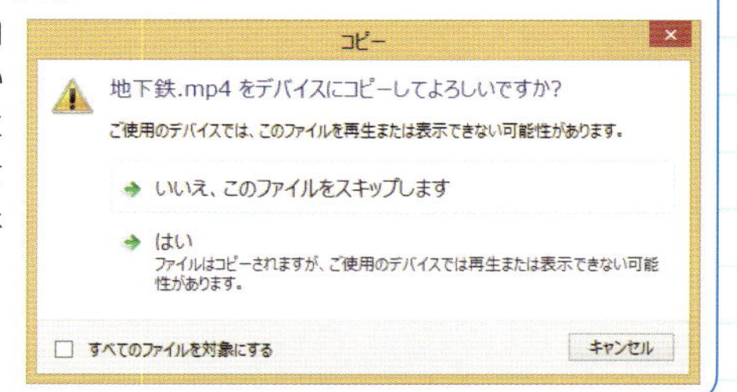

②動画を再生できました。

CHAPTER-8-3

# DVD ビデオをつくる

Web、スマホでの利用の仕方を説明してきましたが、今度は DVD に焼いて楽しい作品を知人、友人に配布しましょう

ここではメニュー画面つきの DVD ビデオの作り方を解説します。

## 「ディスク」を選択する

①「完了」ワークスペースに切り替えて、ツールバーから「ディスク」を選択、クリックします。

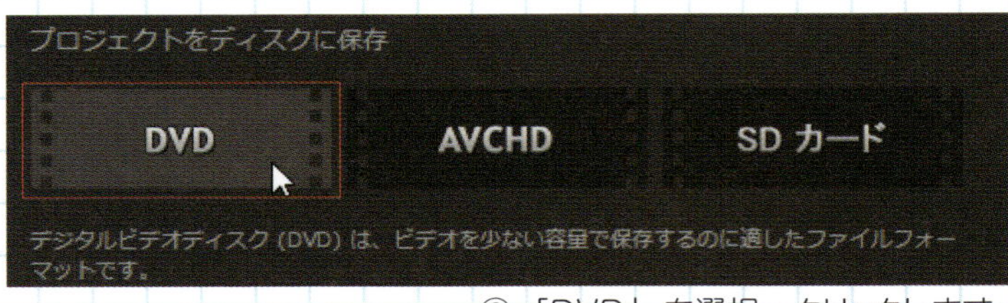


②「DVD」を選択、クリックします。

### Point 「ディスク」のメニュー

| | |
|---|---|
| DVD | 一般的な DVD ビデオ形式。市販の DVD もこれにあたる。 |
| AVCHD | DVD より高画質だが、対応しているプレーヤーは少ない。 |
| SD カード | 一部カーナビなどのメディアプレーヤーが対応している。 |

## 1　入力

DVD ビデオは 3 ステップで製作できるようにメニューが分かれています。

1 入力　2 メニュー作成　3 出力

3 ステップ

## プロジェクトを追加する

いまはクリップが一つしかありません。せっかくメニューつきの DVD をつくるのですから、もっとビデオを増やします。

**Point メニューを作らない**

メニューのない DVD を作る場合はチェックをはずします。

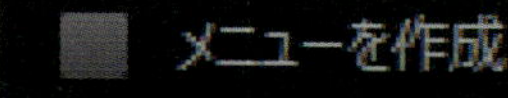

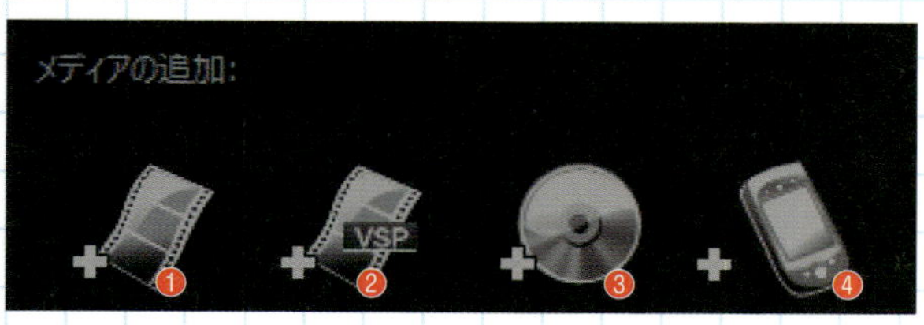


メディアを追加する

1. ビデオファイルを追加する。
2. プロジェクトファイルを追加する。
3. DVD や Blu-ray などから追加する。
4. モバイル機器から追加する。

「メディアの追加」の❷「プロジェクトファイルを追加」をクリックします。「My Project」の保存先から 4 つのプロジェクトを追加しました。

## クリップの順番を変更する

できあがった DVD のすべてを再生したときには左から順番に再生されます。その順番をここで入れ替えることができます。「おさんぽ編」を最後にドラッグアンドドロップします。

ドラッグする

黄色い線が表示される

入れ替わりました

## クリップを削除する

クリップを選択して左にある「×」ボタンをクリックするか、キーボードの「Delete」キーを押します。

## チャプターのタイトルを変更する

クリップの下に表示されているのはプロジェクトファイル名ですが、これは DVD を作成したときのメニューに表示されるチャプターのタイトルになります。このタイトルを変更します。

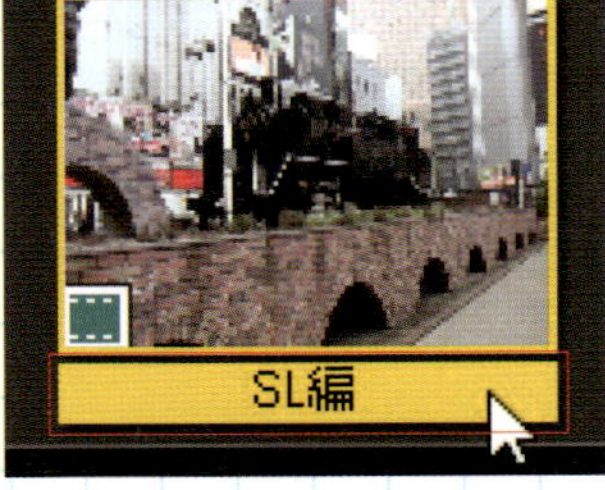


①クリップを選択して、下段をクリックする。

②白く変わるので文字を入力する。

③入力を終えたら、クリップの外側をクリックして確定させます。

Hint チャプターのタイトルは次の「2　メニュー作成」ステップでも変更することができます。

Hint チャプターは本のしおりのようなもので、プレーヤーを操作するとその箇所から再生することができます。

## チャプターを追加 / 編集する

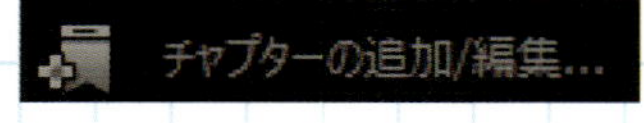


①チャプターを追加したいクリップを選択して「チャプターの追加 / 編集」をクリックします。

②「チャプターの追加 / 編集」ウィンドウが起動します。

③プレビューウィンドウのジョグ スライダーや再生ボタン、タイムコードなどを駆使して、チャプターを追加していきます。ここでは 4 か所に追加しています。

## Point チャプターの自動追加

「チャプターの自動追加」をクリックすると図のようなウィンドウが開きます。条件を選択して「OK」をクリックすると、自動的にチャプターが追加されます。

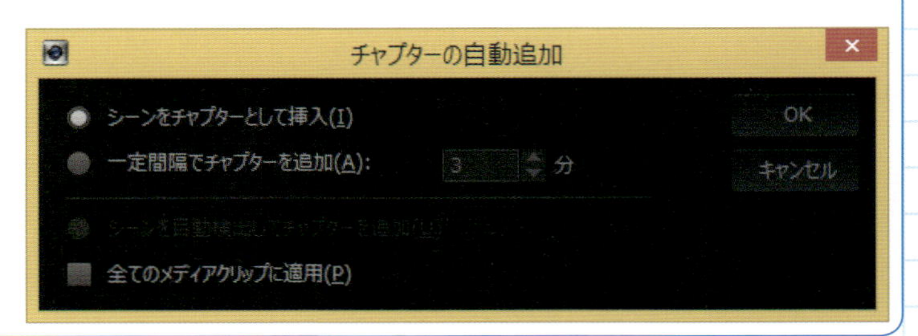

④チャプターを削除する場合は、下段の表示されているクリップから選択し「チャプターの削除」ボタンをクリックするか、キーボードの「Delete」キーを押します。

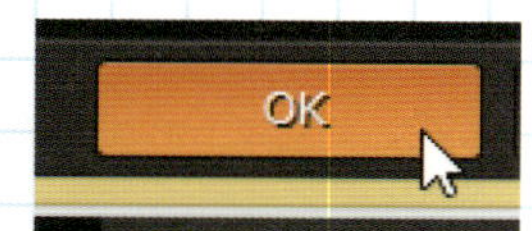


⑤設定を終えたら、「OK」ボタンをクリックします。

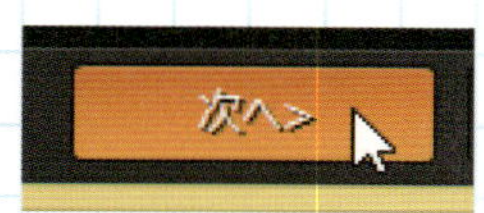


⑥「次へ >」をクリックして「2　メニュー作成」に進みます。

## Point タイムラインでチャプターを追加する

ビデオを編集中のタイムラインでもチャプターを追加することができます。タイムラインのスライダーを移動して、チャプターを追加したい箇所で止め、図のボタンをクリックします。

⇩

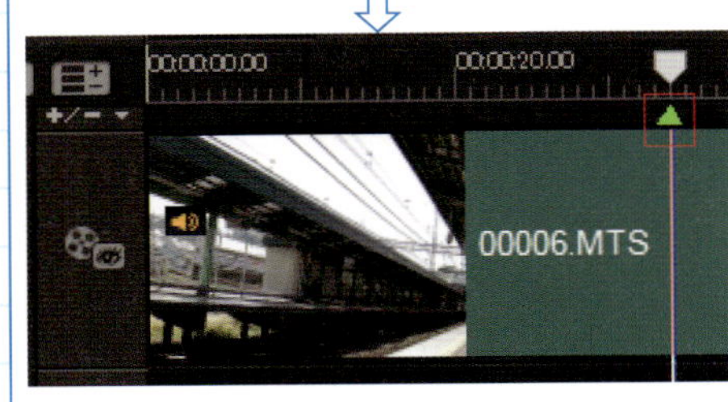


▲が追加された

またはタイムライン上でマウスのカーソルが変わるのを待ち、クリックしても追加できます。

また、削除は▲を選択して同じようにボタンをクリックしてもよいのですが、追加のときと同様、カーソルが変わるのを待って選択し、それをドラッグしてタイムラインの外へ持っていってドロップするほうが簡単です。
ここで設定したチャプターのポイントは DVD ビデオ作成時に反映されます。

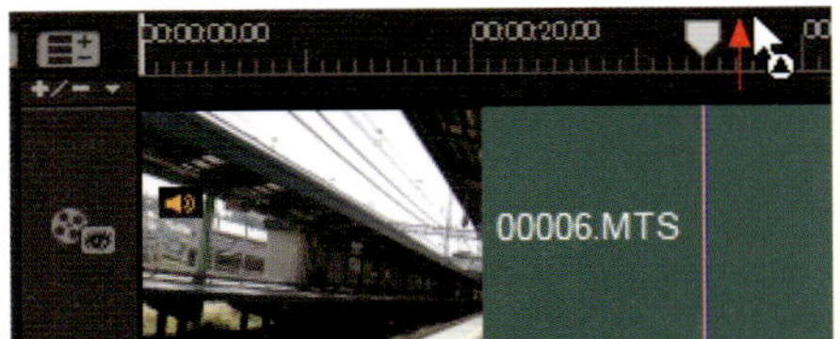


タイムラインの外へドラッグ

## Point チャプターポイントとキューポイント

タイムラインではチャプターポイントと同じようにキューポイントを追加することができます。これはビデオを編集する際の目印のようなもので、編集点を設定するために使います。編集点とは場面に何か変化が起きたりして、テロップを入れたりするなど編集のきっかけになる箇所のことです。

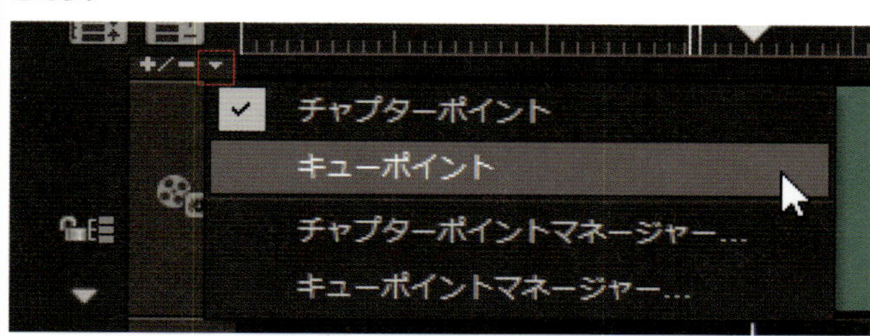


ここで切り替える

キューポイントは青い

## Point イントロビデオを再生してからメニューを表示する

「イントロビデオを再生してからメニューを表示する」にチェックを入ると、最初のビデオに1と表記され、作成したDVDを再生したときに、メニューの画面を表示する前に、そのイントロビデオが再生されるようになります。

最初のクリップに1

市販のDVDで、最初に映画会社のロゴや注意書きが表示されるあの感じです。

## 2　メニュー作成

「1　入力」の設定を終えて、「2　メニューの入力」に進んだウィンドウです。1に戻るときは下段にある「＜戻る」ボタンをクリックします。

## メニュー画面のテンプレート

左側にメニュー画面テンプレートが並んでいます。初期設定では「スマートシーンメニュー」となっていますが、画像を使用しない「テキストメニュー」など、ほかにも用意されています。プルダウンメニューを表示し、「すべて」を選択すれば、全部のテンプレートが表示されます。

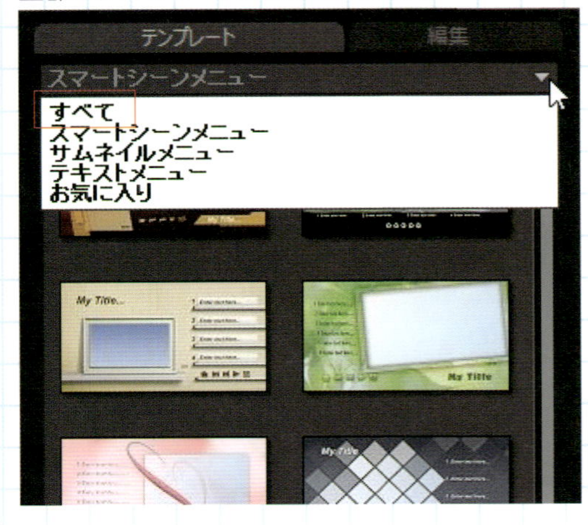

## 「編集」タブに切り替える

テンプレート　編集

①テンプレートを選択したら、「編集」タブに切り替えて、詳細の編集項目を表示します。

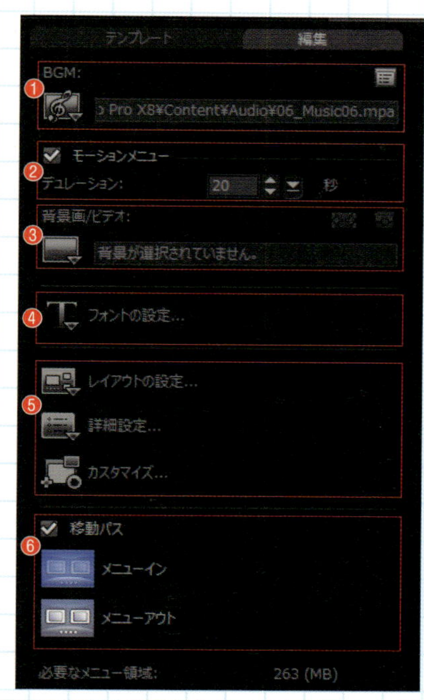


| | 名称 | 機能 |
|---|---|---|
| ❶ | BGM | メニューを表示されたときに流れる音楽。変更する場合は左はしのアイコンをクリックする。 |
| ❷ | モーションメニュー | メニューに表示される画像が動画の場合、チェックをはずして、1枚の画像にすることができる。「デュレーション」は動画の場合の表示時間。 |
| ❸ | 背景画 / ビデオ | メニューの背景画像を変更できる。(ビデオに変えることもできる) 変更する場合は左のアイコンをクリックする。 |
| ❹ | フォントの設定 | メニューのフォント(書体)の設定を開く。(プレビューウィンドウで文字を選択しないとアクティブにならない) |
| ❺ | レイアウト | メニューのレイアウトの詳細設定を変更できる。 |
| ❻ | 移動パス | メニュー画面が表示されたとき、あるいはメニュー画面から本編のビデオに移行するときのアニメーションの動作の設定。 |

## タイトルの編集

プレビューウィンドウで操作します。

### ワンクリック時

拡大・縮小・回転ができます。

| | |
|---|---|
| □ | 拡大・縮小 |
| ● | 変形 |
| ● | 回転 |

**Point フォントを変更する**

フォント（書体）を変更したいときは、選択してから「フォントの設定」ボタンをクリックします。

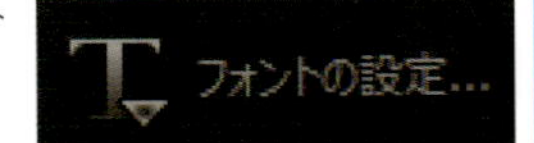


**Point 選択画像も変形できる**

プレビューウィンドウ内で選択できる画像がある場合は同様に変形できます。

変形前

変形後

### ダブルクリック時

文字の入力ができます。

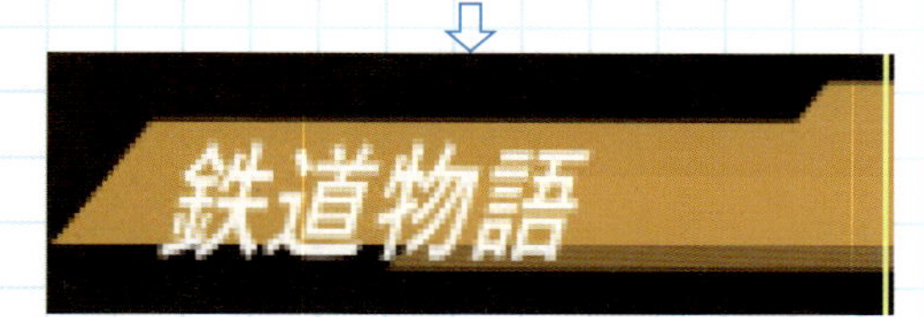


## サブメニューの設定

メインメニューの設定が終わったら、今度はサブメニューの設定です。

①プルダウンメニューからサブメニューを選択、クリックします。

Hint　サブメニューはチャプターを設定していないと表示されません。

②変更のしかたはメインメニューと同じです。

## 「プレビュー」で動作の確認

DVD に書き出す前に動作の確認ができます。

①「プレビュー」をクリックします。

②画面が切り替わり、プレーヤーでメニュー画面がどのように動作するのかを確認します。左にあるリモコンは実際のプレーヤーのリモコンと同様の操作ができます。

③確認を終えたら、「戻る」ボタンをクリックします。

④「次へ >」をクリックして「3　出力」に進みます。

## 3 出力

いよいよ DVD に書き出します。

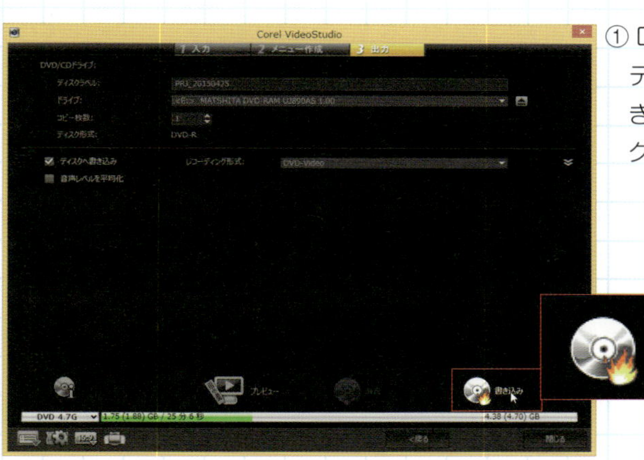


① DVD ドライブに DVD ディスクを入れて「書き込み」ボタンをクリックします。

Corel VideoStudio

この作業を実行するとレンダーに時間がかかります。続行しますか?

次回からこのメッセージを表示しない(D)

OK　キャンセル

② 「時間がかかりますが続行しますか?」というウィンドウが開くので、「OK」をクリックします。

タスクの進行状況:　タイトルを変換...　3%

詳しい進行状況:　東京駅　3%

経過時間:　00:00:27

③作業が始まります。

④ DVD プレーヤーで再生して、動作を確認します。

## Point 出力画面の詳細設定

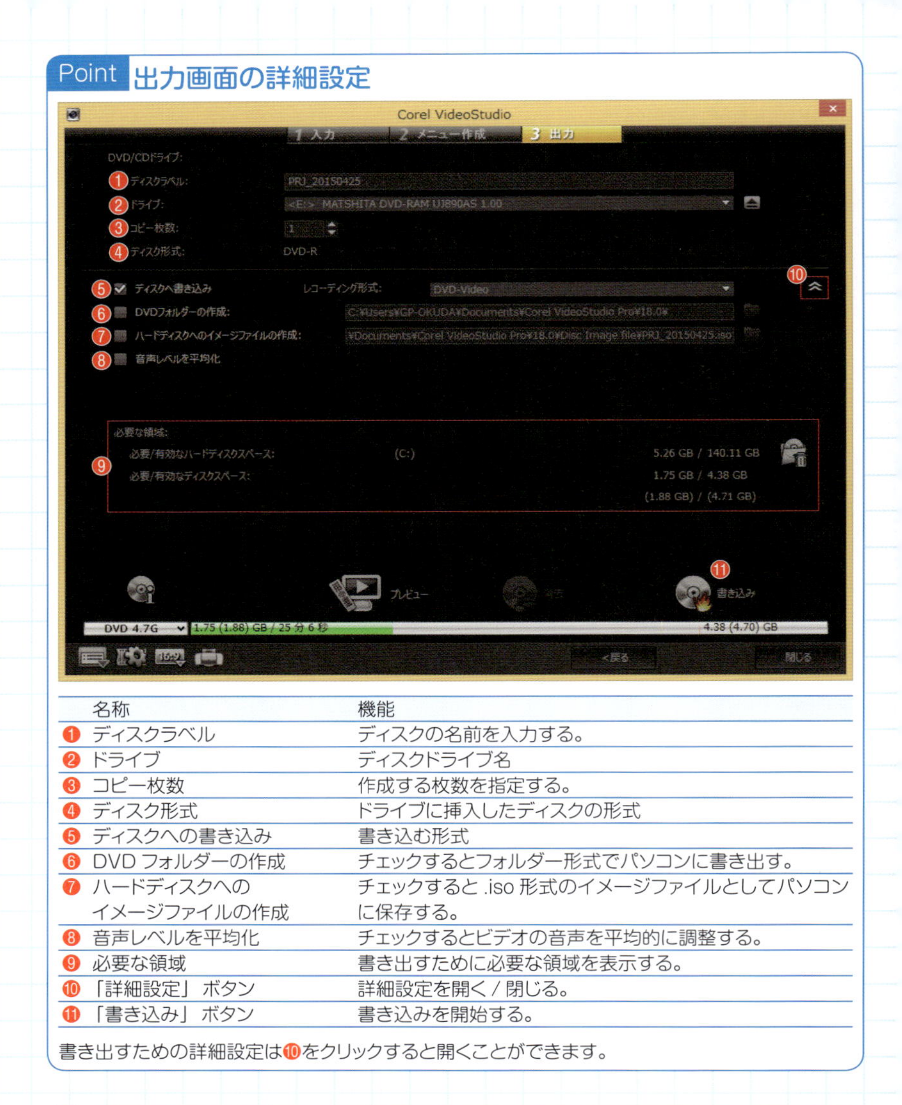


| | 名称 | 機能 |
|---|---|---|
| ❶ | ディスクラベル | ディスクの名前を入力する。 |
| ❷ | ドライブ | ディスクドライブ名 |
| ❸ | コピー枚数 | 作成する枚数を指定する。 |
| ❹ | ディスク形式 | ドライブに挿入したディスクの形式 |
| ❺ | ディスクへの書き込み | 書き込む形式 |
| ❻ | DVD フォルダーの作成 | チェックするとフォルダー形式でパソコンに書き出す。 |
| ❼ | ハードディスクへのイメージファイルの作成 | チェックすると .iso 形式のイメージファイルとしてパソコンに保存する。 |
| ❽ | 音声レベルを平均化 | チェックするとビデオの音声を平均的に調整する。 |
| ❾ | 必要な領域 | 書き出すために必要な領域を表示する。 |
| ❿ | 「詳細設定」ボタン | 詳細設定を開く / 閉じる。 |
| ⓫ | 「書き込み」ボタン | 書き込みを開始する。 |

書き出すための詳細設定は❿をクリックすると開くことができます。

## ＋ Blu-ray ディスク

VideoStudio X8 プラグインをインストールすることで Blu-ray ディスク作成機能を追加することができます。くわしくは Web の製品ページをご確認ください。

# 第9章
# ULTIMATEのボーナスディスク

CHAPTER-9-1

# プロフェッショナルなツール群

上位版であるVideoStudio X8 ULTIMATEには特典がついてきます。

それはプロフェッショナルなツールを収めたボーナスディスクです。

特典のプラグインの大半はフィルターとしてライブラリの「FX」に収められます。（一部タイトルや、トランジションにも新しいものが追加されます。）操作方法は最初から収録されているツールと同様で、基本は適用したいクリップにドラッグアンドドロップしたあとに、オプションで設定を変更して使用します。ここで個性的でインパクトがあるフィルターを、いくつか紹介します。

CHAPTER-9-2

# フィルターの紹介

高機能なツールを活用して完成度をさらにアップします。

## NewblueFX

VideoStudio X8 Pro にも NewblueFX の一部が収録されていますが、ULTIMATE はさらに増やすことができます。

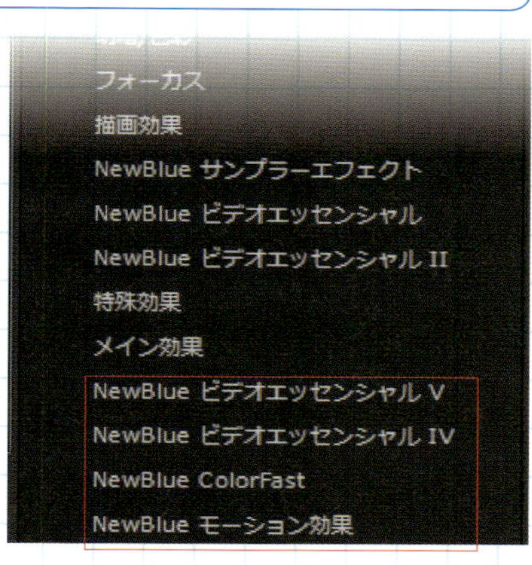


ULTIMATE で追加される

### ローリングウェーブ

元の画像

フィルター適用後

## Boris Graffiti

個性的なタイトルを作成することができます。

### Particlewipe

タイトルが粉々に散っていく

## ProDAD Mercalli

ビデオスタビライザー。ビデオを解析して手ぶれなどを補正してくれます。

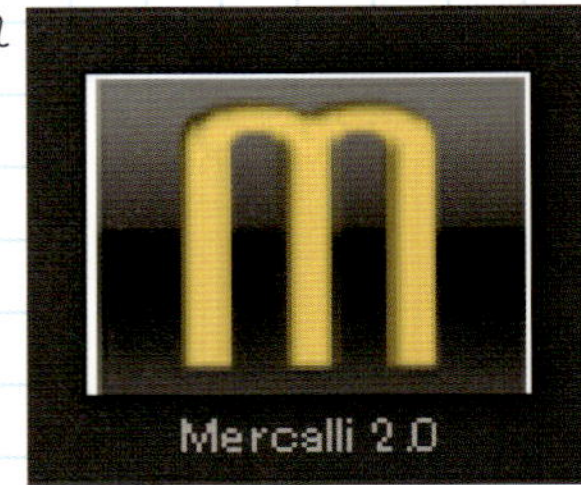

ビデオ解析中

カメラの手ぶれが納まる

## ProDAD Vitascene

色や光をコントロールして幻想的な画面を演出できます。

### Edge Light Rays

元の画像

フィルター適用後

## ProDAD RotoPen

地図上にルートを描いて軌跡を動画にすることができます。

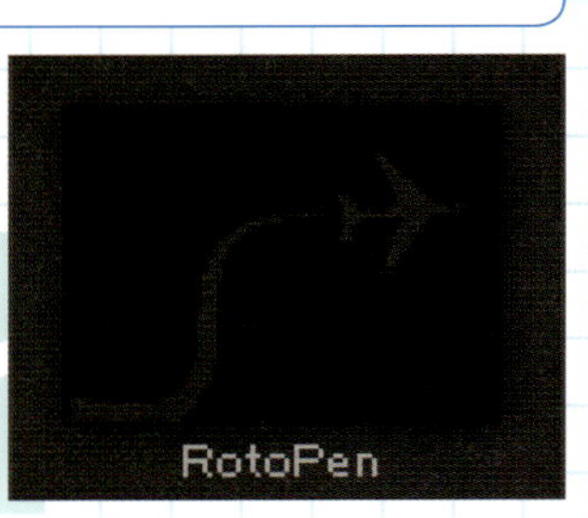


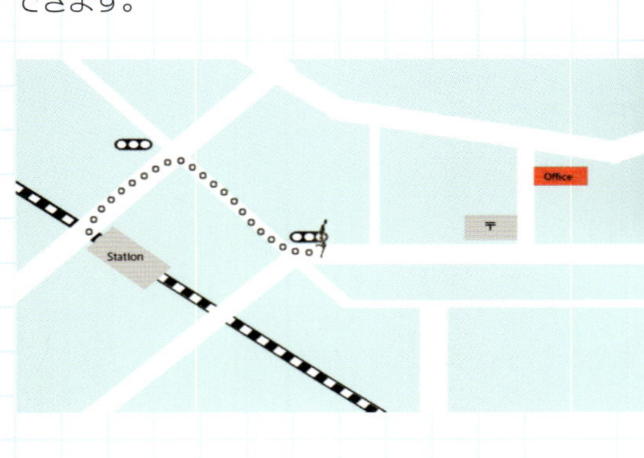

## ProDAD HandScript

さまざまなアニメーショングラフィックと合成したスタイリッシュなタイトルを作成できます。

### スポーツ＋タイトル

## ProDAD Adorage Starter Pack

遊び心にあふれた CG とビデオを合成できます。

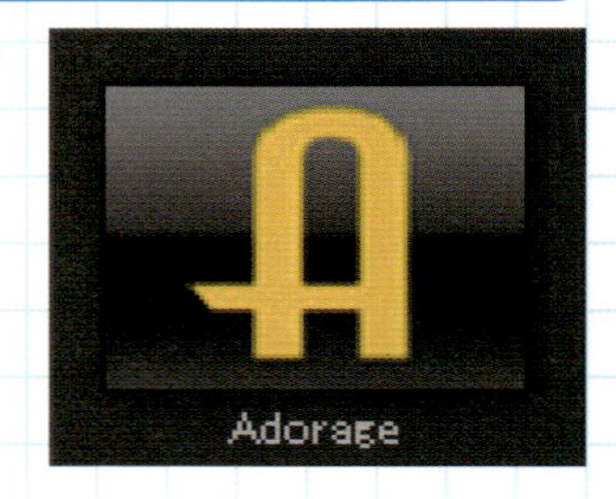


### 007

⇩

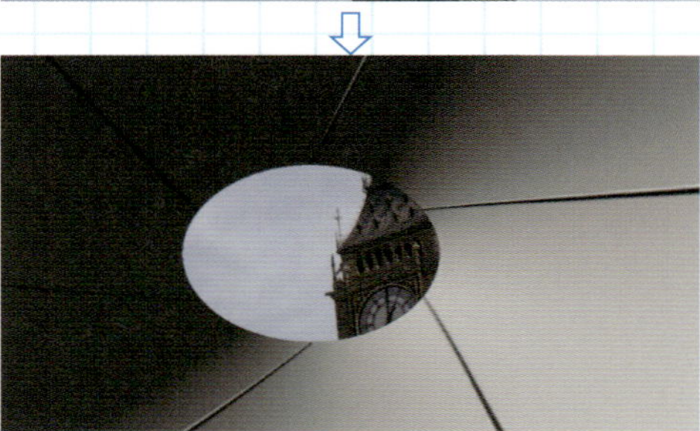

# カタログ
# VideoStudio X8 の フィルター・トランジション 一覧

Catalog-1

# VideoStudio X8 フィルター一覧（10 カテゴリー　全 86 種類）

FX

※誌面では効果の伝わりにくいフィルターも一部あります。また一部のフィルターはカスタマイズして使用しています。ご了承ください。

## 2D マッピング（6 種類）

元画像

「クロップ」

「フリップ」

「波紋」

「つぶて」

「流水」

「渦巻き」

## 3D テクスチャマッピング（3 種類）

「魚眼」

「つまむ」

「膨張」

## 補正／調整 (7 種類)

元画像

「詳細ノイズ除去」

「手ぶれ補正」

「ブロックノイズ除去」

「ノイズ除去」

「スノーノイズ除去」

・アナログテレビの「砂の嵐」のようなノイズを除去

「ライティングをエンハンス」

「ビデオのパンとズーム」

## カメラレンズ（14 種類）

元画像

「カラーシフト」

「回折」

「拡散グロー」

「デュオトーン」

「万華鏡」

「レンズフレア」

「ミラー」

「モノクロ」

「モザイク」

「移動ぼかし」

「古いフィルム」

「回転」

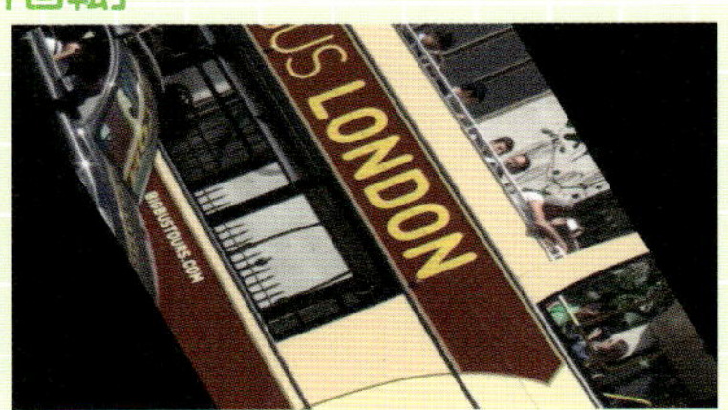


「星」

「ズーム移動」

## Corel FX（7 種類）

元画像

「FX モノクロ」

・時間経過とともにベースの色が変化します。

「FX モザイク」

・時間経過とともにモザイクの大きさが変化します。

「FX つまむ」

「FX 膨張」

「FX 波紋」

「FX スケッチ」

「FX 渦巻き」

## 明暗／色彩（9種類）

元画像

「自動露出」

「オートレベル」

「明度とコントラスト」

「カラーバランス」

「エンボス」

「色相と彩度」

「反転」

「光」

「ビネット」

## フォーカス（3 種類）

「スムージング」

元画像

「ぼかし」

「シャープ」

## 描画効果（7 種類）

「オートスケッチ」

元画像

「木炭」

「カラーペン」

「コミック」

「油絵」

「ロトスケッチ」

「水彩画」

## New Blue サンプラーエフェクト（5 種類）

「アクティブ カメラ」

・手ぶれを演出。

元画像

「エアーブラシ」

「境界線のクロップ」

「ディティール エンハンサー」

「水彩画」

## New Blue ビデオエッセンシャル（8 種類）

元画像

「Color Fixcer Plus」

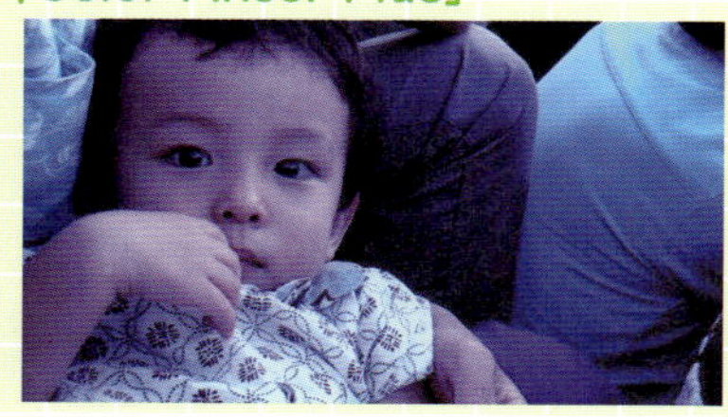

「フラッシュ除去」

・ビデオ内でたかれているフラッシュを除去します。

「ピクセレーター」

「シャープ」

「ソフトフォーカス」

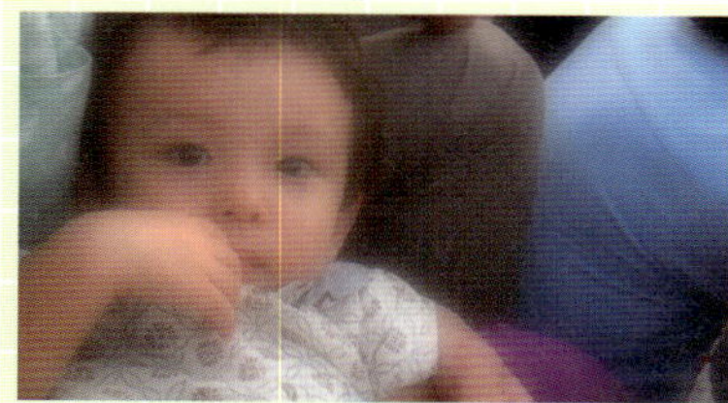

「ティント」

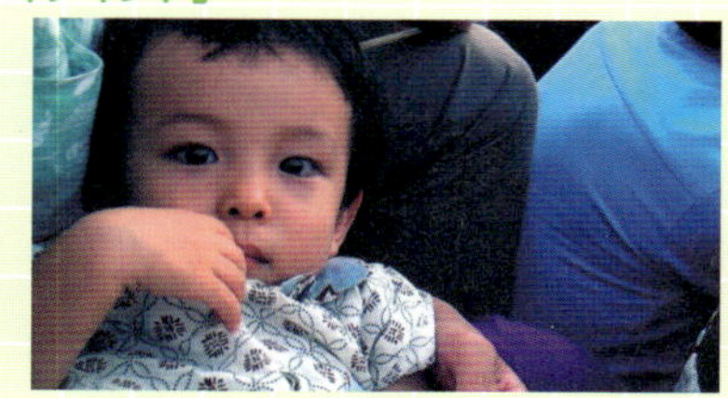

「ビデオ調整」

「タッチアップ」

## New Blue ビデオエッセンシャルⅡ（10 種類）

元画像

「ピクチャーインピクチャー」

「クロマキー」

「カラーイコライザー」

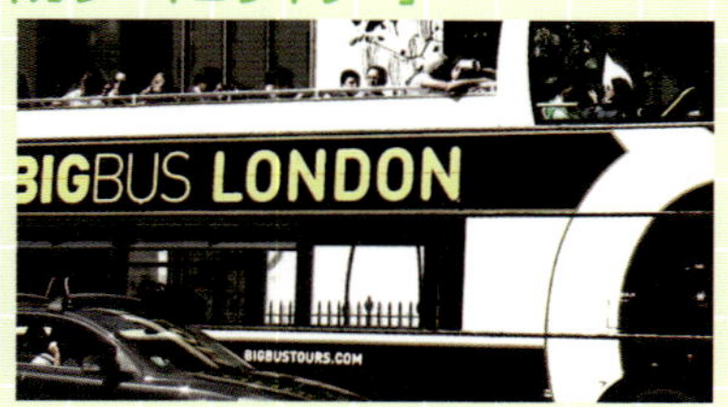


「カラースワップ」

「ラックフォーカス」

「レンズ補正」

「レターボックス」

「ノイズリデューサー」

「シャドウとハイライト」

「ビネット」

## 特殊効果（7 種類）

元画像

「泡」

「雲」

### 「ゴースト」

### 「稲妻」

### 「雨」

### 「ストロボモーション」

### 「風」

**Hint** カテゴリーの「メイン効果」は主な効果を集めたもので、これまで紹介したものと同じです。

Catalog-2

# VideoStudio X8 トランジション一覧（16 カテゴリー　全 126 種類）

## Point 同じ名前でも…

同じ名前のトランジションが散見されますが、カテゴリーによって、図形の大きさや動作の仕方などに違いがあります。またトランジションの中にはカスタマイズできるものがあり、それによっては大きく変わるものがあります。ここで掲載したのはすべて初期設定の画像です。

## 「3D」（15 種類）

元の映像

### 「アコーデオン」

A がアコーデオンカーテンのように横に開き、B が現れる。

### 「バーンドア」

A の中央からドアが奥に開いて、B に変わる。

### 「ブラインド」

A が中央から二つに割れて回転して消える。

「フェース」

Aが右側から持ち上がってきて、Bに変わる。

「フライングボード」

Aがボードになって、彼方に飛んでいき、Bに変わる。

「フライングキューブ」

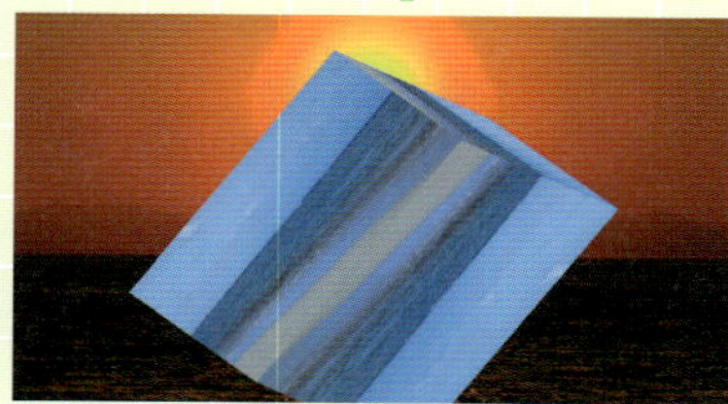

Aが立方体（キューブ）になって、彼方に飛んでいき、Bに変わる。

「フライングフリップ」

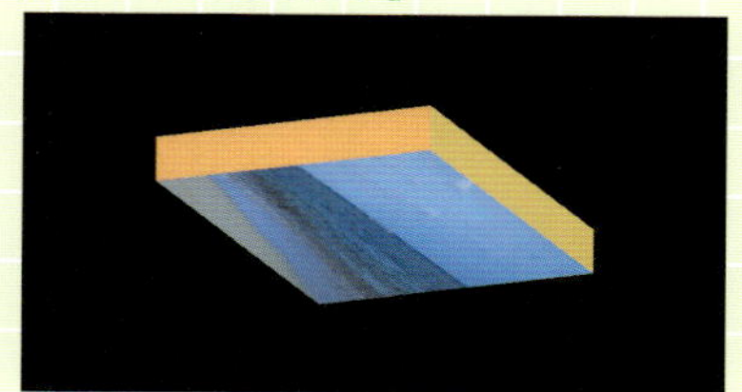

Aがボード（フリップ）になり回転して裏替えになり、Bのフリップに変わる

「フライングフォルド」

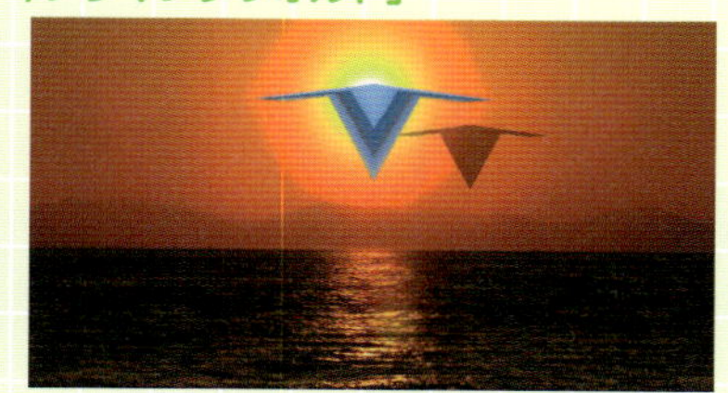

Aが紙飛行機に折りたたまれて飛んでいき、Bに変わる。フォルドは折りたたむの意。

「ボックス」

Aが回転しながら箱型に収束。小さくなっていき、Bに変わる。

「ゲート」

Aが奥に門扉のように開いていき、Bに変わる。

「スライド」

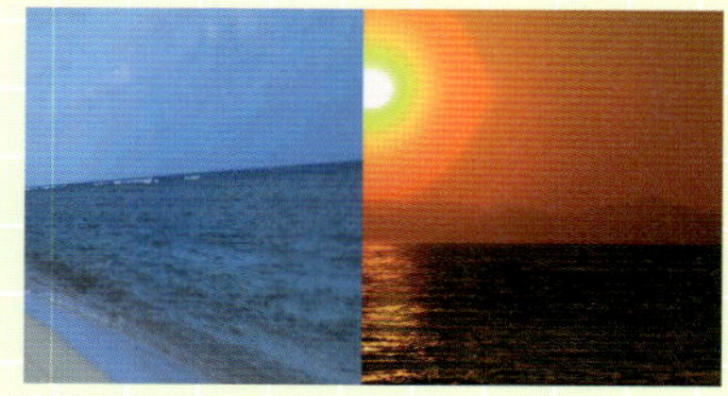

Aが手前に開いて消えていき、Bが表示される。

### 「スピンドア」

A が中心を軸にして回転して消え、B が表示される。

### 「スプリットゲート」

A が上下に分割され、奥に向かって開いていき、B が表示される。

### 「絞り」

A が中心で折り込まれ、両側から B が現れる。

### 「渦巻き」

A が爆発して粉々になり、下から B が現れる。

## ＋「アルバム」（1 種類）

### 「フリップ」

アルバムのように A のページがめくられ、B がまたページのように現れる。（本文で使用）

## 「ビルド」（5 種類）

### 「チェッカー盤」

チェッカー盤のように格子状の模様になり、AとBが入れ替わる。

### 「対角」

長方形のBでAが端から塗りこめられていく。

### 「スパイラル」

外側から中心に向ってBでAが塗りこめられていく。

### 「ずらす」

左下からBでAが塗りこめられていく。

### 「壁」

上からBでAが壁を塗るように覆われる。

## 「クロック」（7 種類）

### 「中心」

中心点の上下が扇のように B に変わり、転換する

### 「クォーター」

左上の点を起点にして下から B が現れ、A が一掃される。

### 「サイド」

横辺の中央を起点にして下から B が現れ、A と入れ替わる。

### 「分割」

中心を起点にして上から B が扇のように開き、A と入れ替わる。

### 「スィープ」

中心を起点にして円を描くように B が現れ、A と入れ替わる。

### 「回転」

中心を起点にして円を描くように B が上下に現れ、A と入れ替わる。

### 「ツイスト」

中心を起点にして円を描くように B が 4 つ現れ、A と入れ替わる。

## 「F/X」(20 種類)



### 「矢印」

A に図のような楔形の B が表示されて、入れ替わる。

### 「破裂」

A がタイル状に破裂して、B が現れる。

### 「燃焼」

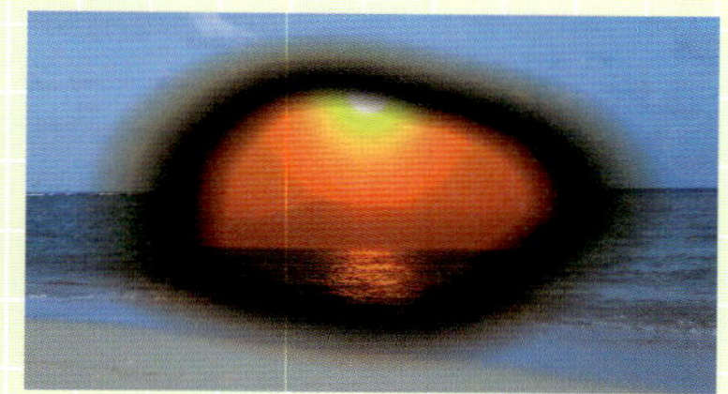

A の中心から燃え広がり、B と入れ替わる。

### 「クロスフェード」

A がだんだん透明になっていき、B が現れる。

### 「ダイヤモンド A」

ダイヤモンド型の B が表示され、徐々に A と置き換わる。

### 「ダイヤモンド」

ひし形(ダイヤ)がそろばんの玉のように並び、A と置き換わる。

### 「ディゾルブ」

A が細かい点になって消失していき、B が徐々に明らかになる。

### 「黒い画面いフェード」

画面が暗転していき、真っ暗になった後、B が徐々に現れる。

「フライ」

Aが画面の左に飛んでいき、消える。

「じょうご」

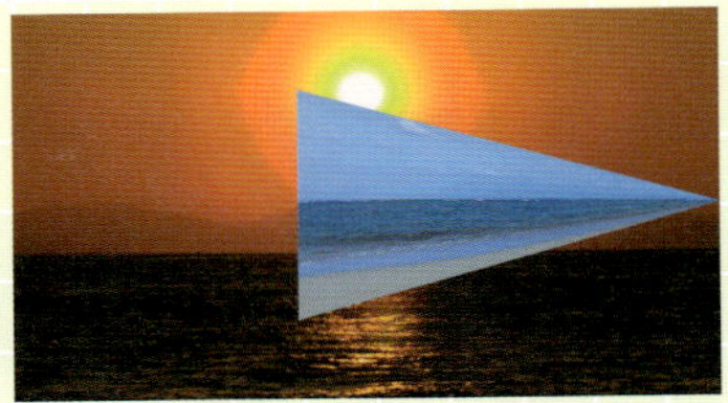

Aが画面右の中心に吸収されていき、消える。

「ゲート」

Aが変形（尖った形）し、画面左に消えていく。

「アイリス」

Bが画面の外から入ってきて、Aが閉じられていく。

「レンズ」

A4分割されて、中心点に吸収されていく。

「マスク」

AがBに塗りこめられて変わる。

「モザイク」

AにBがモザイクタイルのようにランダムに現れる。

「パワーオフ」

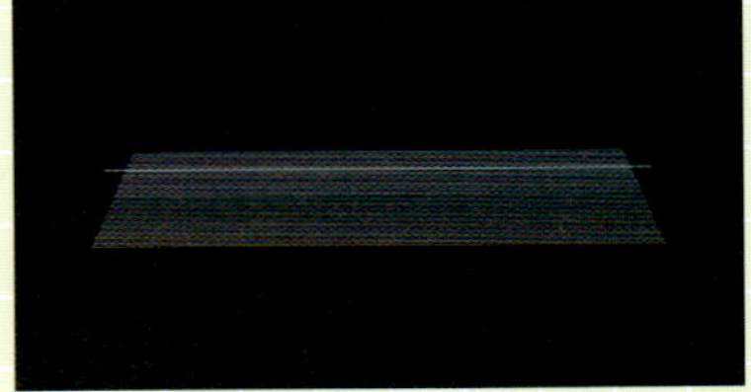

TVの電源を落としたようにAが消失して、暗転の後Bがパッと出現。

「シャッター」

A にひびが入り、割れて落ちる。

「シャッフル」

上下のカードを入れ替えるように、画像が入れ替わる

「アンフォルド」

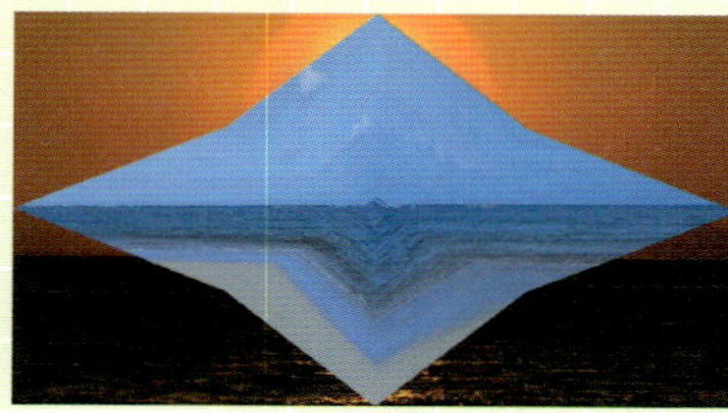

A が中心に向って折り込まれて消失。

「ジグザグフェード」

A、B 両方が稲妻のような線になり切り替わる。

## 「フィルム」(13 種類)

「バー」

A が横二つに分断され、両側から巻紙のように巻き取られていく。

「バーンドア」

A が中央からはがすように、両側にめくられていく。

「クロス」

A に四隅から B の紙が覆いかぶさるようにして、入れ替わる。

「フラップ A」

A が中央で縦に分断され、まず左から、つづいて右から紙をはがすようなタッチで、消えていく。

「フラップ B」

A が 4 つに分断されて、紙をはがすようなタッチで、消えていく。

「プログレッシブ」

A を 4 分割し、左上から順番に紙のように巻き取っていく。

「サイド」

A が端から紙のように巻き取られていく。

「スプリット ハーフ」

画面を 4 分割し、A は巻き取られ、B は貼り付けられていく。

「分割」

A を横 2 つに分割し、上半分の中央から 2 つに巻き取り、つづけて下半分も同様に巻き取っていく。

「ターンページ」

左下から A がページをめくるように巻き取られていく。

「ツイスト」

A を 4 分割し、それぞれ上下左右に巻き取っていく。

「ラップ」

A を 2 分割し、まずは上を巻き取り、つづけて下が巻き取られていく。

「ジッパー」

A にジッパーがあるように見立て、それを開けていくと下から B が現れる。

## 「フラッシュバック」（1 種類）

「フラッシュバック」

一瞬強烈な色彩で画面を支配し、A と B を入れ替える。

## 「マスク」（6 種類）

「マスク A」

画面の中間にアルファチャンネルの色で A と B を重ね、移行する。

「マスク B」

画面全体の色彩を変更して A と B を合成、移行する。

「マスク C」

A に星のマスク画像を合成し、B に移行する。

「マスク D」

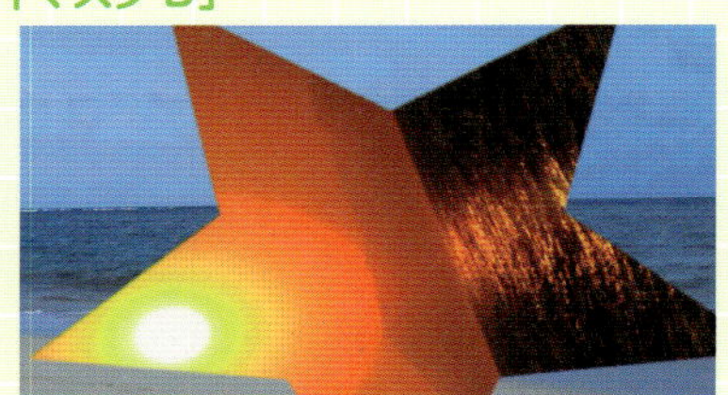

B に星のマスク画像を合成し、A から B に移行する。

「マスク E」

光のマスクを合成して、A から B に移行する。

「マスク F」

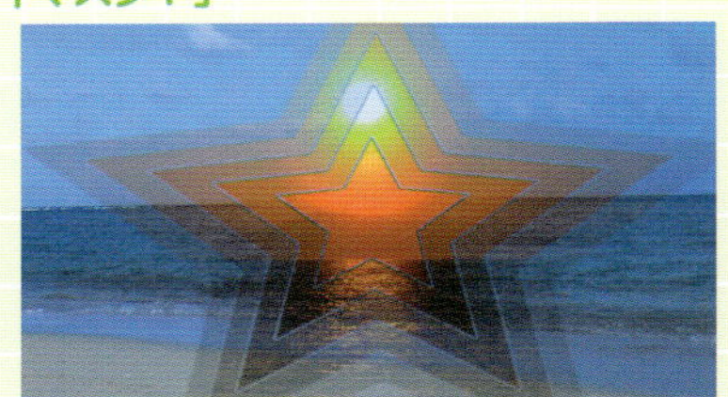

B に星のマスク画像を合成し、A から B に移行する。「マスク D」より派手。

## 「New Blue サンプラートランス」（5 種類）

「3D 紙吹雪」

A が右端から紙吹雪になって、ちりぢりになっていく。

「3D ピザボックス」

画面中央にピザボックスを重ねたような画像が現れ、A から B に切り替わっていく。

「カラーメルト」

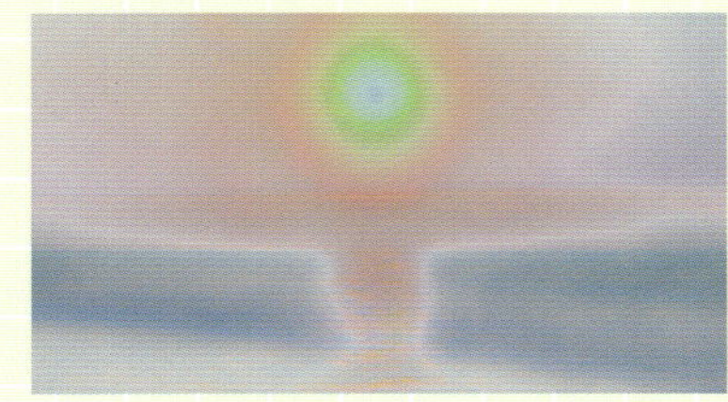

画面が白い閃光で真っ白になり B に変わる。

「ペーパーコラージュ」

画像がどんどん変化してペーパーアートになり、AB が融合して B に変わっていく。

「汚す」

A の画像が濁った色でぼんやりしたかと思うと、同じように B もぼんやりした形で現れ、鮮明になっていく。

## 「ピール」（6 種類）

### 「バーンドア」

A が両側に紙をめくるように、開いていく。紙の裏側は銀色。

### 「クロス」

A に B が四隅から中央に向けて覆いかぶさっていく。裏側は銀色。

### 「フラップ A」

A が中央で分断され、左から紙をめくるように開かれ、B が現れる。続けて右もめくられる。

### 「フラップ B」

フラップ A と同じだが、右からめくられていく。

### 「ターンページ」

A が左下から紙のようにめくられていく。紙の裏側は銀色。

### 「ジッパー」

A にジッパーがあるように見立て、それを開けていくと下から B が現れる。

## 「プッシュ」（5 種類）

### 「バー」

画面半分の両サイドから B が A を押し出すようにして、入れ替わる。

### 「メッシュ」

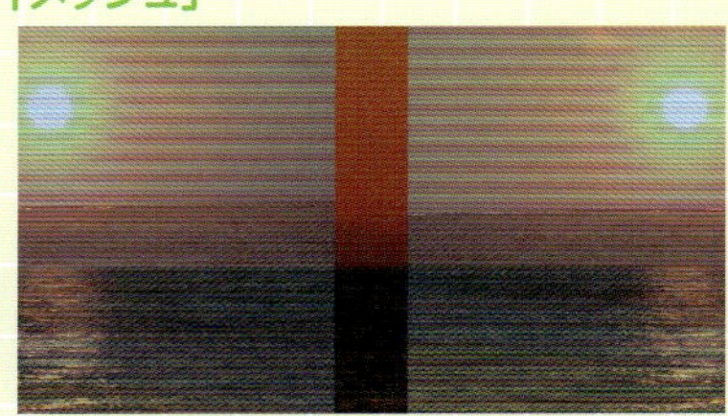

A が両サイドに逃げていき、B が両サイドから入ってきて、重なって B が完成する。

### 「ラン アンド ストップ」

B が画面に駆け込むように入ってきて、左右に少し揺れてから止まる。

### 「サイド」

B が横から入ってきて、止まる。

### 「ストリップ」

「メッシュ」 より太いバーで、A が画面外へ出ていき、B が入ってきて重なる。

## 「ロール」（7 種類）



### 「バー」

A が横二つに分断され、両側から巻紙のように巻き取られていく。紙の裏側は銀色。

### 「プログレッシブ」

A を 4 分割し、左上から順番に紙のように巻き取っていく。紙の裏は銀色。

### 「サイド」

A が端から紙のように巻き取られていく。紙の裏は銀色。

### 「スプリット ハーフ」

画面を 4 分割し、A は巻き取られ、B は貼り付けられていく。紙の裏は銀色。

### 「分割」

A を横 2 つに分割し、下半分の中央から 2 つに巻き取り、つづけて上半分も同様に巻き取っていく。紙の裏は銀色。

### 「ツイスト」

A を 4 分割し、それぞれ上下左右に巻き取っていく。紙の裏は銀色。

### 「ラップ」

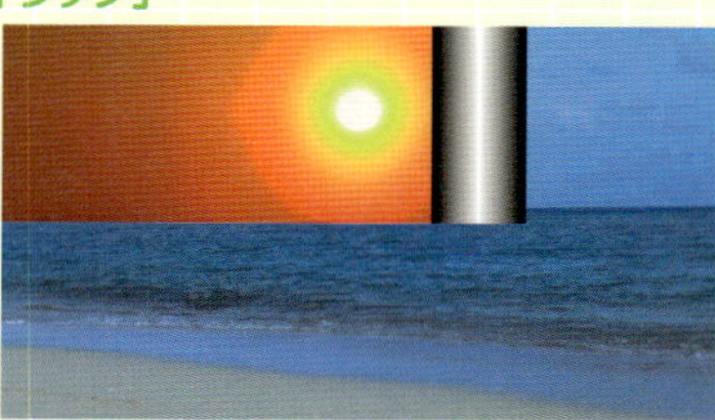

A を 2 分割し、まずは上を巻き取り、つづけて下が巻き取られていく。紙の裏は銀色。

## 「回転」（4 種類）

### 「クラッパー」

A が横に 2 分割され、そこから開いて画面の外に消える。

### 「ヒンジ」

A が左下を起点として上に回転し、画面の外へ消えていく。

### 「スピン」

A が回転して、縮小しながら B の中心部に消えていく。

### 「スプリット ヒンジ」

B が画面の外から左右の中間点を起点して、4 分割で入ってくる。

## 「スライド」（7 種類）

### 「バーンドア」

A の中央が 2 つに割れて、両側に開く。

### 「バー」

A が横中央で分断され、上下の画像が左右に画面の外へ移動する。

「クロス」

A が 4 分割され、それぞれの頂点の方向へ離れていき、画面の外へで出る。

「対角」

B が左下からスライドして、入ってくる。

「メッシュ」

A が画面の両側へ、網目状（メッシュ）になってはずれていく。

「サイド」

B が画面の横からスライドして入ってくる。

「ストリップ」

A が細いバーになって、画面から抜けていくのと同時に B が画面に入ってくる。

## 「ストレッチ」（5 種類）

「バーンドア」

A の画面中央を縦に割って入る形で、B が中央から広がるように入ってくる。

「ボックス」

A の画面中央から B がだんだん大きくなりながら、画面いっぱいに広がる。

**「クロスズーム」**

A の画面がズームで拡大され、B の拡大画面と切り替わった後に、B が通常のサイズにズームアウトされる。

**「対角」**

B の画面が左下からズームインしながら、入ってくる。

**「サイド」**

B が端から横に伸びながら入ってきて、A を反対側の端に圧縮する。

## 「ワイプ」（19 種類）

**「矢印」**

B が図ような形で流れ込む。

**「バーンドア」**

A が中心から割れて（ワイプ）、B が現れる。

**「バー」**

A が横中央で分断され、B が左右の画面の外から流れ込む。

**「ブラインド」**

B の画像がブラインドのように、一斉に変わる。

## 「ボックス」

B が A の画面の中央から四角で現れ、画面いっぱいに広がる。

## 「チェッカー盤」

チェッカー盤のように格子状の模様になり A と B が入れ替わる。「ビルド」 の同名に比べやや格子が大きい。

## 「円形」

B が A の画面の中央から円形で現れ、画面いっぱいに広がる。

## 「クロス」

B が A の画面の中央から十字で現れ、画面いっぱいに広がる。

## 「対角」

B が左下から徐々に切り替わる。

## 「ダイヤモンド A」

B のひし形 （ダイヤ） がそろばんの玉のよう上から下へと並び、A と置き換わる。

## 「ダイヤモンド B」

全体にひし形 （ダイヤ） の B が何重にも現れ、いっきに A と置き換わる。

## 「ひし形」

A の画面中央から B がひし形で現れ、徐々に大きくなり、画面いっぱいに広がる。

「流氷」

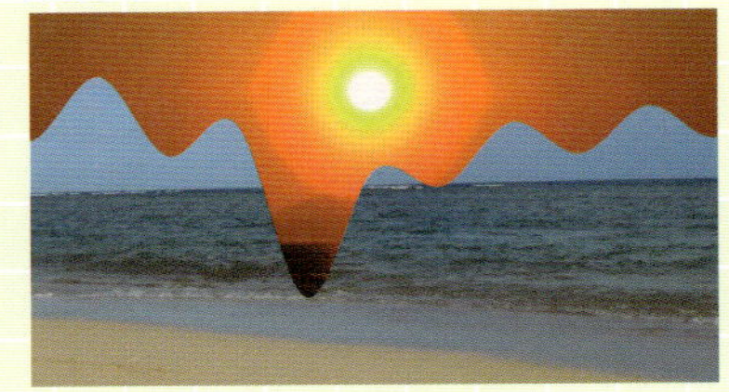

Aの上部からBが氷が溶けて滴るように、流れ込む。

「メッシュ」

Bの画像が両サイドから、メッシュ状で現れ、Aと置き換わる。

「パドル」

Aの中心からBが楕円で現れ、画面いっぱいに広がる。

「サイド」

AからBに画面左から切り替わる。

「星」

Aの画面の中心から、星形のBが現れ、画面いっぱいに広がる。

「ストリップ」

Bが細いバーになって、画面に入ってきて、入れ替わりにAが抜けていく。

「ジグザグ」

Bが図のように流れ込んでくる。

Hint

カテゴリー「オーバーレイトランジション」は各カテゴリーの中から「オーバレイ」の特徴をもったものをまとめたものです。

# 索　引

## 数字



## アルファベット



## あ

## か

## さ



## た

## な



## は

## ま



## や



## ら

■著者略歴■
山口 正太郎（やまぐち・しょうたろう）
エディター＆ライター。
ソフトウエア解説関連・IT・医療・コミックス・生活全般等にわたって幅広いフィールドで編集、著作に携わり続けている。その編集、著作内容のわかりやすさときめ細かさには定評がある。1962年生まれ。主な編集刊行物に、『VideoStudio8 ～ X7・ガイドブックシリーズ』『PaintShopPro・ガイドブックシリーズ』(グリーン・プレス) など。『Sugar Sync ユーザーマニュアル』『携帯マスター NX ユーザーマニュアル』など著作多数。映画・ドラマの劇作批評家としての活動歴も長く、鋭い寄稿が多い。

モデル：清水秀真
装丁・本文デザイン：宮城 秀

グリーン・プレス デジタルライブラリー 44
VideoStudio PRO/ULTIMATE X8 オフィシャルガイドブック
(ビデオスタジオ)

2015年5月25日 初版第1刷発行

著者 山口正太郎
発行人 清水光昭
発行所 グリーン・プレス
〒156-0044
東京都世田谷区赤堤 4-36-19 UK ビル 2 階
TEL：03-5678-7177 / FAX：03-5678-7178
http://greenpress1.com
※上記の電話番号はソフトウェア製品に関するご質問等には対応しておりません。
製品についてのご質問はソフトウェアの製造元・販売元のサポート等にお問い合わせ下さいますようお願い致します。
印刷・製本 シナノ印刷株式会社


ISBN978-4-907804-33-6